单反

摄影教程与视频拍摄从入门到精通

雷波◎编著

化学工业出版社

·北京·

内 容 简 介

本书针对正在使用或准备购买单反相机的摄影爱好者，较为全面地讲解了单反相机及相关配件的使用方法、与摄影相关的基本理论，以及风光、人像、动物、建筑、星轨等常见摄影题材的拍摄技巧。

考虑到许多摄影爱好者同时拍摄视频，因此本书也讲解了拍摄视频的相关理论及操作流程。

本书适合希望掌握使用单反相机拍摄照片或视频技术的爱好者，同时也可用作开设了摄影、视频拍摄相关专业的各大中专院校教材。

图书在版编目（CIP）数据

单反摄影教程与视频拍摄从入门到精通 / 雷波编著 . 北京 : 化学工业出版社， 2024. 10. -- ISBN 978-7-122-46305-0

Ⅰ. TB86; J41

中国国家版本馆 CIP 数据核字第 2024ZY8469 号

责任编辑：潘　清　孙　炜　　　　装帧设计：异一设计

责任校对：王　静

出版发行：化学工业出版社（北京市东城区青年湖南街 13 号　邮政编码 100011）

印　　装：天津市银博印刷集团有限公司

710mm × 1000mm　1/16　印张 15　字数 350 千字　2024 年 10 月北京第 1 版第 1 次印刷

购书咨询：010-64518888　　　　售后服务：010-64518899

网　　址：http://www.cip.com.cn

凡购买本书，如有缺损质量问题，本社销售中心负责调换。

定　　价：99.00 元

前　言

PREFACE

毫无疑问，在这个社会发展迅速的时代，摄影与摄像、线下与线上、娱乐与创业，正在相互融合，这给予了每一位摄影爱好者利用兴趣爱好进行创业变现的机会。

本书正是基于这样一个认识，针对正在使用单反相机或正准备购买单反相机的摄影爱好者，通过结构创新推出的整合了摄影与视频拍摄相关理论的学习书籍。

本书不仅讲解了使用单反相机的摄影爱好者应该掌握的相机按钮、菜单功能，还讲解了摄影及拍摄视频的基本理论，比如曝光三要素、色温与白平衡关系、对焦、测光、构图等用光理论。

在视频拍摄方面，本书讲解了拍摄视频应该了解的软、硬件知识，如拍摄视频常用稳定器、收音设备、灯光设备、提词器、外接电源；拍摄视频必须正确设置视频参数的意义，如视频分辨率、视频制式、码率、帧频、色深。

学习本书后，在摄影领域，各位读者将具有玩转手中的单反相机、理解摄影基本理论、拍摄常见题材的基本能力；在视频拍摄领域，笔者虽然不能保证各位读者一定可以拍出流畅、精致的视频，但一定会对当前火热的视频拍摄有全局性认识。例如，不仅能知道应该购买什么样的硬件设备，在拍摄视频时应该如何设置画质、尺寸、帧频等参数，还将具备深入学习视频拍摄的理论基础，为以后拍摄微电影、Vlog 打下良好基础。

为了拓展本书内容，本书还将附赠一门单反使用学习视频课程、一门摄影技巧讲解视频课程、一门短视频后期剪辑视频课程、一本人像摆姿摄影电子书（PDF）、一本摄影常见题材拍摄技法及佳片赏析电子书（PDF），以及 1000 张优质摄影佳片。

为了方便交流与沟通，欢迎读者朋友添加我们的客服微信 hjysy1635，与我们在线交流，也可以加入摄影交流 QQ 群（327220740），与众多喜爱摄影的小伙伴交流。

如果希望每日接收新鲜、实用的摄影技巧，可以搜索我们的微信公众号“FUNPHOTO”；或在今日头条搜索“好机友摄影”“北极光摄影”，在百度 App 中搜索“好机友摄影课堂”“北极光摄影”，以关注我们的头条号、百家号；在抖音搜索“好机友摄影”“北极光摄影”，关注我们的抖音号。

编著者

2024 年 9 月

目　录
CONTENTS

第 1 章　拍好照片、好视频的理念与相机基础操作

好照片的4个标准......2
- 主体突出......2
- 有形式美感......2
- 曝光正确......2
- 画面清晰......2

好视频的6个标准......3
- 有价值......3
- 节奏流畅......3
- 画质高......3
- 音质高......3
- 镜头语言丰富......3
- 配字幕......3

掌握单反相机按钮的使用方法......4
- 认识相机的速控按钮......4
- 使用INFO.按钮随时查看拍摄参数......5
- 认识尼康相机的*i*速控按钮......6

掌握佳能/尼康单反相机的重要菜单功能......7
- 设置文件格式、分辨率和画质......7
- 设置全像素双核RAW（佳能）......8
- 设置影像区域（尼康）......9
- 高光警告（佳能）/加亮显示（尼康）......10
- 显示自动对焦点......11
- 自动旋转图像方便浏览......11
- 自动关闭电源（佳能）/显示屏关闭延迟（尼康）......12
- 清除全部相机设置（佳能）/重设所有设定（尼康）......13
- 未装存储卡释放快门（佳能）/空插槽时快门释放锁定（尼康）......13
- 取景器显示（佳能）......14
- 多功能锁（佳能）......15
- 自定义控制按钮......15
- 自定义速控屏幕（佳能）......16
- 设置按钮与拨盘的配合使用方式（尼康）......17
- 长时间曝光降噪功能......17
- 高ISO感光度降噪功能（佳能）/高ISO降噪（尼康）......18
- 利用反光镜预升（佳能）/反光板弹起（尼康）避免相机产生震动......19

设置曝光等级增量控制调整幅度 20
利用佳能相机的高光色调优先增加高光区域细节 21
利用尼康相机的动态D-Lighting使画面细节更丰富 22
设定照片风格（佳能）/优化校准（佳能） 23
利用多重曝光获得蒙太奇画面 24
提示音（佳能）/蜂鸣音选项（尼康） 28
利用自动对焦辅助光辅助对焦（佳能） 29
设置自动对焦点数量 29
与方向链接的自动对焦点（佳能）/按方向存储（尼康） 30
单次自动对焦模式下优先释放快门或对焦 31
连续自动对焦模式下优先释放快门或对焦 32
设置轮廓增强加亮显示颜色（尼康） 33
设置焦距变化拍摄（尼康） 34

第 2 章 决定照片品质的曝光、对焦与景深

曝光三要素：控制曝光量的光圈 37
认识光圈及表现形式 37
光圈值与光圈大小的对应关系 38
光圈对曝光的影响 38
曝光三要素：控制相机感光时间的快门速度 39
快门与快门速度的含义 39
快门速度的表示方法 40
快门速度对曝光的影响 41
快门速度对画面动感效果的影响 42
曝光三要素：控制相机感光灵敏度的感光度 43
理解感光度 43

感光度对曝光结果的影响 44
感光度与画质的关系 45
感光度的设置原则 46
通过曝光补偿快速控制画面的明暗 47
曝光补偿的概念 47
判断曝光补偿的方向 48
正确理解曝光补偿 49
针对不同场景选择不同的测光模式 50
评价测光 [◉]（佳能）/矩阵测光 [◙]（尼康） 50
中央重点平均测光 [ ]（佳能）/中央重点测光 [◎]（尼康） 51
局部测光模式 [◌]（佳能） 52
亮部重点测光模式 [·]*（尼康） 52
点测光模式 [•] 53
利用曝光锁定功能锁定曝光值 54
使用包围曝光拍摄光线复杂的场景 55
什么情况下应该使用包围曝光 55
自动包围曝光设置 56
设置包围曝光拍摄数量 56
为合成HDR照片拍摄素材 56
白平衡与色温的概念 57
什么是白平衡 57

什么是色温57
佳能和尼康预设白平衡的含义与典型应用59
手调色温：自定义画面色调60
对焦及对焦点的概念61
什么是对焦61
什么是对焦点61
根据拍摄题材选用自动对焦模式62
拍摄静止对象选择单次自动对焦（ONE SHOT佳能/AF-S尼康）62
拍摄运动的对象选择连续自动对焦（AI SERVO佳能/AF-C尼康）63
拍摄动静不定的对象选择自动选择自动对焦（AI FOCUS佳能/AF-A尼康）63
手选对焦点的必要性64
8种情况下手动对焦比自动对焦更好65
驱动模式与对焦功能的搭配使用66
单拍模式66
连拍模式67
自拍模式67
什么是大景深与小景深68
影响景深的因素：光圈69
影响景深的因素：焦距69
影响景深的因素：物距70
拍摄距离对景深的影响70
背景与被摄对象的距离对景深的影响70
控制背景虚化用光圈优先模式71
定格瞬间动作用快门优先模式72
匆忙抓拍用程序自动模式73
自由控制曝光用全手动模式74
全手动模式的优点74
判断曝光状况的方法75
用B门拍烟花、车轨、银河、星轨76

第3章 构图与用光美学基础理论

理解两大构图目的78
营造画面的兴趣中心78
赋予画面形式美感78
摄影构图与摄像构图的异同79
相同之处79
不同之处79
画面的主要构成80
画面主体80
画面陪体80
景别81
特写81
近景81
中景81
全景82
远景82

15种必须掌握的构图法则............................83
黄金分割——核心构图法则............................83
三分线——自然、稳定的构图............................85
水平线——宽阔、稳定的构图............................85
垂直线——高大、灵活的构图............................86
斜线——活力无限的构图............................86
曲线——优美、柔和的构图............................86
对角线——强调方向的构图............................86
放射线——发散式构图............................87
框架——更好地突出主体............................87
对称——相互呼应的构图............................87
透视牵引——增强空间感的构图............................87
散点——随意自然的构图............................88
正三角形——稳重且有力度感............................88
紧凑——突出主体的构图............................88
倒三角形——不稳定的动态感............................88
光的属性............................89
直射光............................89
散射光............................89
光的方向............................90
顺光............................90
侧光............................90
前侧光............................91
逆光............................91
侧逆光............................92
顶光............................92
光比的概念与运用............................93

第 4 章 镜头基本概念及单反镜头推荐

读懂佳能镜头参数............................95
读懂尼康镜头参数............................96
学会换算等效焦距............................97
了解焦距对视角、画面效果的影响............................99
明白定焦镜头与变焦镜头的优劣............................100
大倍率变焦镜头的优势............................101
变焦范围大............................101
价格亲民............................101
在各种环境下都可发挥作用............................101
大倍率变焦镜头的劣势............................102
成像质量不佳............................102
机械性能不佳............................102
恒定光圈镜头与浮动光圈镜头............................103
恒定光圈镜头............................103
浮动光圈镜头............................103
购买镜头时合理搭配的原则............................103
选择一支合适的广角镜头............................104
佳能EF 16-35mm F4 L IS USM............................104
尼康AF-S尼克尔14-24mm F2.8 G ED............................104
选择一支合适的中焦镜头............................105
佳能EF 85mm F1.8 USM............................105
尼康AF-S尼克尔 85mm F1.8 G............................105
选择一支合适的长焦镜头............................106
佳能EF 70-200mm F2.8 L IS Ⅱ USM............................106
尼康AF-S尼克尔70-200mm F2.8G ED VR Ⅱ............................106
选择一支合适的微距镜头............................107
佳能EF 100mm F2.8 L IS USM............................107
尼康AF-S VR 尼克尔105mm F2.8 G IF-ED............................107

第 5 章 滤镜及脚架等附件的使用技巧

滤镜的“方圆”之争............................109
选择滤镜要对口............................109

UV镜......110
保护镜......110
偏振镜......111
用偏振镜提高色彩饱和度......111
用偏振镜压暗蓝天......111
用偏振镜抑制非金属表面的反光......111
中灰镜......112
认识中灰镜......112
中灰镜的形状......113
中灰镜的尺寸......113
中灰镜的材质......114
中灰镜的基本使用步骤......114
计算安装中灰镜后的快门速度......115
中灰渐变镜......116
认识渐变镜......116
中灰渐变镜的形状......117
中灰渐变镜的挡位......117
硬渐变与软渐变......117
如何选择中灰渐变镜挡位......117
反向渐变镜......118
如何搭配选购中灰渐变镜......118
用三脚架与独脚架保持拍摄的稳定性......119
脚架类型及各自的特点......119
分散脚架的承重......119
用快门线与遥控器控制拍摄......120
快门线的使用方法......120
使用定时自拍避免机震......120
遥控器的作用......121
如何进行遥控拍摄......121

第6章 拍视频要理解的术语及必备附件

理解分辨率、制式、帧频、码率的含义......123
理解视频分辨率并进行合理设置......123
设定视频制式......124
理解帧频并进行合理的设置......124
理解码率的含义......125
理解色深并明白其意义......125
理解色深的含义......125
理解色深的意义......127
理解色度采样......128
视频拍摄稳定设备......129
手持式稳定器......129
小斯坦尼康......129
单反肩托架......130
摄像专用三脚架......130
滑轨......130
视频拍摄存储设备......131
SD存储卡......131
CF存储卡......131
NAS网络存储服务器......131
视频拍摄采音设备......132
无线领夹麦克风......132
枪式指向性麦克风......132
记得为麦克风戴上防风罩......132
视频拍摄灯光设备......133
简单实用的平板LED灯......133
更多可能的COB影视灯......133
短视频博主最爱的LED环形灯......133
简单实用的三点布光法......134
用氛围灯让视频更美观......134
视频拍摄外采、监看设备......135
提升视频画质......135
提升监看效果......135
用竖拍快装板拍摄竖画幅视频......135
用外接电源进行长时间录制......136

通过提词器让语言更流畅......136
利用运动相机拍摄第一视角视频......137
使用相机兔笼让视频拍摄更灵活方便......137

第 7 章 录制常规、延时及慢动作视频的参数设置方法

使用佳能单反相机录制视频的简易流程......139
使用尼康单反相机录制视频的简易流程......139
视频格式与画质......140
设置视频格式与画质......140
设置4K视频录制......141
根据存储卡及时长设置视频画质......143
开启并认识实时显示/即时取景模式......144
开启实时显示/即时取景拍摄功能......144
实时显示拍摄状态下的信息内容......144
设置视频拍摄模式......145
理解快门速度对视频的影响......145
根据帧频确定快门速度......145
快门速度对视频效果的影响......145
拍摄帧频视频时推荐的快门速度......146
佳能相机开启视频拍摄自动对焦模式......147
设置视频对焦模式......148
佳能相机选择对焦模式......148
尼康相机选择对焦模式......148
佳能相机选择自动对焦方式......149
尼康相机选择自动对焦区域模式......150
佳能相机设置视频自动对焦灵敏度......151
短片伺服自动对焦追踪灵敏度......151
短片伺服自动对焦速度......152
设置录音参数并监听现场音......153
佳能相机设置录音/录音电平......153
尼康相机设置麦克风灵敏度......153
设置风声抑制/衰减器......154
监听视频声音......154
佳能相机设置时间码参数......155
录制表现花开花谢过程的延时短片......156
录制高帧频慢动作视频短片......158

第 8 章 人像摄影题材实战技法

没有大光圈，怎样玩虚化......160
长焦镜头获得景深浅营造层次感......160
靠近模特拍出虚化背景......160
模特远离背景拍出虚化的背景......161
选择合适的背景......161
利用前景加强画面的空间感和透视感......162
俯视拍摄人像......162
人物视线方向留白延伸画面空间感......163
利用环境留白渲染画面气氛......163
斜线构图......164
S形构图......164
7步拍出逆光小清新人像......165
6步拍好阴天环境人像......168
7步拍出动感的跳跃人像......171
6步在日落时拍好人像......173
9步拍好夜景人像......175
5步拍出趣味创意人像照......179
8步拍好活泼儿童......180
利用食物拍出可爱的吃相......182
使画面有情节......182
特写表现孩子纯真的眼神......183
全景表现儿童可爱的身形......183
画面简洁......184

第 9 章 风光摄影题材实战技法

山景的拍摄技巧......186
逆光下5步拍出漂亮的山体轮廓线......186
利用前景让山景画面活起来......188
水景的拍摄技巧......189
利用前景增强水面的纵深感......189
5步拍出丝滑的水流效果......190
7步拍出波光粼粼的金色水面......192
雪景的拍摄技巧......194
3步拍出洁白的漂亮雪景......194
7步拍出飞舞的雪花渲染意境......195
日出日落的拍摄技巧......197
6步拍出霞光万丈......197
7步拍好日出日落景色......198
7步拍出太阳的星芒效果......200
迷离的雾景......202
留出大面积空白使云雾更有意境......202
6步拍好虚实对比的雾景......203

第 10 章 其他摄影题材实战技法

花卉的拍摄技巧......206
6步拍出逆光花卉的纹理与质感......206
大光圈+正向曝光补偿拍出柔和质感的花朵......208
合理选择白平衡和光线展现樱花的粉色调......209
还原花卉的自然色彩......210
营造花卉的主观色彩......210
8步拍出露珠鲜花的娇艳感......211
拍摄昆虫的技巧......213
利用实时显示拍摄模式微距拍摄昆虫......213
逆光或侧逆光表现昆虫......214
突出表现昆虫的复眼......214
以纯净的背景突出昆虫......215
使用三分法构图拍摄昆虫......215
根据昆虫体形使用斜线构图......216
展现昆虫身体上美丽的图案......216
拍摄鸟类的技巧......217
采用散点构图拍摄群鸟......217
采用斜线构图表现动感飞鸟......217
6步拍出对称式构图的鸟儿......218
拍摄建筑的技巧......220
逆光拍摄建筑物的剪影轮廓......220
拍出极简风格的几何画面......220
利用前侧光突出建筑物分明的层次......221
通过强光比突出建筑的立体造型......221
利用斑驳的光影交错拍摄历史遗迹......222
降低曝光补偿表现建筑的久远感......222
在弱光下7步将建筑精美的内饰拍清晰......223
拍摄夜景的技巧......225
9步拍好城市蓝调夜景......225
9步拍出体现繁华城市的车流光轨......227
在傍晚利用钨丝灯白平衡拍出冷暖对比强烈的画面......230
利用低色温值表现蓝调夜景......230

第1章 拍好照片、好视频的理念与相机基础操作

好照片的 4 个标准

照片分为很多类型，如纪实类、概念类、沙龙类等，每种类型都有不同的标准，在此仅讨论追求形式美感的沙龙类照片。

主体突出

绝大多数摄影爱好者在日常拍摄时总是贪大求全，努力将看到的所有景物都“装”到照片里，导致照片主体不突出，让观众不知道照片要表现的对象是哪一个。当然，这样的照片也就无法给人留下深刻印象。要避免出现这个问题，就需要认真学习构图方法，并将其灵活运用在日常拍摄活动中。

在深色背景的衬托下，舞台上的演员在画面中非常突出

有形式美感

优秀的摄影作品一定具有较强的画面美感，这个特点并不会因为拍摄器材的不同而改变。换句话说，一幅摄影作品被发布到网络上或者上传到微信朋友圈后，绝大多数人对于这张照片的评判标准，仍然是构图是否精巧、光影是否精彩、主题是否明确、色彩是否迷人等。所以，不管用什么相机拍摄，都不可以在画面的形式美感方面降低要求。

曝光正确

通俗地讲，“曝光”就是一张照片的亮度。如果一张照片看上去黑乎乎的，就是“欠曝”；看上去白茫茫一片，就是“过曝”；而一张照片的亮度合适，就称为“正常曝光”。曝光没有标准，但有正确与否的标准，正确的曝光能够让画面主体更突出、形式美感更强。

画面清晰

除非故意拍出动态模糊效果，否则照片中的焦点或视觉重点处的景、物、人就应该是清晰的，这是一张好照片的基本要求。

导致画面焦点模糊通常有以下三个原因。

第一个原因是手抖导致在拍摄过程中相机出现晃动；第二个原因是景物运动速度过快；第三个原因则是对焦不准，没有对希望清晰表现的区域进行准确合焦。只要注意以上三点，就可以拍摄出一张画面焦点清晰的照片。

对焦准确及稳定相机拍摄，使花瓣上的水滴在画面中非常清晰

好视频的 6 个标准

视频也分为很多类型，每种类型有不同的标准，在此仅讨论当前火爆的短视频及中视频。

有价值

优质视频的核心要点是给予用户价值，这个价值可以是一种知识，也可以是一种趣味，甚至可以是满足用户的猎奇心理或纯粹的视觉享受。从本质上说，视频创作者及视频观看者在观看视频时其实形成了价值交换，创作者给予的是有价值的信息，用户给出的是自己的关注度及观看时长、点赞、收藏。创作者只有明白了价值互换的原则，才能以观众为中心创作出好视频。

节奏流畅

在观看节奏流畅的视频时，会有一种酣畅淋漓的感觉。创作者可以通过镜头的组接、角度的变化、背景音乐的烘托及情节的铺陈，逐步引导观众在不知不觉中完成观看。这就需要创作者有较强的前期拍摄的脚本规划，以及后期剪辑、配音、配乐的功底。

画质高

视频画质高包括视频画面干净整洁、焦点处人或景清晰、视频分辨率高、画面无噪点、曝光正确等多个标准。

其中，对焦清晰、画面无噪点、曝光正确均依赖于创作者在学习摄影时打下的基础。因为在拍摄视频时，使用的技术及涉及的理论与摄影是相通的。

音质高

视频音质高包括背景无噪声、无杂音，有合适的背景音乐或音效。抖音短视频之所以让人着迷，有一大部分原因就是视频有好听的背景音乐或音效，所以提升音乐素养是每一个视频创作者的必修课。而在技术层面要达到背景无噪声、无杂音并非难事，在合适的收音场使用中档收音器材即可。

镜头语言丰富

使用丰富灵活的镜头语言，可以更好地突出视频的主题，提升视频的形式美感。好的视频创作者均能够熟练运用景别、运镜方式及镜头间的转场方式，这一部分内容在本书也有详细讲解。

配字幕

并不是所有视频都需要字幕，例如，风景 Vlog、宠物视频、魔术视频大多不需要字幕，即便视频有旁白及对话，如果时间不太长，也不一定需要配字幕。但可以肯定的是，配字幕视频的观看体验强于无字幕的视频，而且据统计全国听障人士已近 5000 万，配字幕也是关爱残障人士的一种体现。

掌握单反相机按钮的使用方法

许多摄影爱好者都曾遇到过这样的情况，在有局域光、耶稣光照射的场景拍摄，有时还没设置好拍摄参数，光线就消失了。这种因为设置相机的菜单或功能参数而错失拍摄时机的情况，对摄影爱好者来说，是一件非常遗憾的事情。针对这种情况，最好的解决方法之一，就是熟悉相机基本按钮的使用方法，掌握快速设置常用参数的方法。

本节讲解了两个重要按钮的使用方法，但这对于掌握相机的基本操作很显然是远远不够的，各位读者可以参考本书附赠的视频课程，学习相机更多按钮的使用方法。

认识相机的速控按钮

佳能各个型号相机的机身背面都提供了速控按钮Q，在开机情况下，按下此按钮即可开启速控屏幕，在液晶监视器上进行所有的查看与设置工作。

○ 速控按钮

在照片回放状态下，如果按下Q按钮，即可调用此状态下的速控屏幕。此时，通过选择速控屏幕中的不同图标，可以进行保护图像、旋转图像等操作。

使用速控屏幕设置参数的方法如下。

❶ 在打开相机的情况下，按机身背面的Q按钮。

❷ 按◀▶▲▼方向键可以选择要设置的功能。被选中的功能参数周围会显示黄色框。

❸ 转动主拨盘或速控转盘调整参数。

❹ 按SET按钮可以进入该项目的具体参数设置界面，根据参数选项的不同，需要结合方向键、主拨盘来设置参数。参数设置完毕后，按SET按钮即可保存并返回速控屏幕界面。

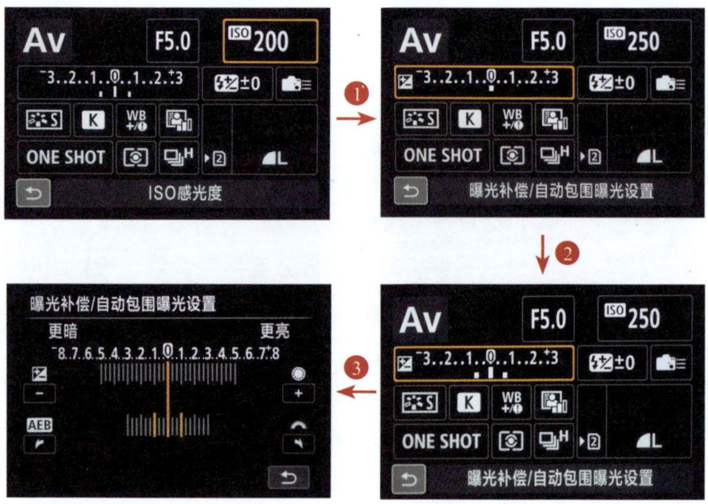

使用 INFO. 按钮随时查看拍摄参数

在拍摄过程中，通常要随时查看相机的拍摄参数，以确认当前拍摄参数是否符合拍摄场景。在相机开机状态下，按下 INFO. 信息按钮即可在液晶显示屏上显示参数。

INFO. 按钮

以 Canon EOS 5D Mark Ⅳ相机为例，当相机处于拍摄状态时，每次按下此按钮，可以分别显示相机设置、电子水准仪、速控屏幕和自定义速控屏幕界面，便于用户在拍摄过程中随时查看相关参数并做出调整。例如，在拍摄有水平线或地平线的画面时，可以利用电子水准仪辅助构图。

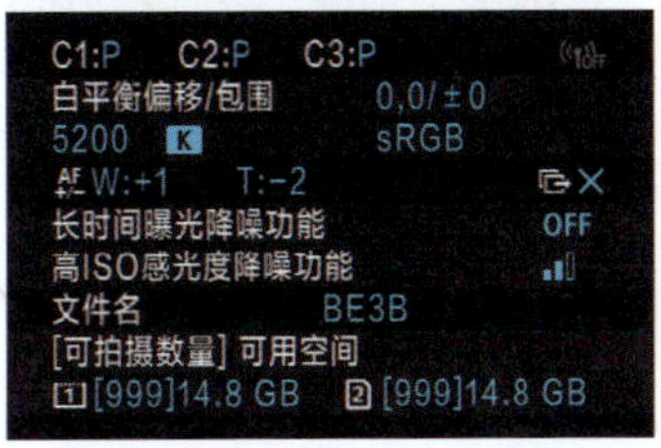

显示相机设置

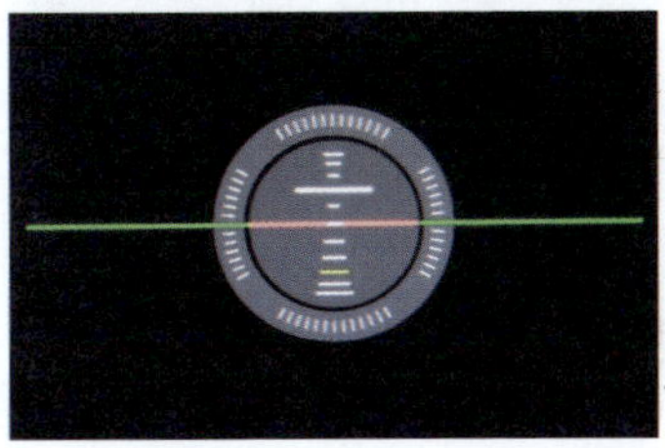
电子水准仪

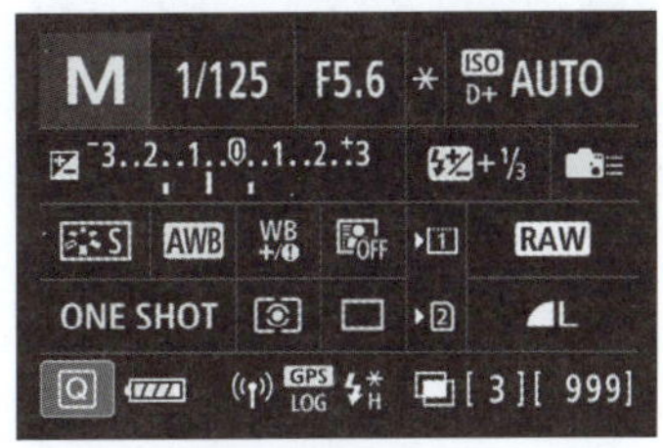

显示速控屏幕界面

下图是回放照片时按下 INFO. 按钮显示的详细信息界面，各种图标、数字、字符的含义如下。

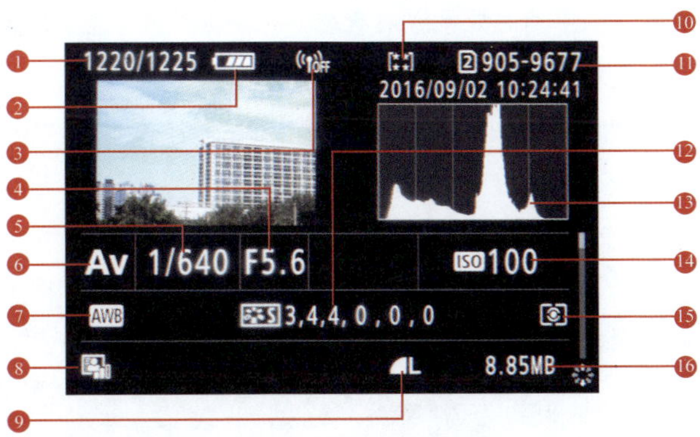

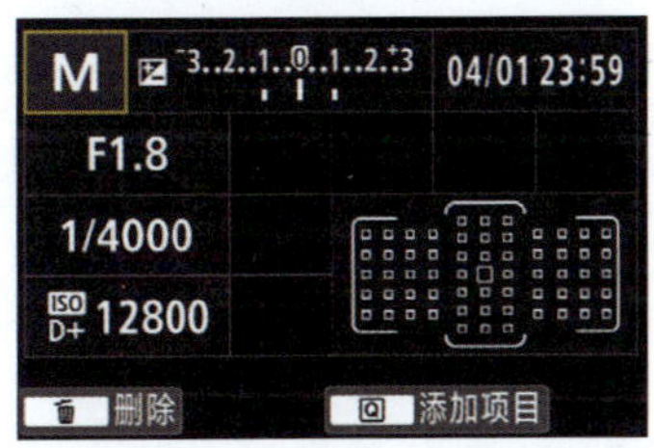

显示自定义速控屏幕界面

❶ 回放编号 / 总文件编号
❷ 电池电量
❸ Wi-Fi 功能
❹ 光圈值
❺ 快门速度值
❻ 曝光模式
❼ 白平衡
❽ 自动亮度优化
❾ 图像画质
❿ 评分
⓫ 文件夹编号 - 文件编号
⓬ 照片风格
⓭ 柱状图
⓮ ISO 感光度值
⓯ 测光模式
⓰ 文件大小

认识尼康相机的i速控按钮

尼康数码单反相机在显示屏（即相机背面的液晶显示屏）中提供了参数快速设置功能。

按下info按钮开启显示屏以显示拍摄信息，其中包括曝光模式、快门速度、光圈、曝光补偿、感光度、图像品质及电池电量等。

然后按下i按钮，就可以按下面的步骤设置显示屏中显示的各参数选项。

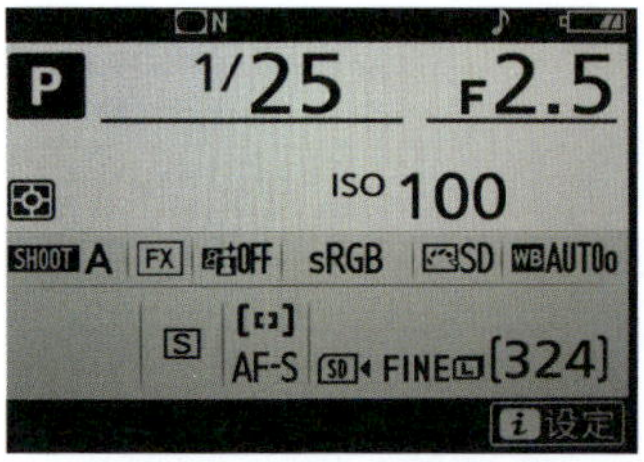

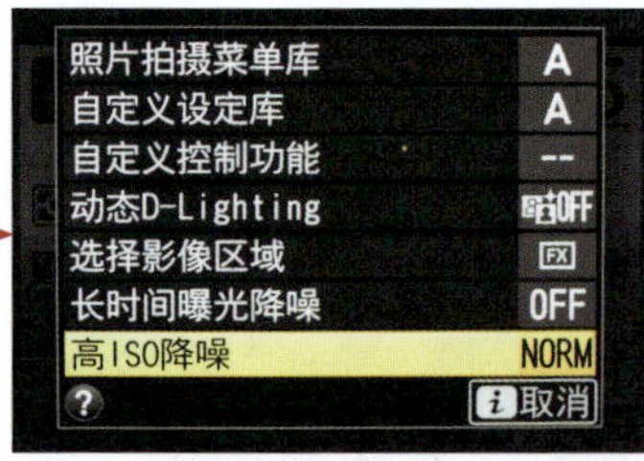

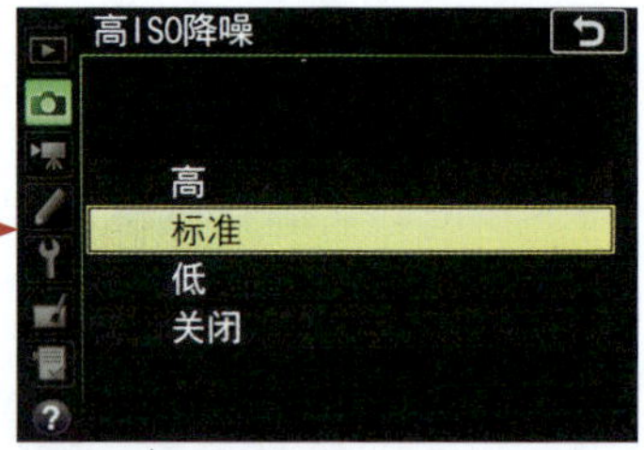

在显示屏中设置参数的方法如下。

❶ 使用多重选择器选择要设置的拍摄参数。

❷ 按下OK按钮进入该拍摄参数的具体设置界面。

❸ 按下▲和▼方向键选择不同的参数，然后按下OK按钮即可确定更改并返回初始界面。

如果使用触摸的方式操作，可以在显示屏拍摄信息处于激活状态下时，点击屏幕上的i设定图标进入常用设定列表，然后通过点击选择的方式进行操作。

○ 日落景象变化非常快，快速地设置参数很有必要 150mm F9 1/500s ISO200

掌握佳能 / 尼康单反相机的重要菜单功能

本节讲解若干重要菜单的使用方法，其他学习相机更多菜单的使用方法，各位读者可以参考本书附赠的视频课程。

设置文件格式、分辨率和画质

在设置图像的画质之前，应先了解一下图像的分辨率。图像的分辨率越高，制作大照片的质量就越理想，在电脑后期处理时裁剪的余地就越大，同时文件所占空间也就越大。以 Canon EOS 5D Mark Ⅳ为例，此相机可拍摄图像的最大分辨率为 6720×4480，照片有很大的后期处理空间。

在右图所示的菜单中可以选择照片文件格式为RAW或JPEG。 JPEG格式的优点是文件小、通用性高，适合网络发布、家庭照片洗印等。虽然JPEG格式压缩率较高，照片损失了细节，但肉眼基本看不出来，因此是一种最常用的文件存储格式。

RAW格式充分记录了拍摄时的各种原始数据，具有极大的后期调整空间，因而在专业摄影领域常使用此格式进行拍摄。其缺点是文件容量特别大，尤其是在连拍时会极大地减少连拍的数量。

此外，还可以选择分辨率为L（大）、M（中）或S（小），或从精细（◩）、基本（◪）中选择照片画质。

就图像质量而言，虽然采用“精细”和“基本”品质拍摄的结果，在相机小屏幕上通过肉眼不容易分辨出来，但画面的细节和精细程度还是有区别的。因此，除非万不得已（如存储卡空间不足等），应尽可能使用“精细”品质。

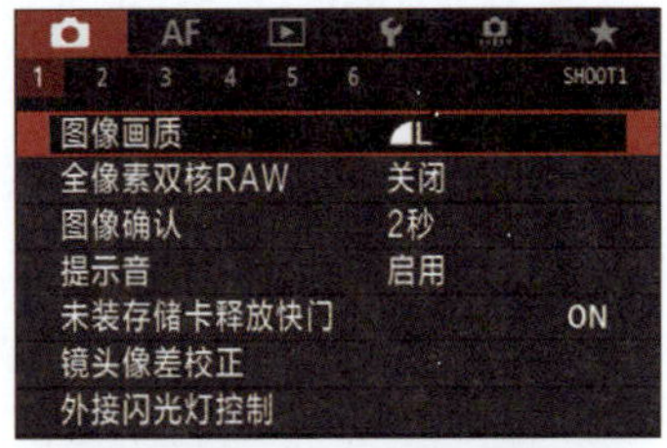

❶ 在**拍摄菜单1**中选择**图像画质**选项

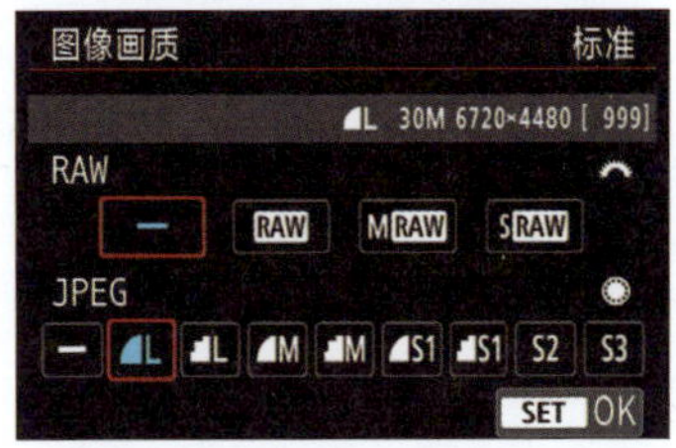

❷ 点击选择所需的RAW格式画质选项，或者JPEG格式画质选项，然后点击SET OK图标确定

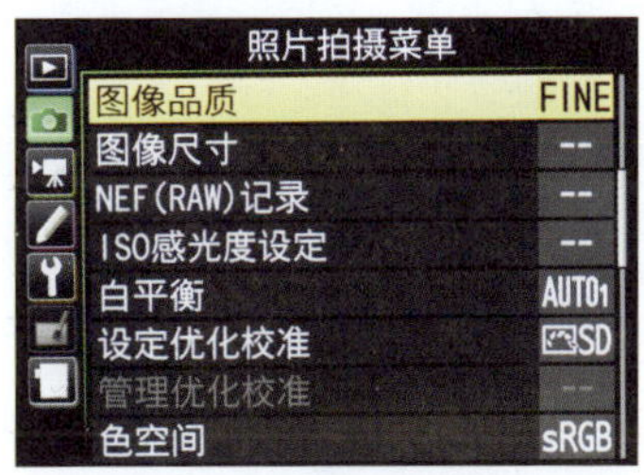

❶ 点击选择**照片拍摄菜单**中的**图像品质**选项

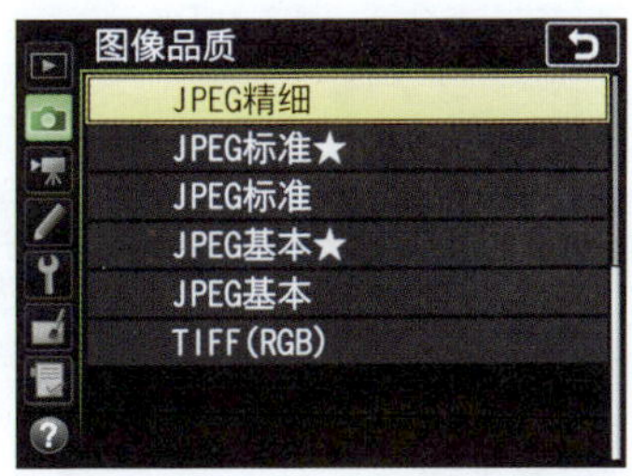

❷ 点击选择文件存储的格式及品质

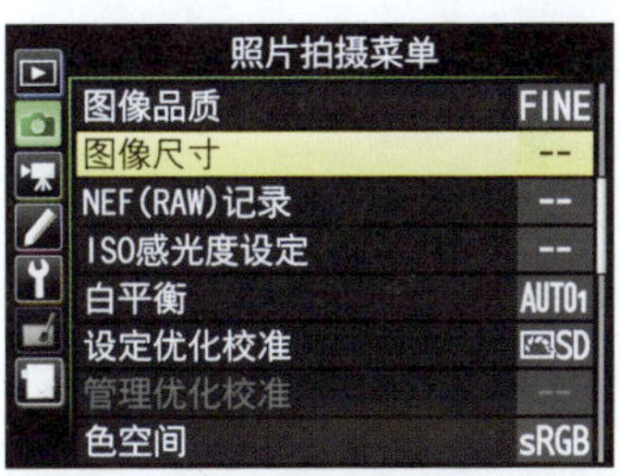

❶ 点击选择**照片拍摄菜单**中的**图像尺寸**选项，然后在下级界面中点击选择**JPEG/TIFF**或**NEF（RAW）**选项

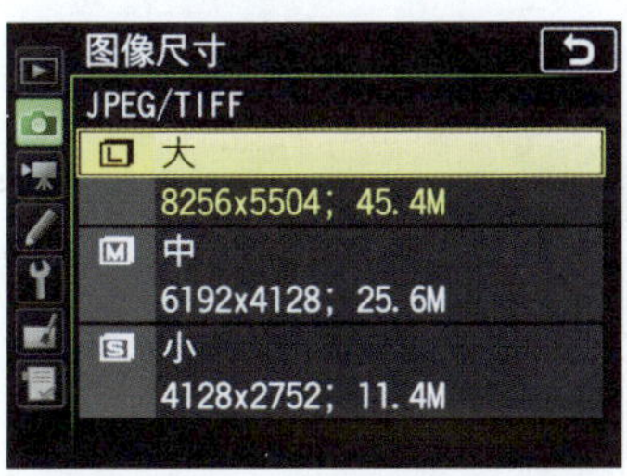

❷ 如果选择了 **JPEG/TIFF** 选项，点击可选择 JPEG 或 TIFF 格式照片的尺寸

设置全像素双核 RAW（佳能）

Canon EOS 5D Mark Ⅳ相机携带了一个佳能图像处理技术——全像素双核RAW优化。

当启用“全像素双核RAW”功能后，相机可以同时将正常影像和有视差影像的双像素数据，以及被摄体的纵深信息记录到一个RAW文件中，因为记录的信息更为丰富，因此与普通的RAW文件相比，文件大小是普通RAW文件的两倍。

与普通的 RAW 文件相比，全像素双核 RAW 的可调整性更高，用户结合佳能 Digital Photo Professional（简称 DPP）软件中的 Dual Pixel RAW Optimizer（全像素 RAW 优化）功能，可以很轻松地对画面进行解像感补偿、虚化偏移、鬼影消除等三大方面的精细处理。

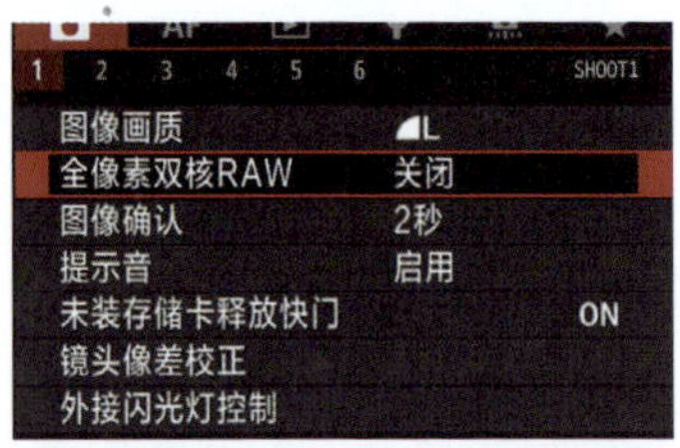

❶ 在**拍摄菜单1**中选择**全像素双核RAW**选项

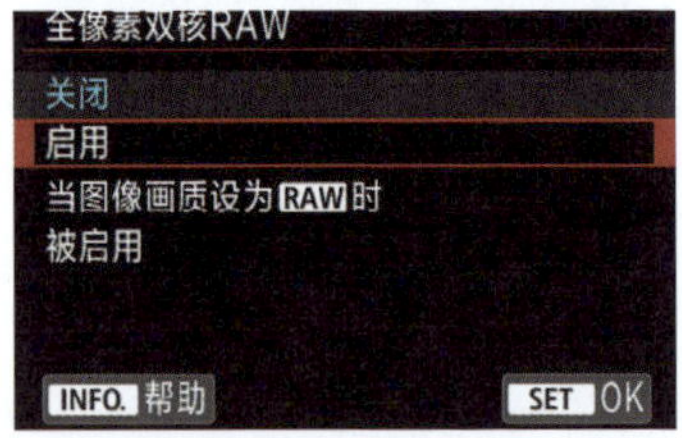

❷ 点击选择**启用**或**关闭**选项，然后点击SET OK图标确定

■解像感补偿：解像感补偿用通俗的话来说就是图像微调。由于全像素双核RAW文件中记录了照片的深度信息，那么只要在软件中通过微调，便可以进一步提高照片的焦点清晰度，从而得到高锐度的照片。这对于人像、鸟类、微距等对锐度要求较高的题材来说，有一定实用性。

■虚化偏移：由于全像素双核RAW文件中会记录到不同视点位置和纵深信息，通过在DPP软件中重新设定视点，便可以水平移动散景位置。这个功能主要运用在使用大光圈虚化前景的人像照片或者微距照片中。如果摄影师觉得虚化的前景会影响到主体表现，那么就可以使用此功能来适当水平地移动前景的位置，但要注意移动的程度有限，不能期望过高。

■鬼影消除：在逆光拍摄时，经常遇到画面中出现鬼影和眩光，如果使用的是Canon EOS 5D Mark Ⅳ的全像素双核RAW 格式记录，然后在DPP软件中后期处理，便能有效地减少画面中的鬼影及眩光现象。

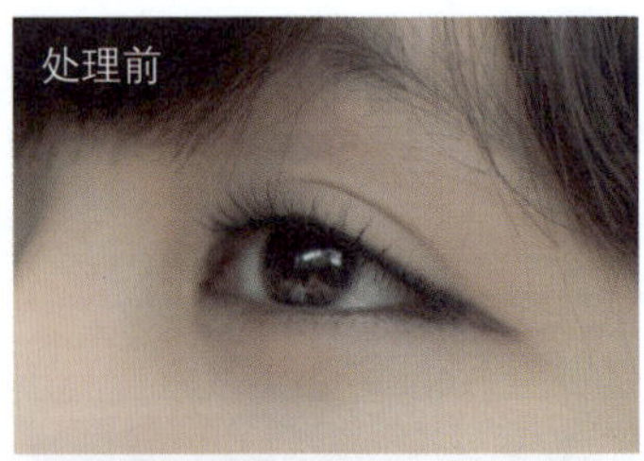

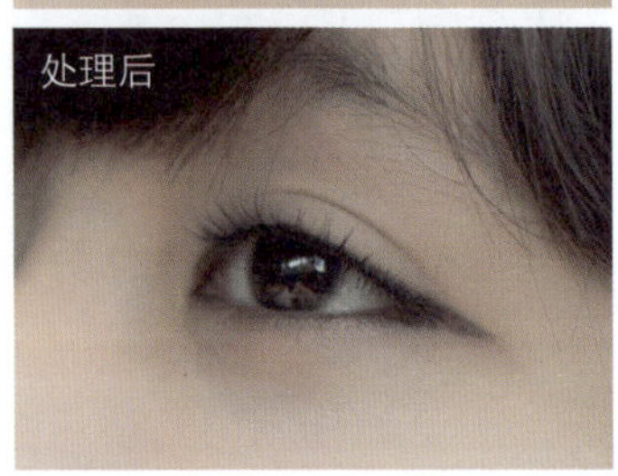

○ 通过右侧处理前与处理后的放大图可以看出，在对全像素双核 RAW 格式的照片进行解析度补偿处理后，照片的锐化更好，照片的清晰度得到了提高

设置影像区域（尼康）

尼康有数款品质优秀的DX画幅（即APS-C画幅）数码单反相机，如Nikon D7500、Nikon D500等，与这些相机配合设计生产的还有数支“镜皇”级的镜头，如果把这些专用于DX画幅相机的镜头应用在全画幅（FX）相机上，画面的周围会出现大面积的暗角和黑色区域。

为了解决这个问题，尼康全画幅相机提供了“影像区域”菜单，通过设置相关选项，就可以将这些专用于DX画幅相机的镜头较好地应用在尼康全画幅相机机身上。

如Nikon D850相机的有效像素为4575万，当设置为DX影像区域模式时，便可以获得约1900万的有效像素，这已经可以满足绝大部分日常拍摄及部分商业摄影的需求了。

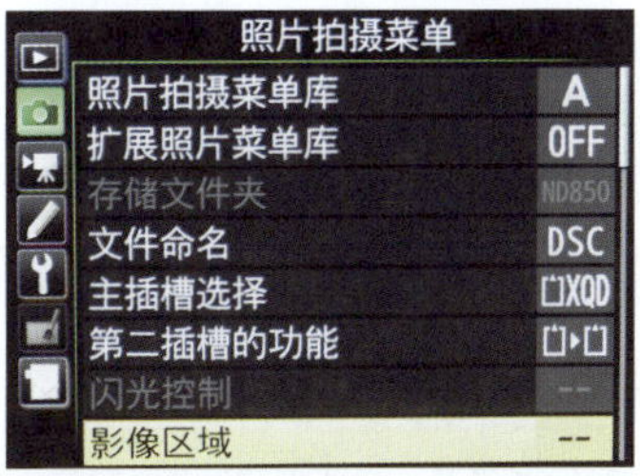

❶ 点击选择**照片拍摄菜单**中的**影像区域**选项

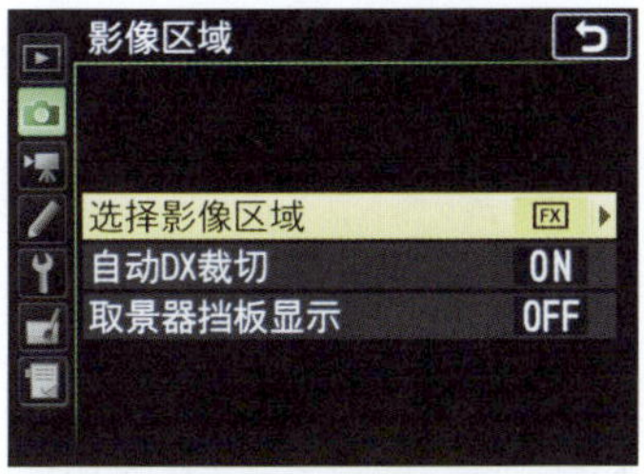

❷ 点击选择要修改的选项

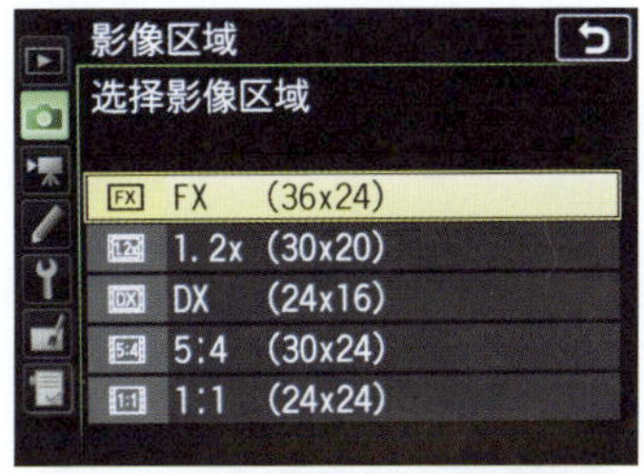

❸ 若在步骤❷中选择**选择影像区域**选项，点击可手工选择不同的图像区域

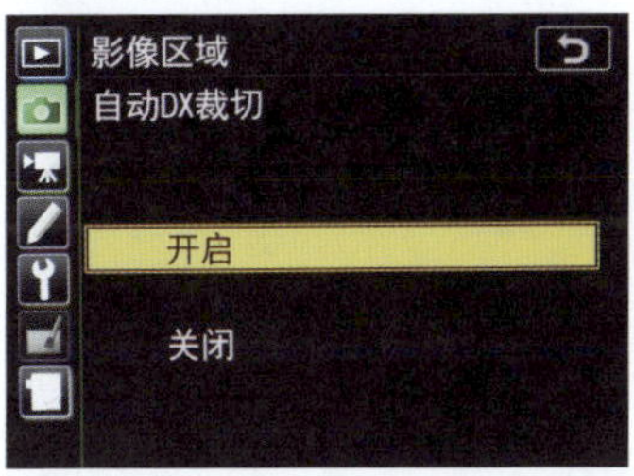

❹ 若在步骤❷中选择**自动DX裁切**选项，点击可选择是否开启自动DX裁切功能

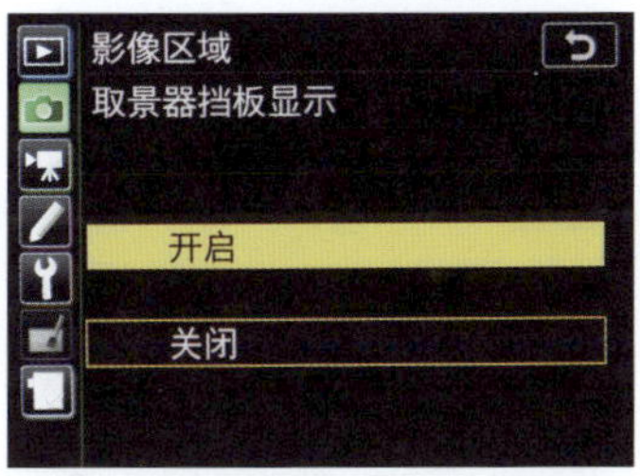

❺ 若在步骤❷中选择**取景器挡板显示**选项，点击可选择是否开启取景器挡板显示功能

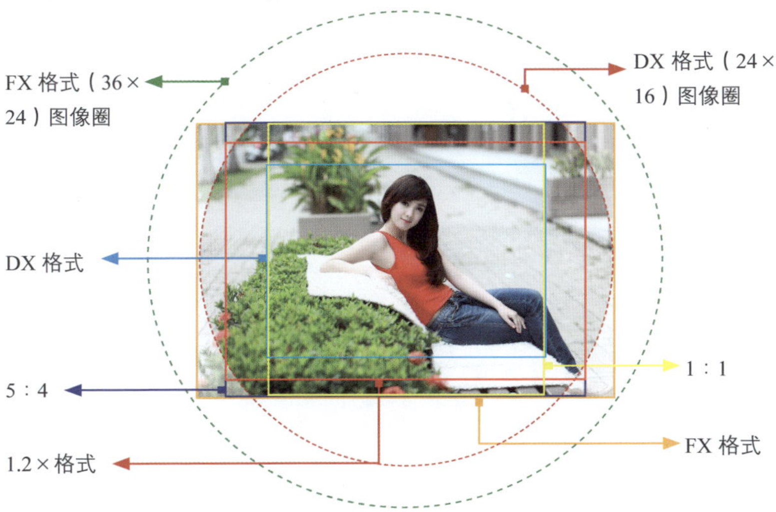

高光警告（佳能）/加亮显示（尼康）

在佳能相机中将“高光警告”菜单设置为“启用”选项，那么就可以在回放照片时，帮助用户发现所拍摄照片中曝光过度的区域，如果想要表现曝光过度区域的细节，就需要适当减少曝光。

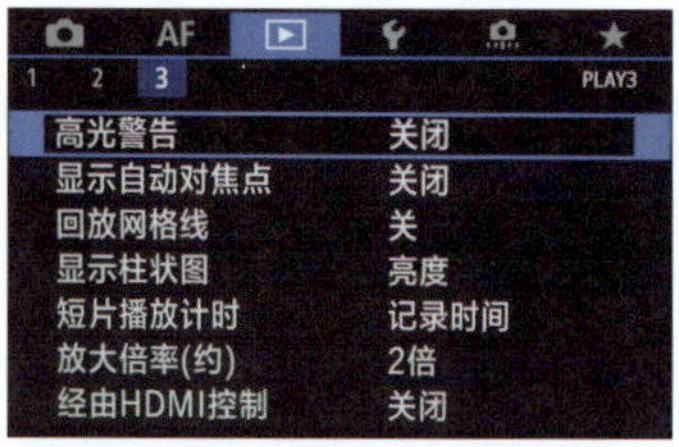

❶ 在**回放菜单3**中选择**高光警告**选项

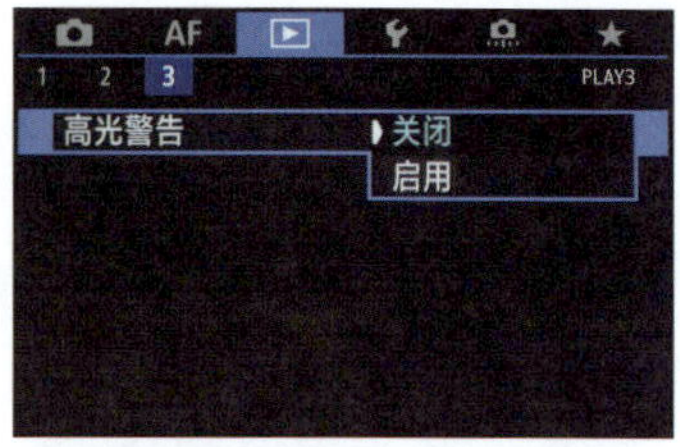

❷ 点击选择**启用**选项

尼康相机在“播放显示选项”菜单中勾选了“加亮显示”选项，便可以在回放照片时显示过曝区域，如果想要表现曝光过度区域的细节，就需要适当减少曝光量。

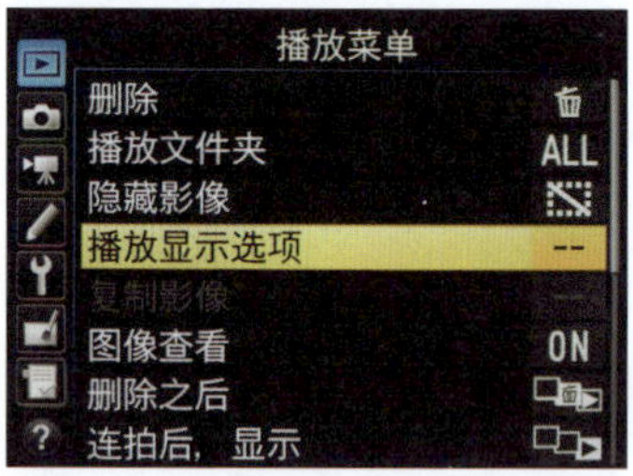

❶ 点击选择**播放菜单**中的**播放显示选项**选项

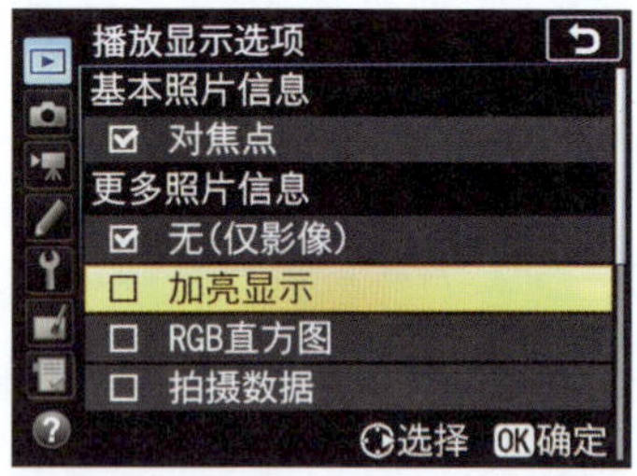

❷ 点击**加亮显示**选项，然后点击选择图标勾选，选择完成后点击OK确定图标确定

佳能相机在按下▶播放按钮进行播放照片状态时，然后按下INFO按钮显示拍摄信息，当照片中有曝光过度的区域时，即会闪烁黑色色块。

尼康相机在按下▶播放按钮进行播放照片状态时，按下▲或▼方向键切换至“加亮显示”信息界面，即可查看画面中是否有曝光过度提示。

○ 佳能相机启用“高光警告”功能后，在回放照片时，相机会以黑色的闪烁色块显示出曝光过度的高光区域

○ 尼康相机的“加亮显示”信息界面

显示自动对焦点

佳能相机在“显示自动对焦点”菜单中选择“启用”选项，则回放照片时对焦点将以红色小方框的形式显示。这时如果发现焦点不准确可以重新拍摄。

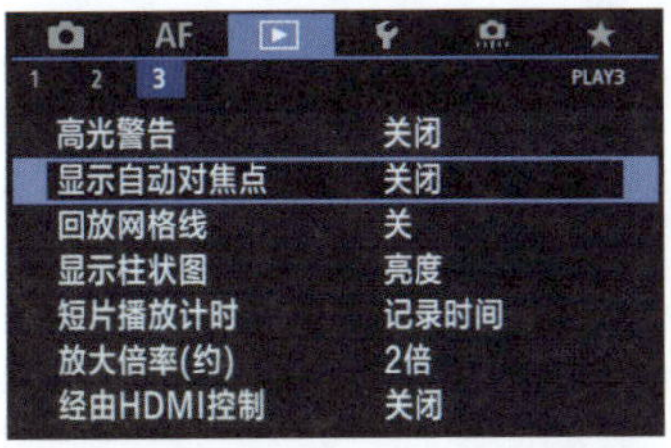

① 在**回放菜单3**中选择**显示自动对焦点**选项

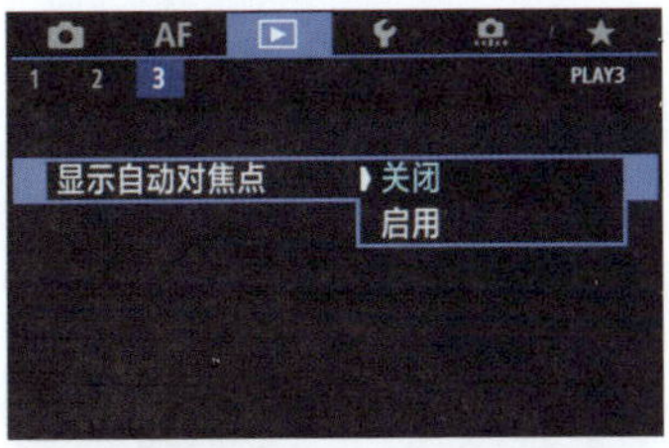

② 点击选择是否在回放照片时显示对焦点

③ 启用显示自动对焦点功能后，在回放照片时会显示红色对焦点

尼康相机在“播放显示选项”菜单中勾选了“对焦点”选项，即可在回放照片时显示红色对焦点，如果发现对焦点不准确可以重新拍摄。

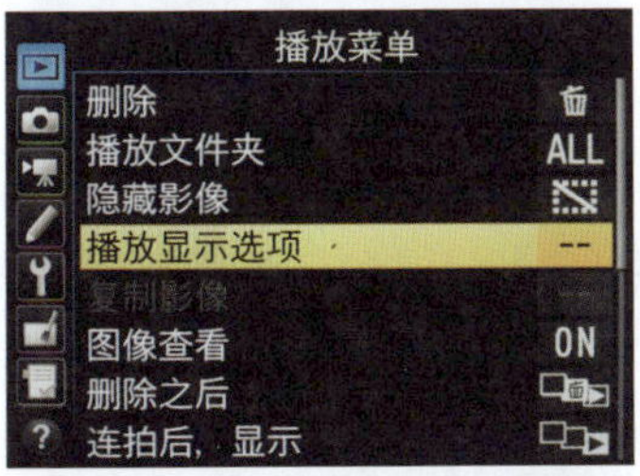

① 点击选择**播放菜单**中的**播放显示选项**选项

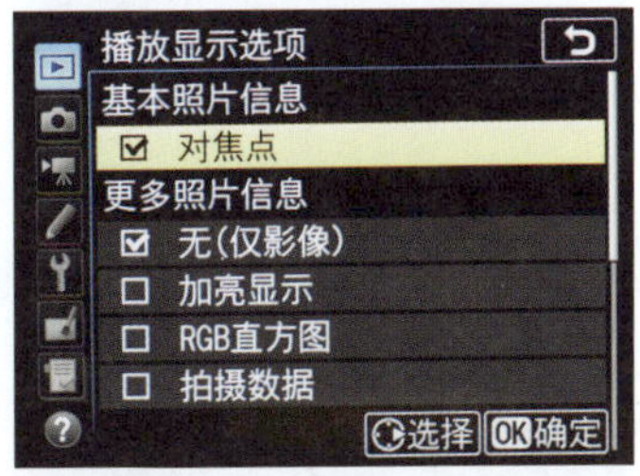

② 点击**对焦点**选项，然后点击 选择 图标勾选，选择完成后点击 OK确定 图标确定

自动旋转图像方便浏览

当使用相机竖拍时，可以使用“自动旋转”功能将显示的图像旋转到需要的方向。

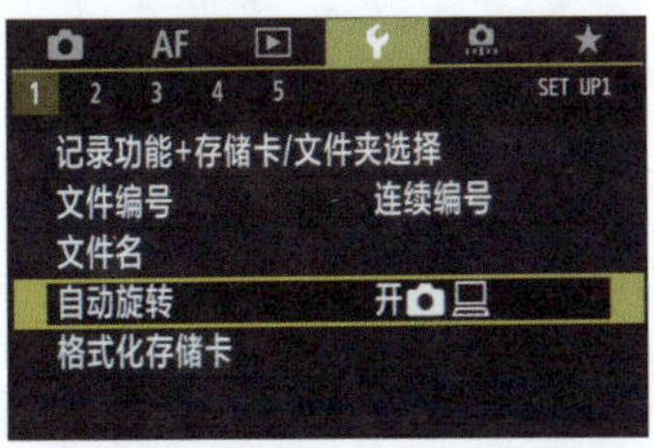

① 在**设置菜单1**中选择**自动旋转**选项

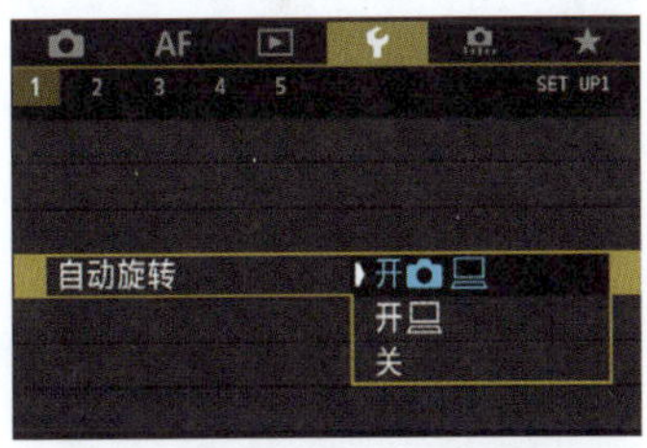

② 点击选择是否开启自动旋转功能

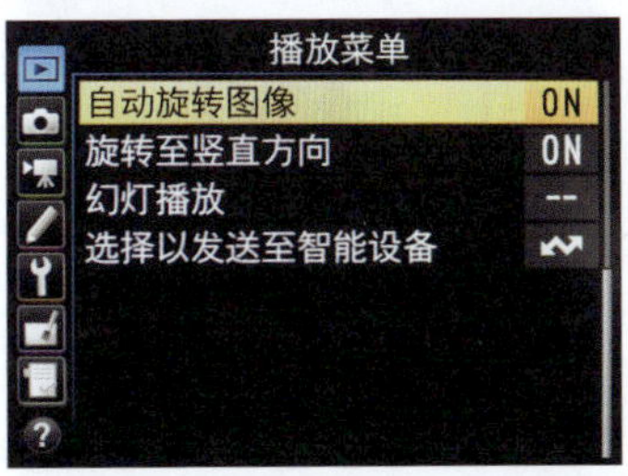

① 点击选择**播放菜单**中的**自动旋转图像**选项

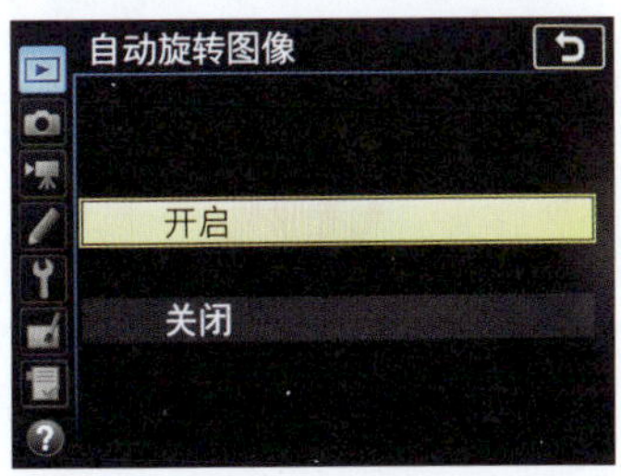

② 点击选择**开启**或**关闭**选项

自动关闭电源（佳能）/显示屏关闭延迟（尼康）

佳能相机在“自动关闭电源”菜单中可以选择自动关闭电源的时间。在设置完成后，如果不操作相机，相机将会在设定的时间自动关闭电源，以减少电池的电能消耗。

- 1分/2分/4分/8分/15分/30分：选择相应选项，相机将会在选择的时间关闭电源。
- 关闭：选择此选项，即使在30分钟内不操作相机，相机也不会自动关闭电源。在液晶监视器被自动关闭后，按下任意按钮可唤醒相机。

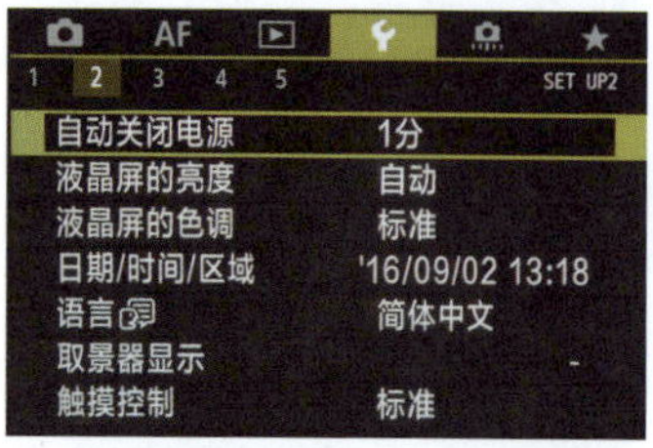

❶ 在**设置菜单2**中选择**自动关闭电源**选项

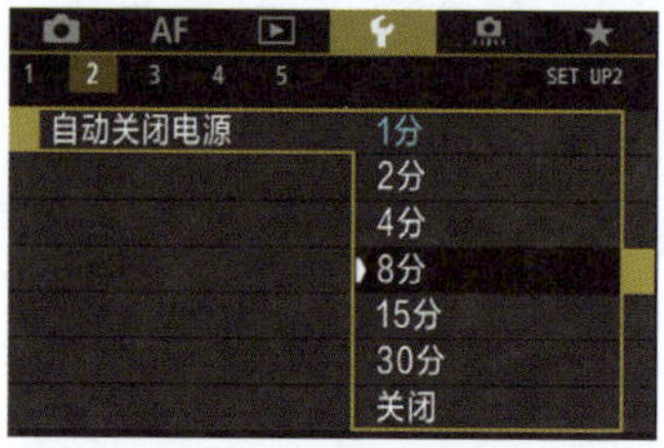

❷ 选择自动关闭电源的时间

尼康相机在“c4 显示屏关闭延迟”菜单中，可以控制在播放照片、菜单查看、拍摄信息显示、图像查看以及即时取景过程中，未执行任何操作时，显示屏保持开启的时间长度。

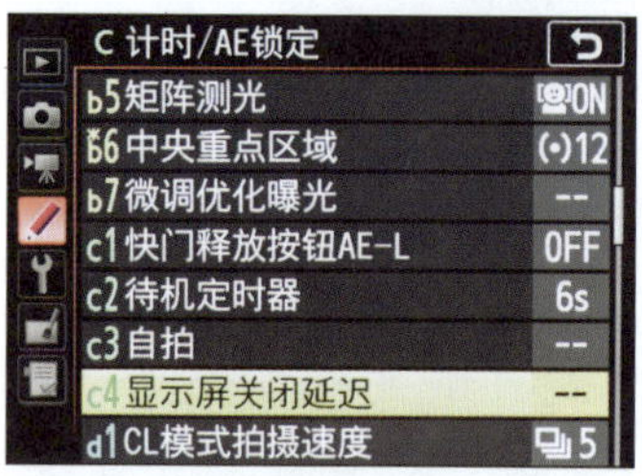

❶ 进入**自定义设定**菜单，点击选择**c计时/AE锁定**中的**c4 显示屏关闭延迟**选项

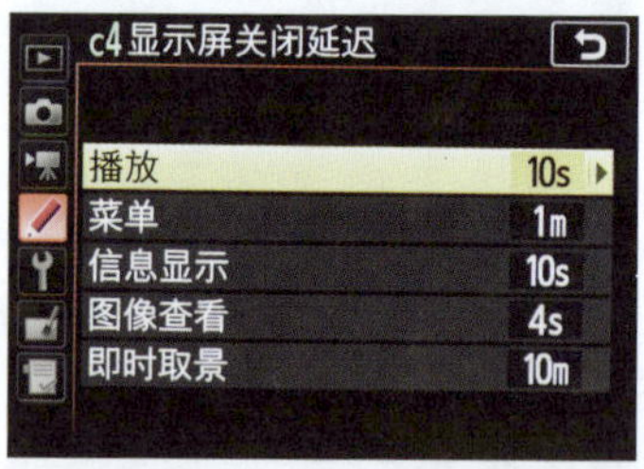

❷ 在其子菜单中可以点击选择**播放**、**菜单**、**信息显示**、**图像查看**或**即时取景**选项

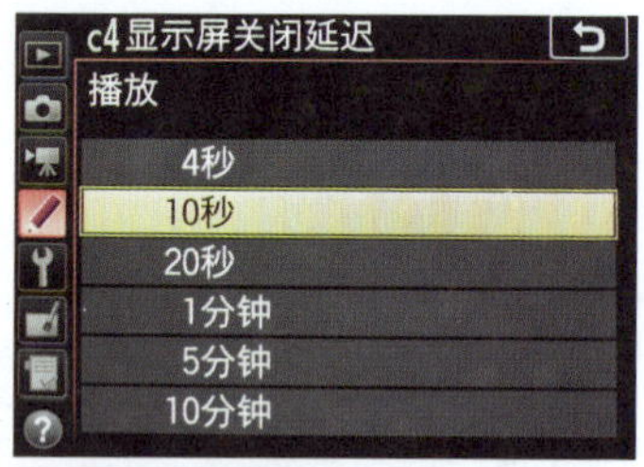

❸ 如果选择**播放**选项，点击设置回放照片时显示屏关闭的延迟时间

- 播放：用于设置回放照片时显示屏关闭的延迟时间。
- 菜单：用于设置在进行菜单设置时显示屏关闭的延迟时间。
- 信息显示：用于设置按下info按钮后打开显示屏查看拍摄信息时显示屏关闭的延迟时间。
- 图像查看：用于设置拍摄照片后，相机自动显示照片效果时显示屏关闭的延迟时间。
- 即时取景：用于设置即时取景和动画录制期间，显示屏关闭的延迟时间。

清除全部相机设置（佳能）/重设所有设定（尼康）

利用“清除全部相机设置”/“重设所有设定”功能可以一次性清除所有设定的自定义功能，将相机恢复到出厂时的默认状态，免去了逐一清除的麻烦。

初学者会经常遇到各种选项或相机操作失灵的情况，此时，好的方法之一就是用此菜单清除相机设置。

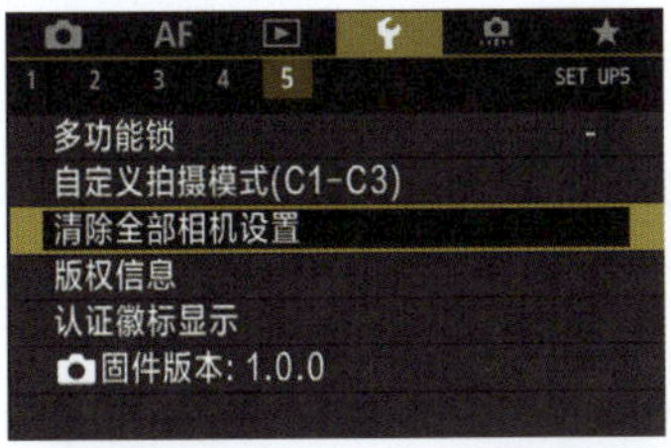

❶ 在**设置菜单5**中选择**清除全部相机设置**选项

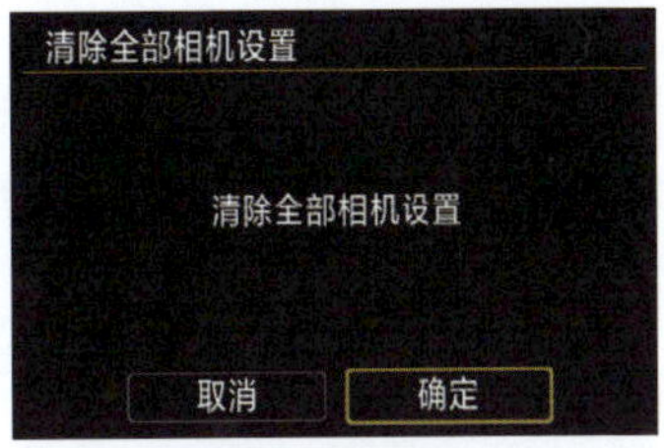

❷ 点击**确定**按钮即可

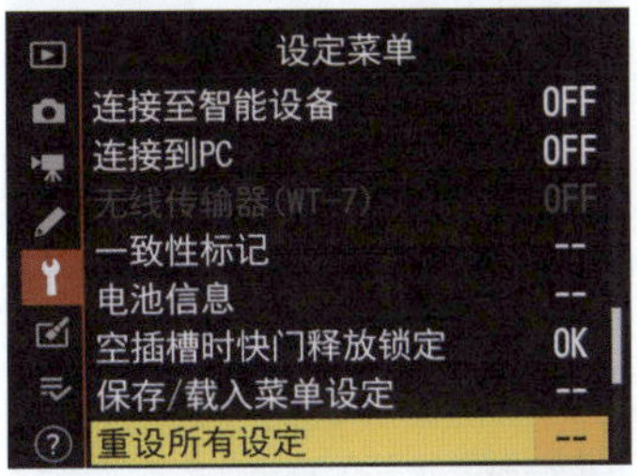

❶ 点击选择**设定**菜单中的**重设所有设定**选项

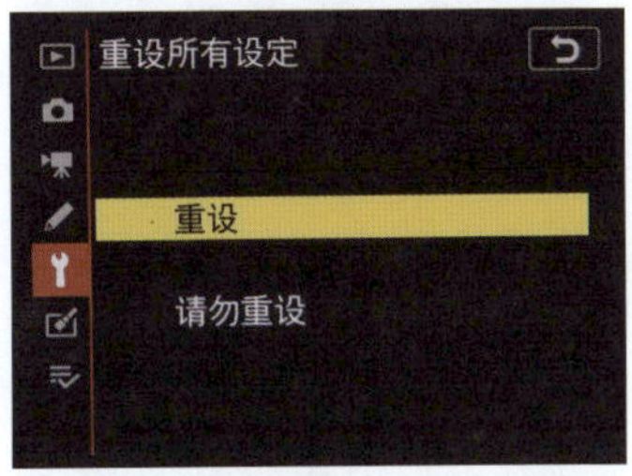

❷ 点击选择**重设**选项

未装存储卡释放快门（佳能）/空插槽时快门释放锁定（尼康）

利用“未装存储卡释放快门”/“空插槽时快门释放锁定”菜单，可防止摄影师在未安装储存卡的情况下进行拍摄。

建议始终选择“关闭”/“快门释放锁定”选项，以使相机在未安装储存卡时，无法按下快门。

此选项看似简单，但根据实践经验，的确对摄影初学者很有帮助。

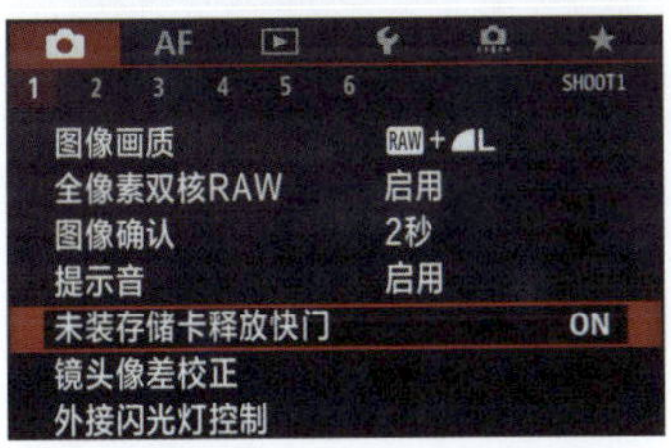

❶ 在**拍摄菜单1**中选择**未装存储卡释放快门**选项

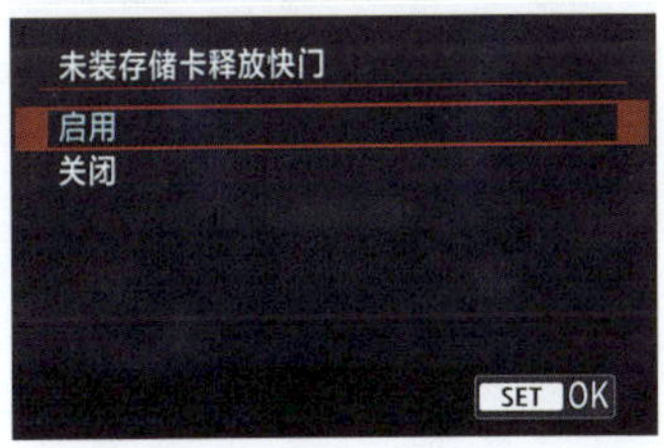

❷ 选择**启用**或**关闭**选项，然后点击 SET OK 图标确定

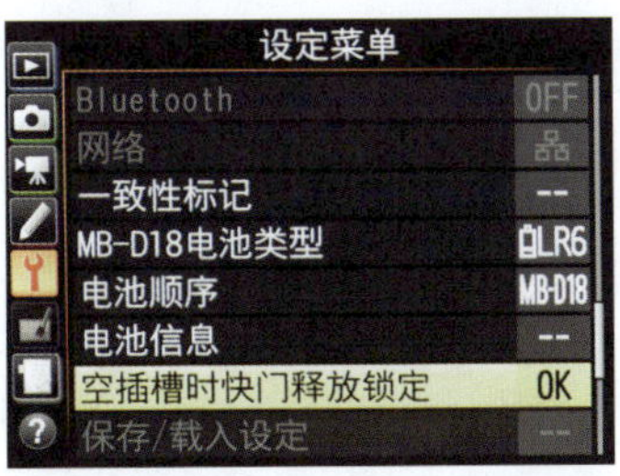

❶ 在**设定菜单**中点击选择**空插槽时快门释放锁定**选项

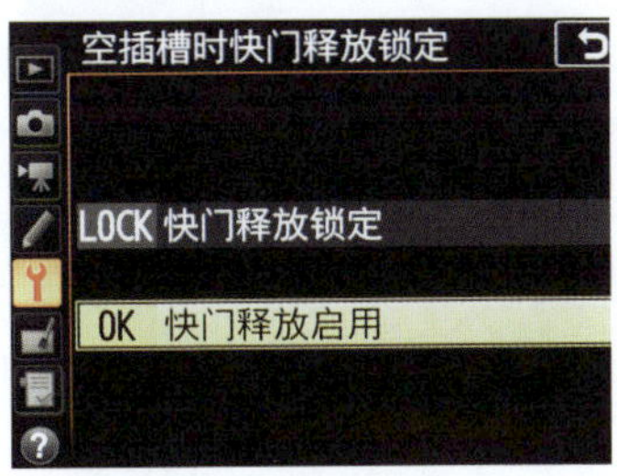

❷ 点击选择一个选项

取景器显示（佳能）

佳能相机可以在取景器中显示常用参数，以 Canon EOS 5D Mark Ⅳ相机为例，可以在取景器中显示网格线、电子水准仪、电池、白平衡、驱动模式、自动对焦模式、测光模式、图像画质、数码镜头优化、全像素双核 RAW、闪烁检测等功能指示图标。但由于取景器空间较小，显示太多的功能指示图标有时会干扰拍摄。在这种情况下，摄影师可以通过“取景器显示”菜单隐藏部分功能指示图标；当需要显示某种功能指示图标时，再通过此菜单将其显示出来。

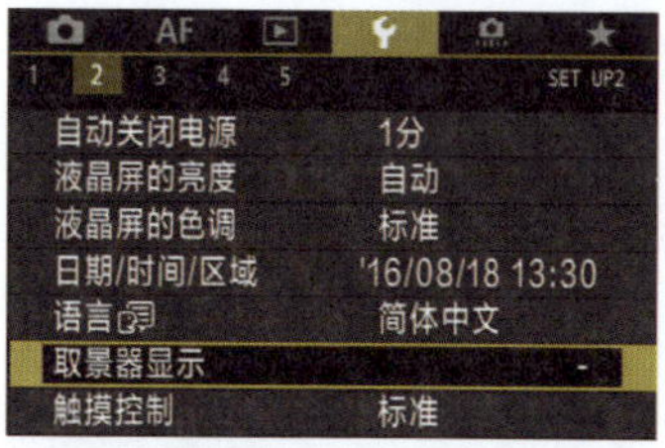

❶在**设置菜单2**中选择**取景器显示**选项

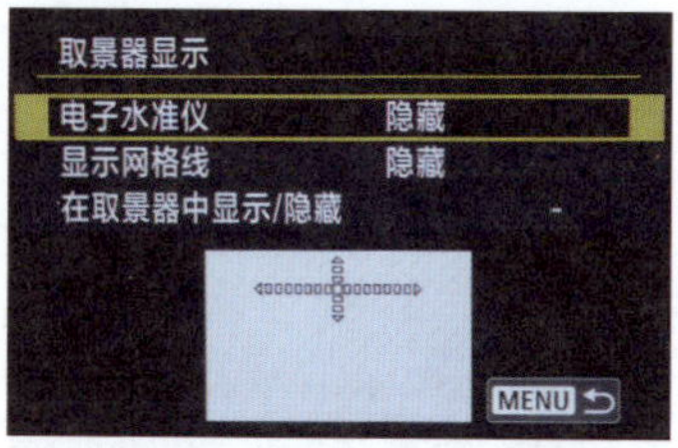

❷选择要修改的选项

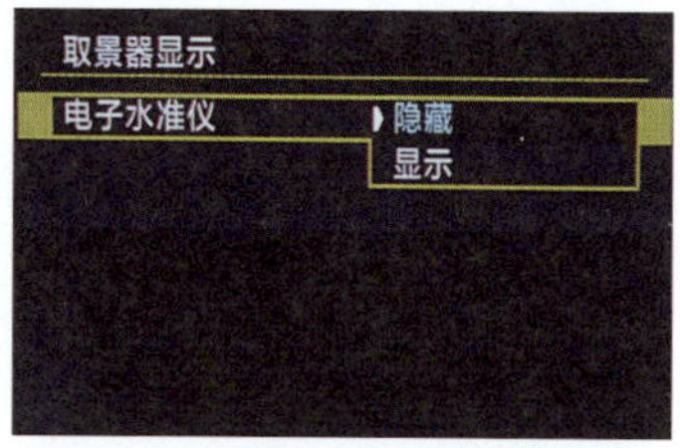

❸若在步骤❷中选择**电子水准仪**选项，可以选择**隐藏**或**显示**选项

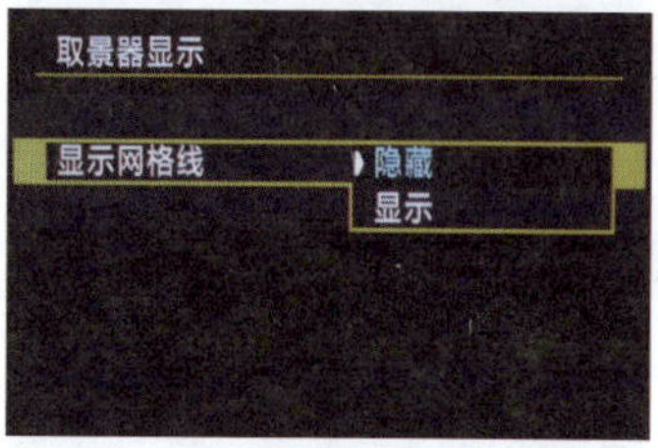

❹若在步骤❷中选择**显示网格线**选项，可以选择**隐藏**或**显示**选项

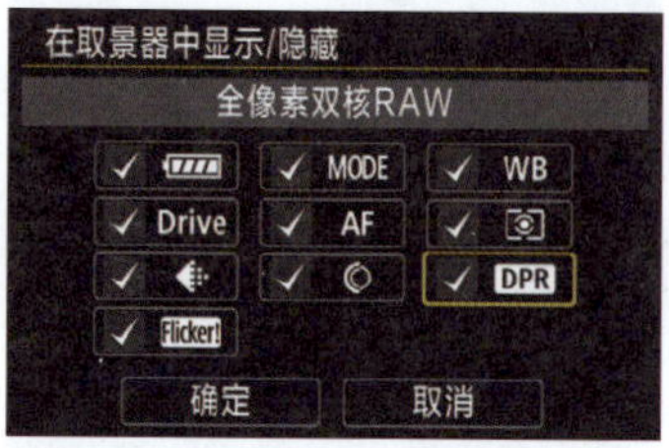

❺若在步骤❷中选择**在取景器中显示/隐藏**选项，再次选择要显示的选项

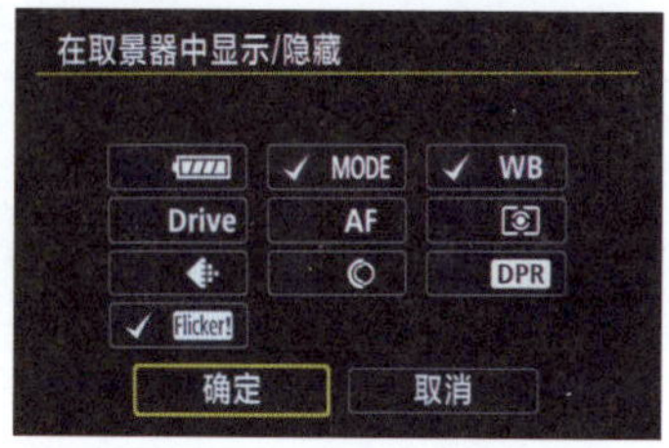

❻勾选完成后，选择**确定**按钮

■电子水准仪：选择此选项，可以设置在取景器中显示或隐藏电子水准仪。当显示电子水准仪后，可以在拍摄期间校正相机在垂直和水平方向的倾斜。

■显示网格线：选择此选项，可以设置是否在取景器中显示6×4的辅助网格。

■在取景器中显示/隐藏：选择此选项，可以设置是否在取景器中显示电池、白平衡、驱动模式、自动对焦操作、测光模式、图像画质、数码镜头优化、全像素双核RAW、闪烁检测等指示图标。

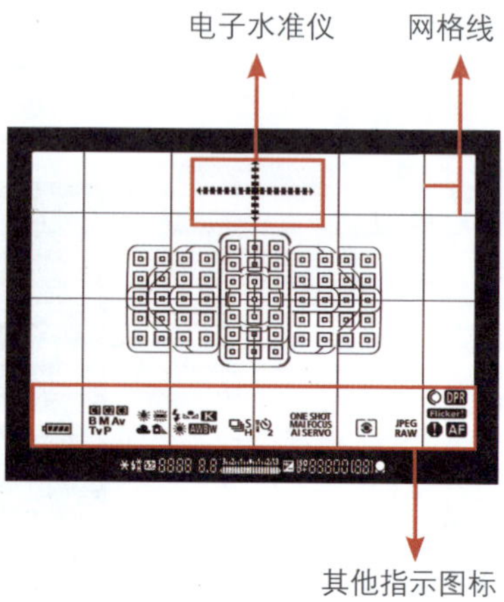

多功能锁（佳能）

为了避免在拍摄时误操作主拨盘、速控转盘或多功能控制钮，按自动对焦区域选择按钮或点击触摸屏等而意外更改相机设置，可以在此处指定要锁定的对象，然后在相机上将LOCK▶开关置于右侧，即可锁定此菜单中选定的项目。

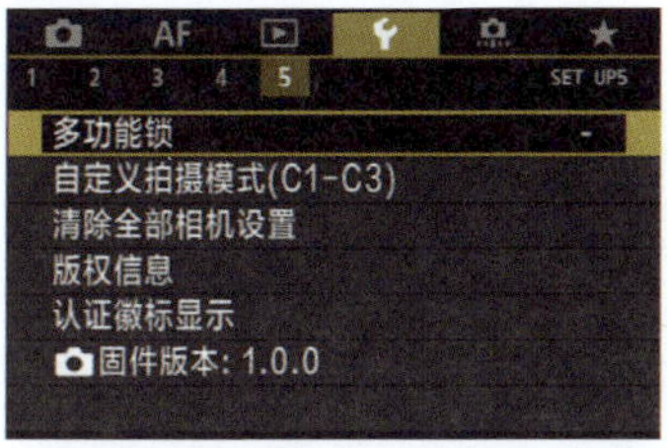

❶ 在**设置菜单5**中选择**多功能锁**选项

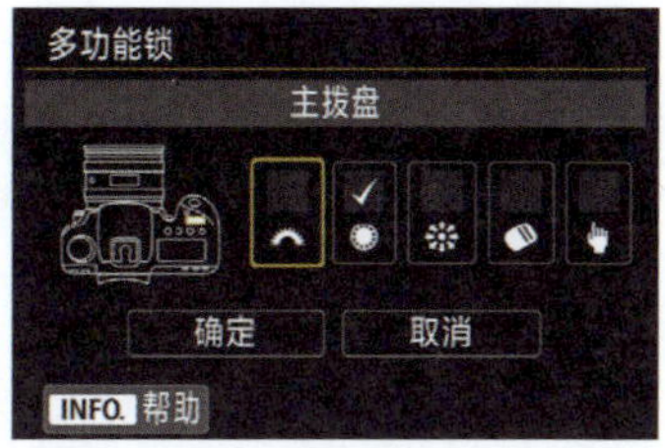

❷ 点击选择所需选项的小方框，添加勾选标记，选择完成后点击**确定**选项

自定义控制按钮

不管是佳能相机还是尼康相机，机身上都有很多按钮，并且分别被赋予不同功能，以便我们快速进行设置。根据个人的不同需求，我们还可以分别为这些按钮重新指定功能。

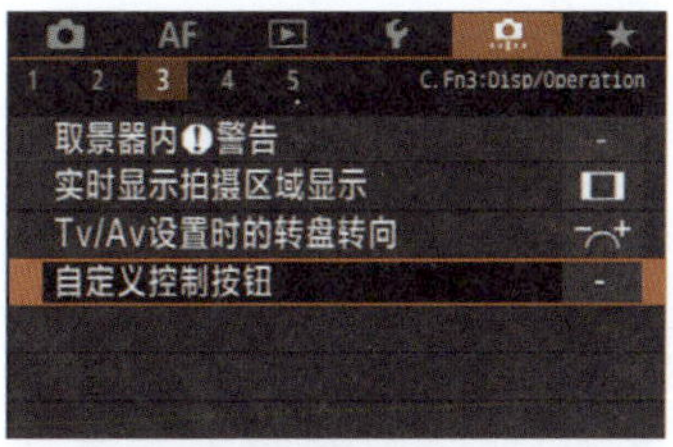

❶ 在**自定义功能菜单3**中选择**自定义控制按钮**选项

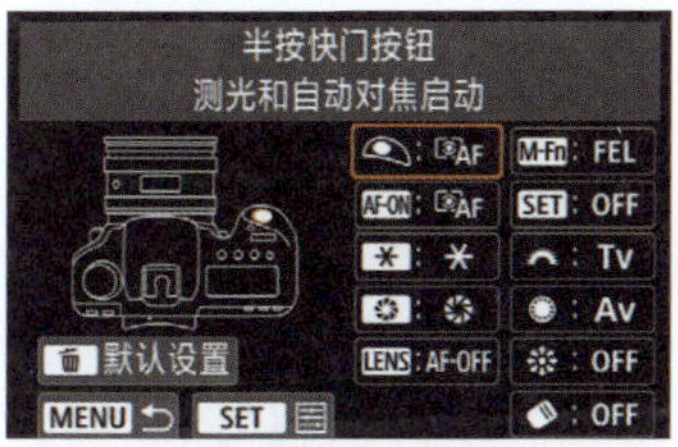

❷ 选择要重新定义的按钮

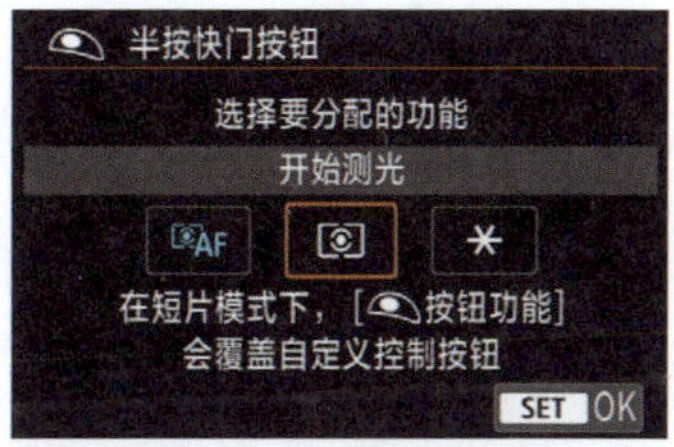

❸ 选择为该按钮分配的功能，然后点击SET OK图标确定

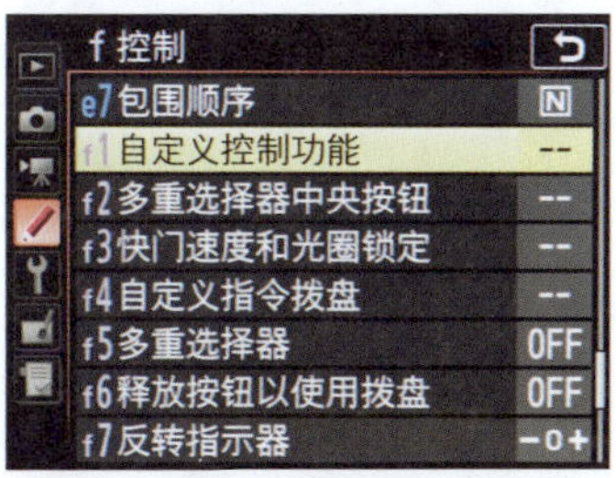

❶ 进入**自定义设定菜单**，点击选择**f控制**中的**f1自定义控制功能**选项

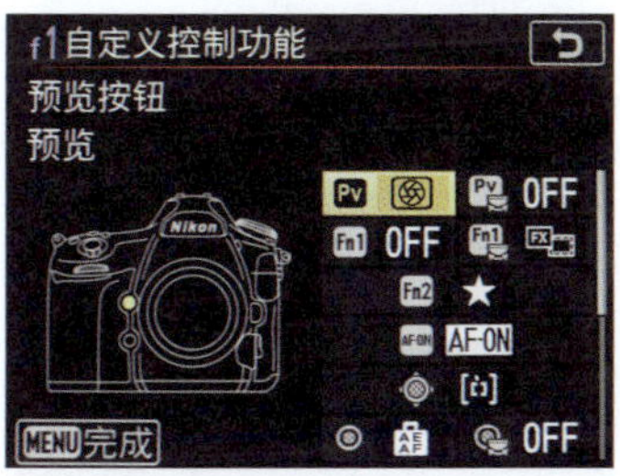

❷点击选择按下一个按钮选项（此处以预览按钮为例）

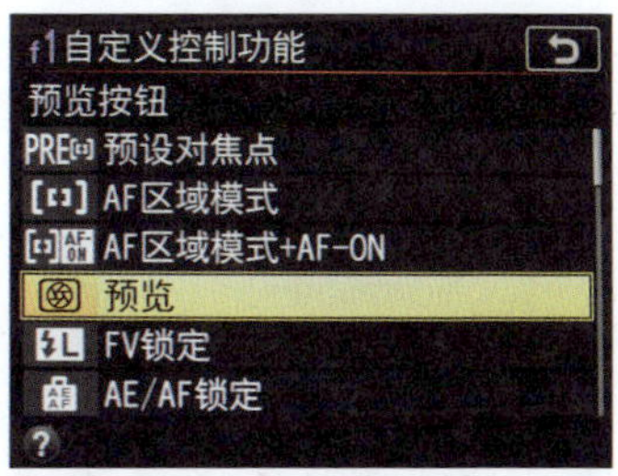

❸ 点击指定当按下预览按钮时执行的功能

自定义速控屏幕（佳能）

利用“自定义速控”功能，摄影师可以根据自己的喜好，自定义选择速控屏幕中要显示的选项及每一个选项的位置，以方便自己的拍摄操作。

支持自定义速控屏幕的项目有拍摄模式、快门速度、光圈值、ISO感光度、曝光补偿/自动包围曝光设置、闪光曝光补偿、照片风格、白平衡、白平衡偏移/包围曝光、自动亮度优化、自动对焦模式、自动对焦点选择、测光模式、驱动模式、外接闪光灯控制、高光色调优先、取景器网格线、长时间曝光降噪功能等常用功能。

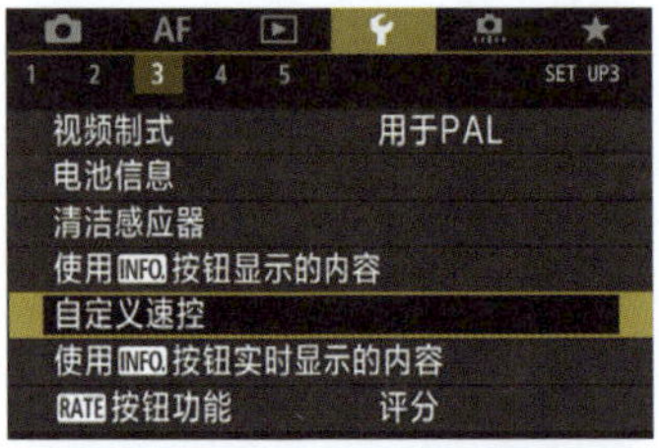

❶ 在**设置菜单3**中点击选择**自定义速控**选项

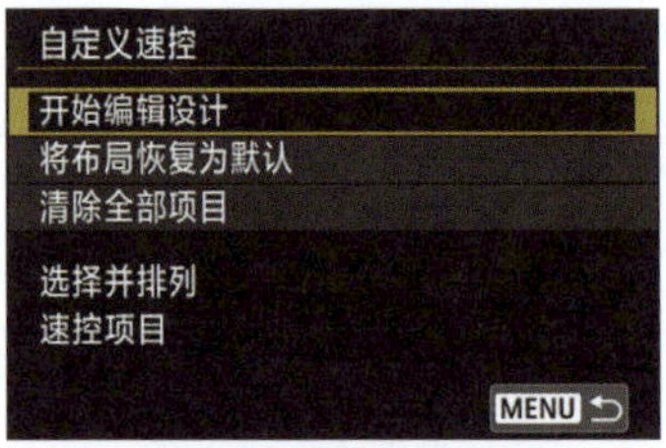

❷ 点击选择**开始编辑设计**选项

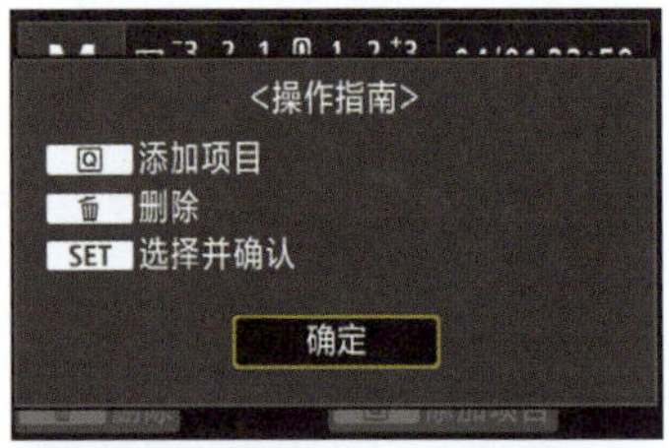

❸ 显示**操作指南**界面，阅读后点击**确定**选项

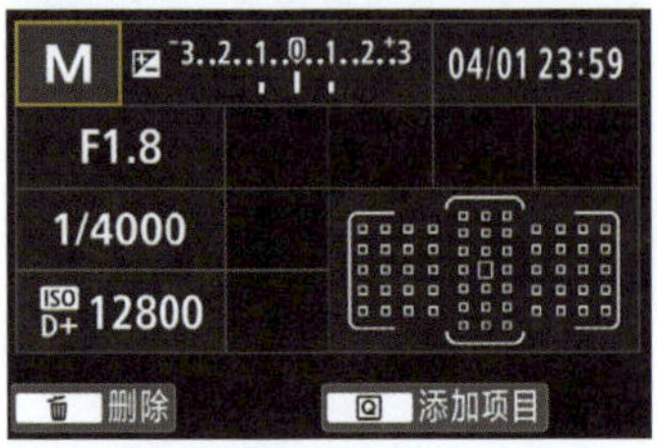

❹ 将显示默认屏幕界面，按下Q按钮或点击屏幕上的Q图标添加项目

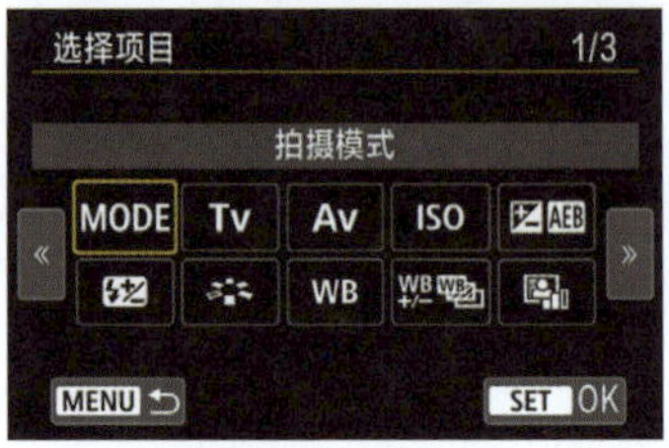

❺ 点击选择要添加的项目，点击屏幕上«或»图标可以翻页，选择完成后点击SET OK图标确定

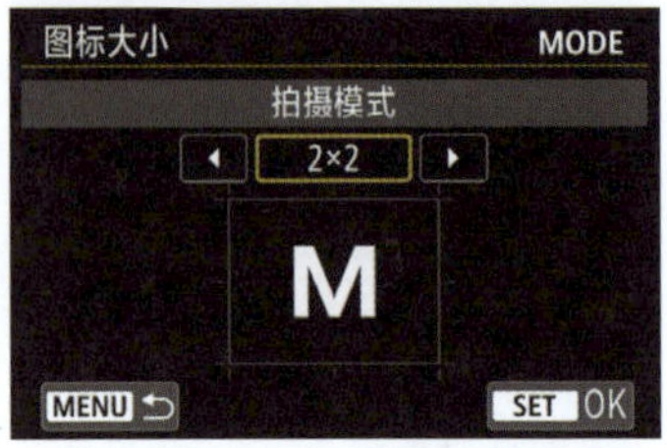

❻ 当选择了可以调整图标尺寸的项目时，点击屏幕上的◀或▶图标可以选择显示的尺寸，选择完成后点击SET OK图标确定

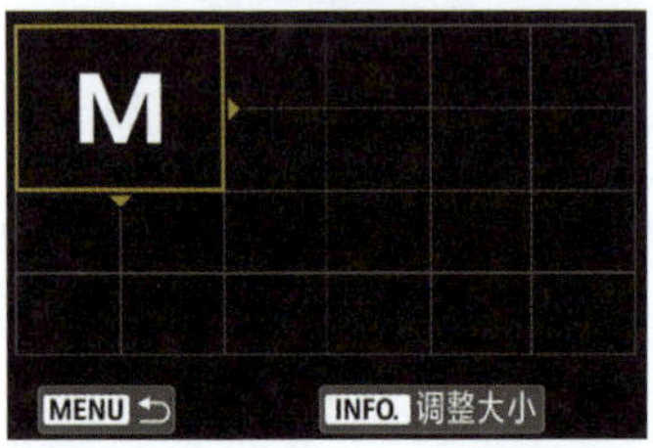

❼ 点住图标将项目（有方向箭头框）移动到所需位置，然后松开手即固定位置

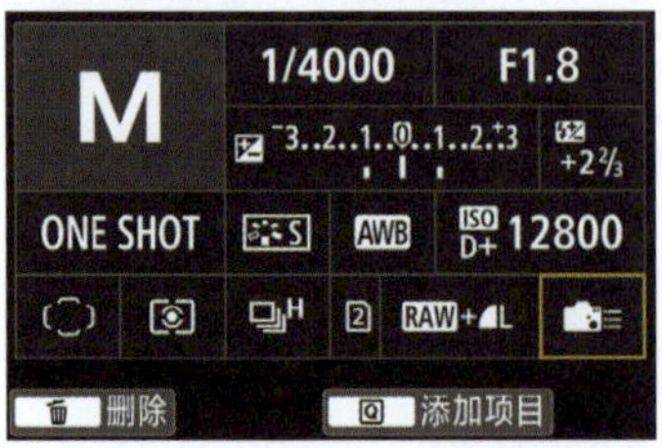

❽ 重复步骤❺、❻、❼的操作，将其他项目定好位置；若要删除已定位的项目，选择该项目并点击屏幕上的🗑图标，注册完成后，按下MENU按钮退出设置

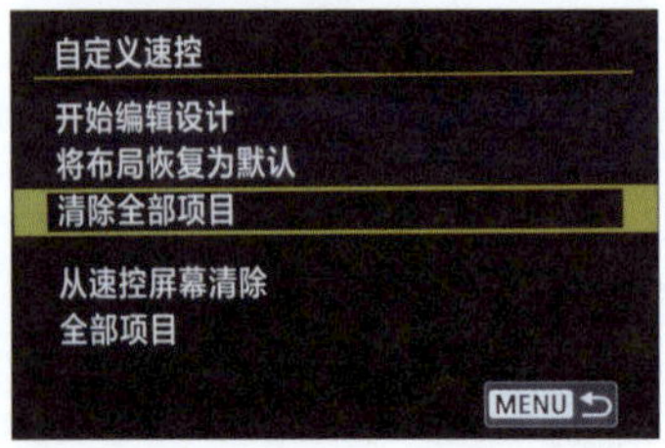

❾ 如果想要先删除所有默认显示的项目或重新编辑，应在步骤❷中选择**清除全部项目**选项，然后再选择**开始编辑设计**选项

在此菜单中自定义注册完成后，在拍摄状态下，按INFO按钮切换至自定义速控屏幕界面。当切换至自定义速控屏幕界面时，可以按照速控屏幕同样的操作步骤，按下Q按钮进入自定义速控屏幕修改设置状态。

设置按钮与拨盘的配合使用方式（尼康）

在默认情况下，尼康相机在使用、ISO、MODE、BKT、、（）、QUAL、WB 或 AF 模式按钮等机身按钮配合主 / 副指令拨盘设置参数时，需要按住此按钮的同时转动指令拨盘。

根据个人的操作习惯，也可以在“f6 释放按钮以使用拨盘”菜单中选择“是”选项，将其指定为按下并释放某按钮后，再旋转指令拨盘来设置参数。在此情况下，当再次按下机身上的其他按钮或半按快门释放按钮时，便可结束当前的参数设置。

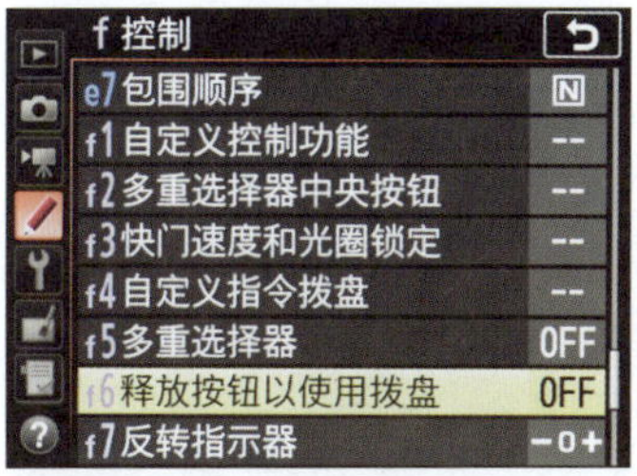

❶ 进入**自定义设定菜单**，点击选择**f控制**中的**f6 释放按钮以使用拨盘**选项

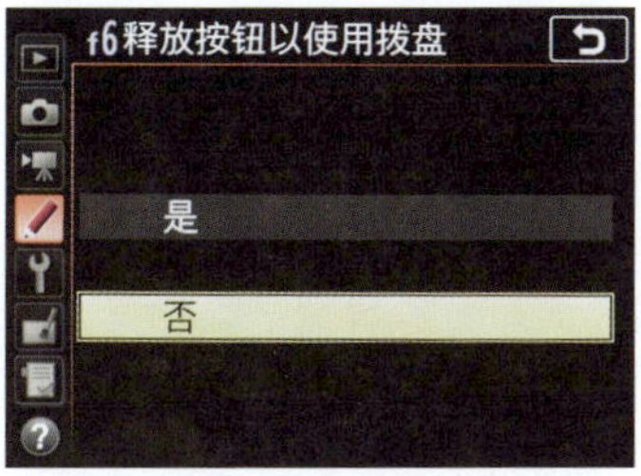

❷ 点击可设置是否启用该功能

长时间曝光降噪功能

相机的电子结构决定了在使用相机拍摄时，曝光的时间越长，则照片上的噪点就越多。此时，可以启用“长时间曝光降噪功能”消减画面中的噪点。

需要注意的是，降噪处理需要时间，而这个时间可能与拍摄时间相同。佳能相机在启用“长时间曝光降噪功能”后，若使用实时显示模式进行长时间曝光拍摄，那么在降噪处理过程中将显示“BUSY”，直到降噪完成，在这期间将无法继续拍摄照片。而尼康相机在降噪处理过程中，取景器中的Job nr字样将会闪烁且无法拍摄照片，若处理完毕前关闭相机，则照片会被保存，但相机不会对其进行降噪处理。因此，通常情况下建议将其关闭，在需要进行长时间曝光拍摄时再开启。

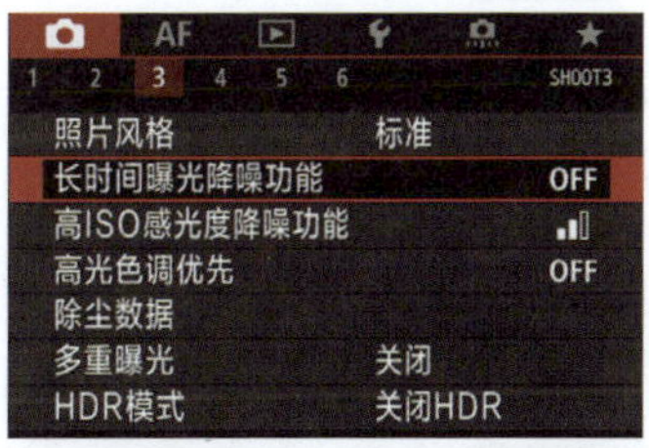

❶ 在**拍摄菜单3**中选择**长时间曝光降噪功能**选项

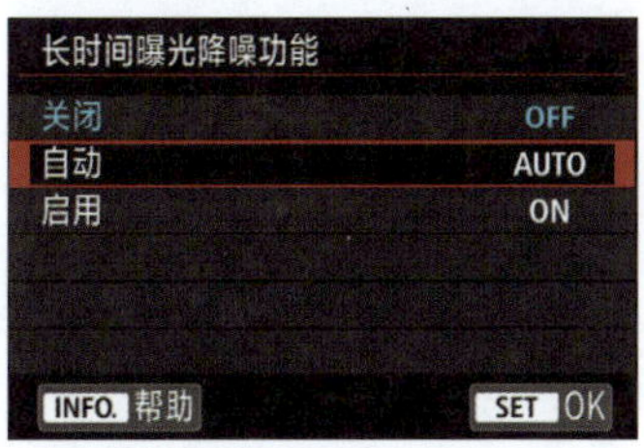

❷ 选择所需的选项，然后点击 SET OK 图标确定

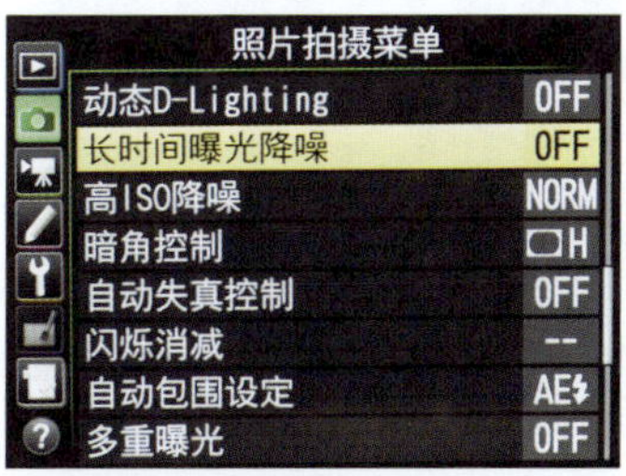

❶ 在**照片拍摄菜单**中点击选择**长时间曝光降噪**选项

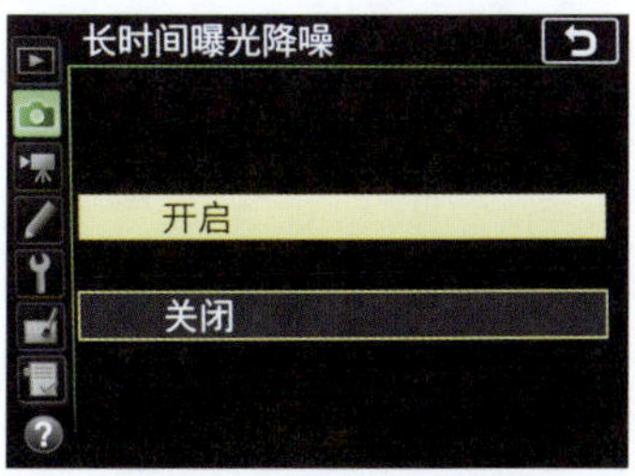

❷ 点击可选择**开启**或**关闭**选项

高 ISO 感光度降噪功能（佳能）/ 高 ISO 降噪（尼康）

利用高 ISO 感光度降噪功能，可以有效地减少使用较高的 ISO 值所拍摄照片的噪点，即使拍摄时使用的是较低的 ISO 值，也可以减少照片阴影区域的噪点。

佳能相机在“高 ISO 感光度降噪功能”菜单中共有 5 个选项，摄影师可以根据噪点的多少来改变其设置。

需要特别指出的是，与应用“强”时相比，应用“多张拍摄降噪”能够在保持更高图像画质的情况下进行降噪，其原理是连续拍摄4张照片并将其自动合并成一幅JPEG格式的照片，但当图像画质被设为RAW或RAW+JPEG时，此选项不可选。

另外，当将“高ISO感光度降噪功能”设置为“强”时，将使相机的连拍数量减少。

尼康相机在“高 ISO 降噪”菜单中包含“高”“标准”“低”和“关闭”4 个选项。选择“高”“标准”“低”时，可以在任何时候执行降噪（不规则间距明亮像素、条纹或雾像），尤其针对使用高 ISO 感光度拍摄的照片更有效；选择“关闭”时，则仅在需要时执行降噪，所执行的降噪量要少于将该选项设为“低”时所执行的量。

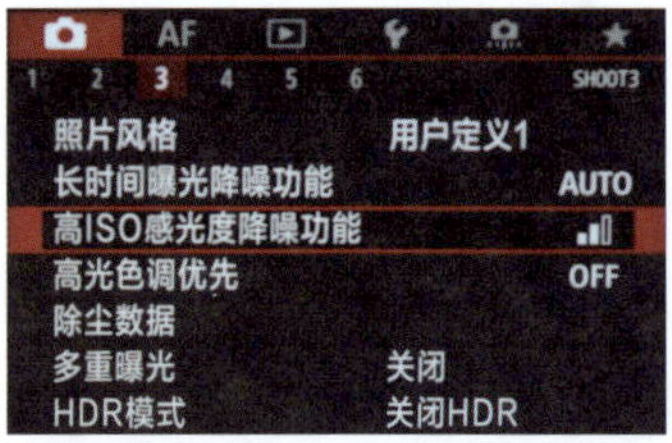

❶ 在**拍摄菜单3**中选择**高ISO感光度降噪功能**选项

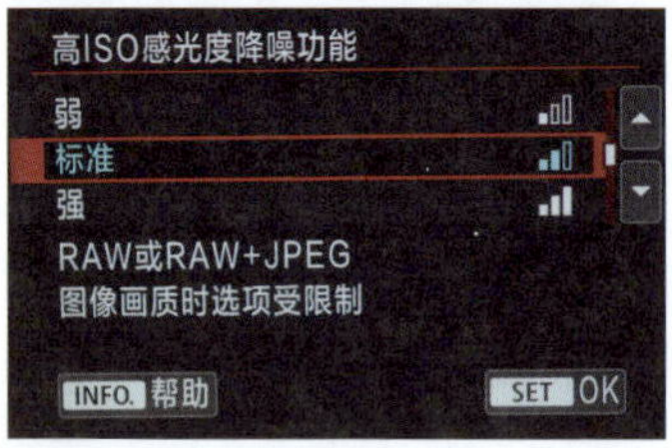

❷ 选择不同的选项，然后点击 SET OK 图标确定

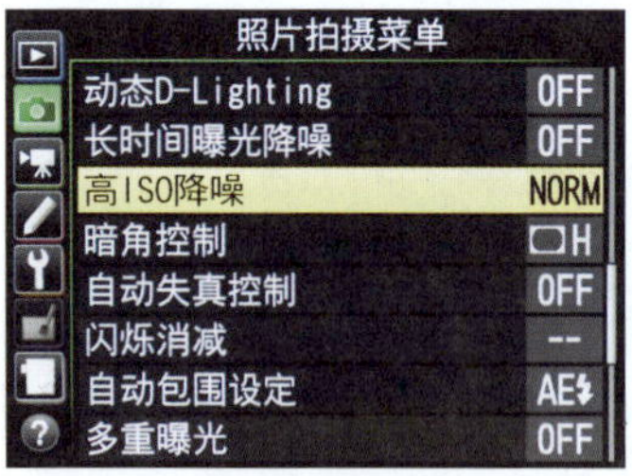

❶ 在**照片拍摄菜单**中点击选择**高ISO降噪**选项

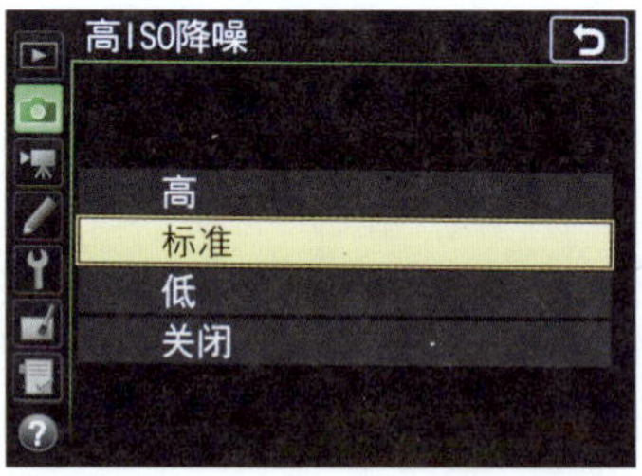

❷ 点击可选择不同的降噪标准

提示：对于喜欢采用RAW格式存储照片或者连拍的用户，建议关闭该功能，尤其是将降噪标准设为“强”/“高”时，将大大影响相机的连拍速度；对于喜欢直接使用相机打印照片或者采用JPEG格式存储照片的用户，建议选择“标准”或“弱”/“低”；如果使用了很高的感光度，且画面噪点明显时，可以选择“强”/“高”。

利用反光镜预升（佳能）/ 反光板弹起（尼康）避免相机产生震动

使用反光镜预升/反光板弹起功能可以有效地避免出现由于相机震动而导致的图像模糊问题。在该菜单中选择所需的选项，然后再对拍摄对象对焦，完全按下快门后释放，这时反光镜已经升起，再次按下快门或经过几秒即可进行拍摄。拍摄完成后反光镜将自动落下。

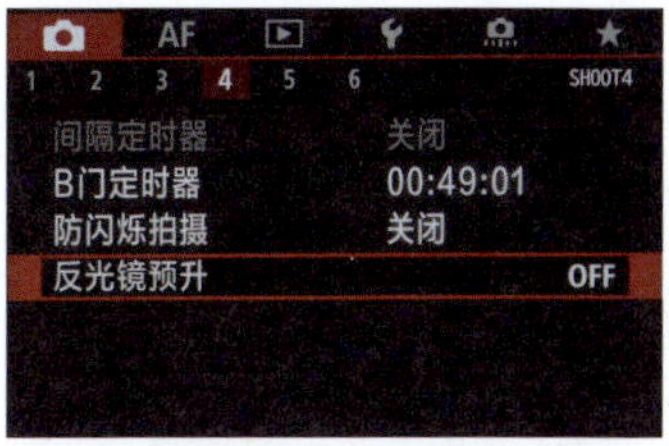

❶ 在**拍摄菜单4**中选择**反光镜预升**选项

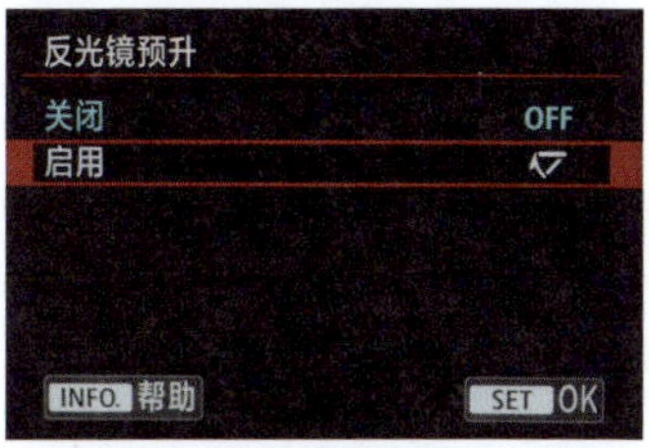

❷ 点击选择**启用**或**关闭**选项，然后点击 SET OK 图标确定

> 提示：当快门速度在1/30 ~ 1/8秒之间或需要更长的曝光时间，使用长焦镜头或进行微距拍摄时，建议启用“反光镜预升”/“反光镜弹起”功能，以减轻机震对成像质量的影响。但要注意的是，由于反光镜被升起，相机的图像感应器将会直接裸露在光线中，因此要尽量避免太阳或强光的直射，否则可能会损坏感光元件。另外，“反光镜预升”/“反光镜弹起”功能会影响拍摄速度，所以通常情况下建议将其设置为“关闭”，需要时再启用。

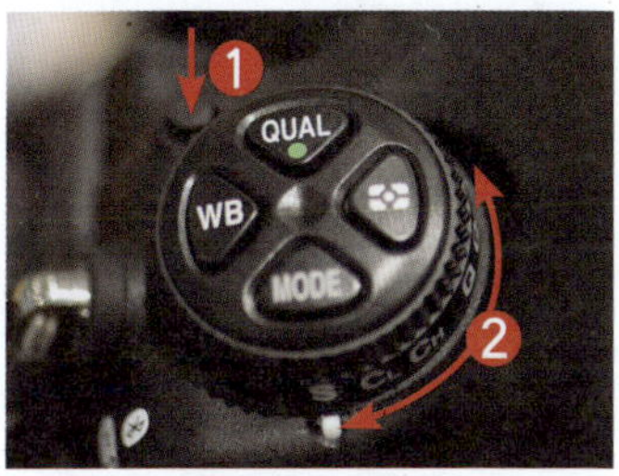

尼康 D850 相机设定方法：按下释放模式拨盘锁定解除按钮，并同时转动释放模式拨盘，使反光板弹起的释放模式图标对应白色标志处即可

○ 在拍摄微距照片时，使用“反光镜预升”功能可以在一定程度上确保拍出的照片更为清晰

设置曝光等级增量控制调整幅度

在“曝光等级增量”/“b3曝光/闪光补偿步长值”菜单中可以设置光圈、快门速度、感光度及曝光补偿等数值的变化幅度。佳能相机在菜单中可以选择“1/3级”或“1/2级”选项，尼康相机在菜单中可以选择“1/3步长”“1/2步长”和“1步长”。选定之后相机将以选定的幅度增加或减少曝光量。

■1/3级：选择此选项，每调整一级则曝光量会以+1/3EV或-1/3EV的幅度发生变化。

■1/2级：选择此选项，每调整一级则曝光量会以+1/2EV或-1/2EV的幅度发生变化。

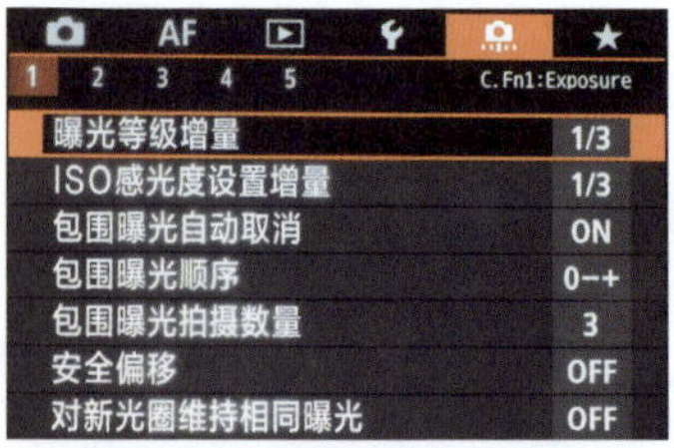

❶ 在**自定义功能菜单1**中选择**曝光等级增量**选项

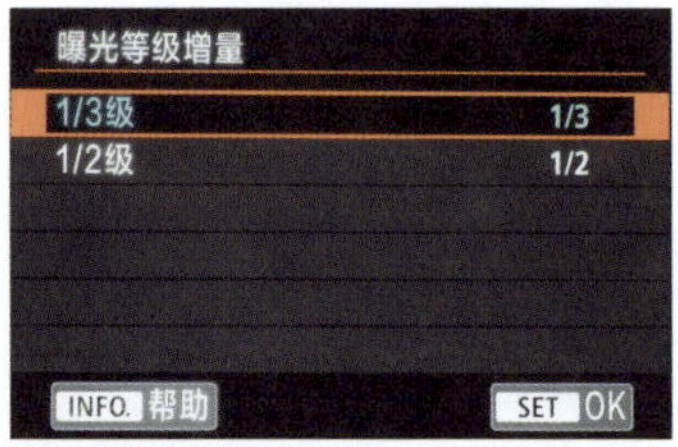

❷ 点击选择一个选项，然后点击SET OK图标确定

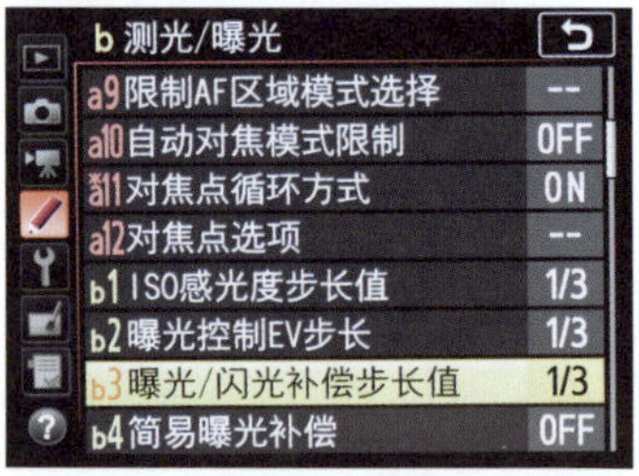

❶ 进入**自定义设定菜单**，选择**d拍摄/显示**中的**b3 曝光/闪光补偿步长值**选项

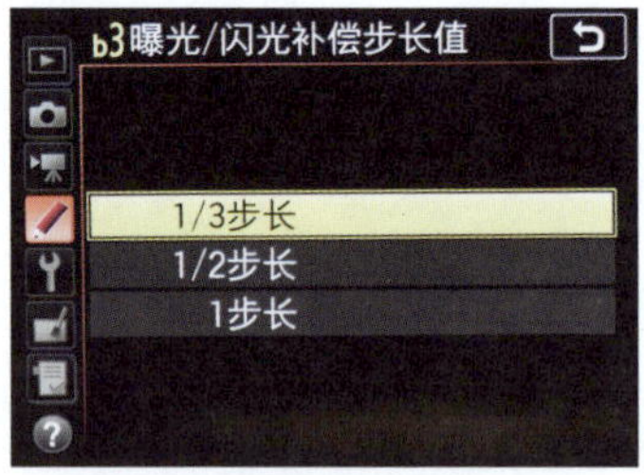

❷ 点击可选择不同的选项

> 提示：很显然，以“1/3级”来调整比以“1/2级”调整更精确，因此通常情况下，建议使用“1/3级”。

○ 在拍摄小宝宝时，需使用曝光补偿以便会让照片中小宝宝的皮肤看起来白皙、细嫩。但如果将曝光等级增量设置为“1/2级”，有可能会遇到增大曝光补偿则会画面过曝的情况，而减少曝光补偿又会出现无法再现小宝宝白皙、细腻皮肤的情况，因此可以将“曝光等级增量”设置为“1/3级”，从而可更精细地调整曝光补偿数值

利用佳能相机的高光色调优先增加高光区域细节

“高光色调优先”功能可以有效地增加高光区域的细节，使灰度与高光之间的过渡更加平滑。这是因为，开启这一功能后，可以使拍摄时的动态范围从标准的18%灰度扩展到高光区域。

但是，使用该功能拍摄时，画面中的噪点可能会更加明显。启用“高光色调优先”功能后，将会在液晶显示屏和取景器中显示“**D+**”符号。相机可以设置的ISO感光度范围也变为ISO200~ISO32000。

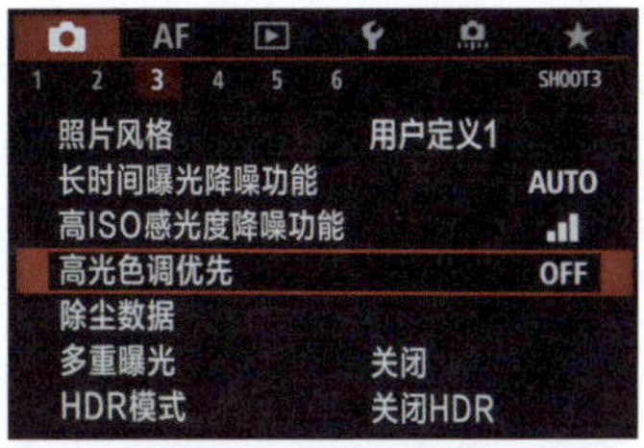

❶ 在**拍摄菜单3**中选择**高光色调优先**选项

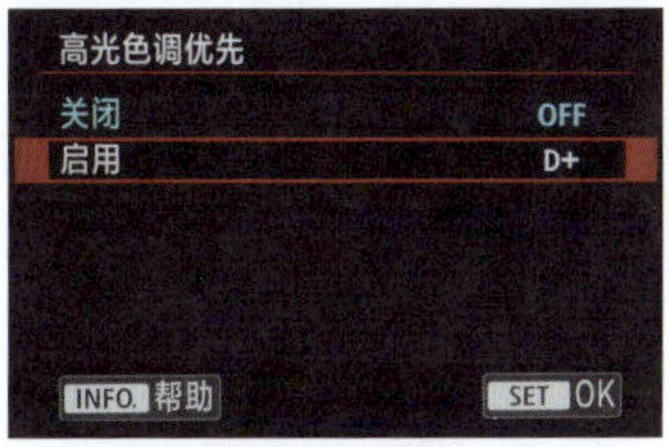

❷ 点击选择**关闭**或**启用**选项，然后点击SET OK图标确定

○ 使用“高光色调优先”功能可将画面表现得更加自然、平滑

○ 这两幅图是启用“高光色调优先”功能前后拍摄的局部画面对比，从中可以看出，启用此功能后，画面很好地兼顾了高光区域的细节

利用尼康相机的动态 D-Lighting 使画面细节更丰富

使用尼康相机在拍摄光比较大的画面时容易丢失细节，当亮部过亮、暗部过暗或明暗反差较大时，启用“动态D-Lighting”功能可以进行不同程度的校正。

例如，在直射明亮阳光下拍摄时，拍出的照片中容易出现较暗的阴影与较亮的高光区域，启用“动态D-Lighting”功能，可以确保所拍摄照片中的高光和阴影的细节不会丢失，因为此功能会使照片的曝光稍欠一些，有助于防止照片的高光区域完全变白而显示不出任何细节，同时还能够避免因为曝光不足而使阴影区域中的细节丢失。

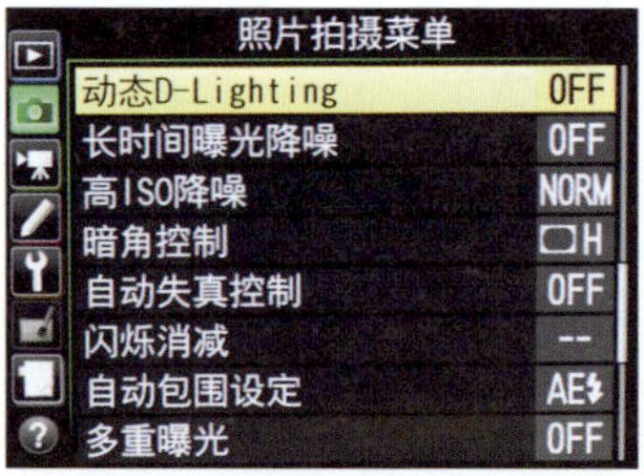

❶ 在**照片拍摄菜单**中选择**动态D-Lighting**选项

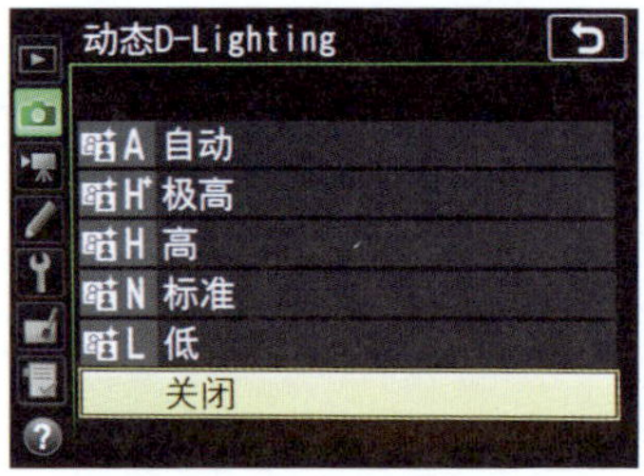

❷ 点击可选择不同的校正强度

该功能与3D彩色矩阵测光Ⅲ模式一起使用时，效果最为明显。如果选择“自动”选项，相机将根据拍摄环境自动调整动态D-Lighting。

○ 通过对比开启和关闭“动态 D-Lighting”功能拍摄的照片可以看出，如果将“动态 D-Lighting”设为“高”，拍摄的画面高光得到了抑制，阴影部分也得到了提亮

设定照片风格（佳能）/ 优化校准（佳能）

简单来说，照片风格/优化校准就是相机依据不同拍摄题材的特点而进行的一些色彩、锐度及对比度等方面的校正。例如，在拍摄风光题材时，可以选择色彩较为艳丽、锐度和对比度都较高的“风景”，也可以根据需要手动设置自定义的优化校准，来满足个性化的需求。

佳能相机的“照片风格”菜单包含“自动”“标准”“人像”“风光”“精致细节”“中性”“可靠设置”和“单色”8个选项。

尼康相机的“设定优化校准”菜单包含“自动”“标准”“自然”“鲜艳”“单色”“人像”“风景”和“平面”8个选项。

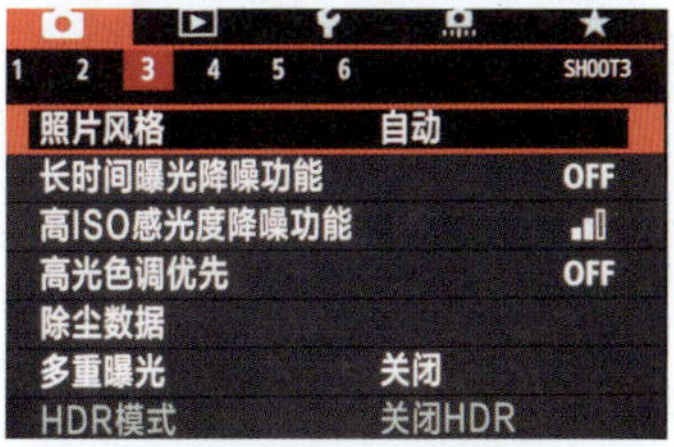

❶ 在**拍摄菜单3**中选择**照片风格**选项

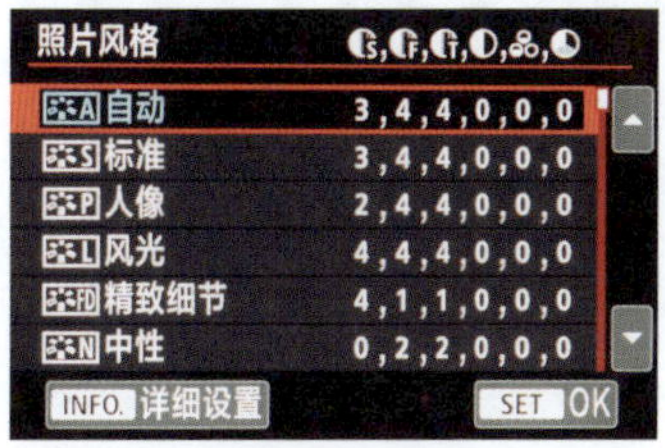

❷ 点击选择不同的选项，然后点击 SET OK 图标确定

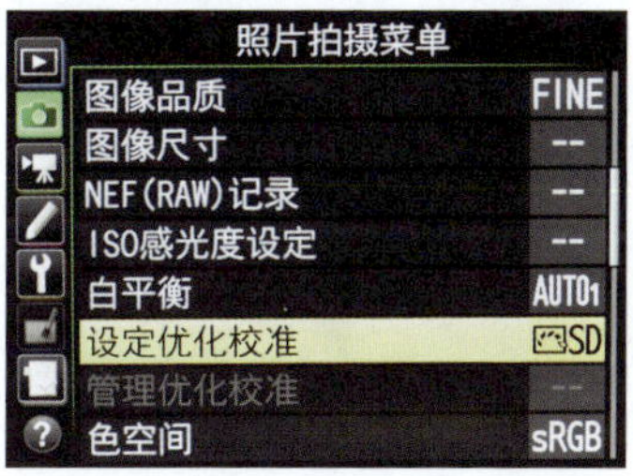

❶ 点击选择**照片拍摄**菜单中的**设定优化校准**选项

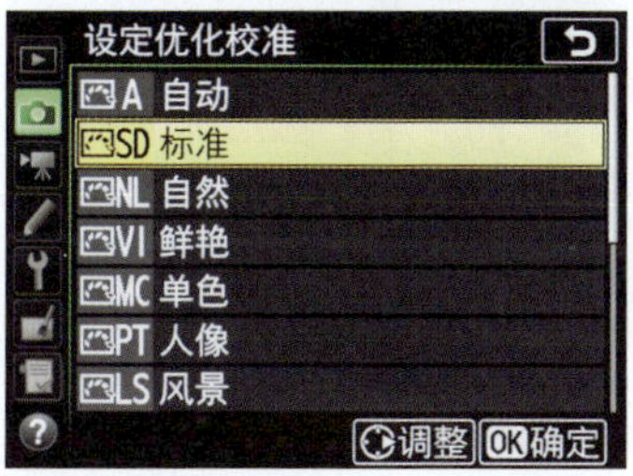

❷ 点击选择预设的优化校准选项，然后点击 调整 图标进入调整界面

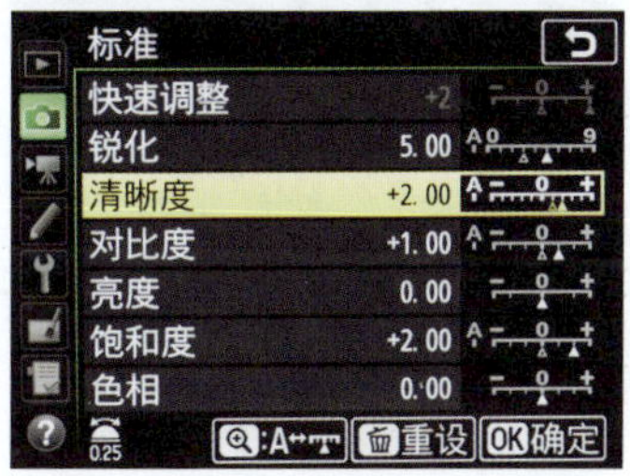

❸ 选择不同的参数并根据需要修改后，点击 OK确定 图标确定

○ 设置为“鲜艳”优化校准模式拍摄，得到色彩饱和的画面效果

利用多重曝光获得蒙太奇画面

利用佳能或尼康相机的“多重曝光”功能，可以进行 2~9 次曝光拍摄，并将多次曝光拍摄的照片合并为一张图像。

开启或关闭多重曝光

此菜单用于控制是否启用“多重曝光”功能，以及启用此功能后是否可以在拍摄过程中对相机进行操作等。

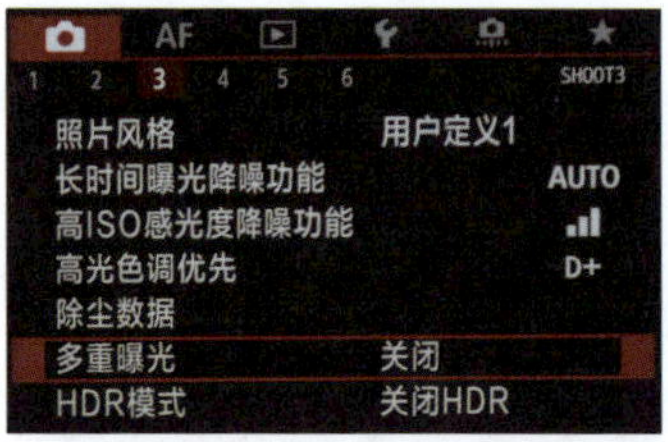

❶ 在**拍摄菜单3**中选择**多重曝光**选项

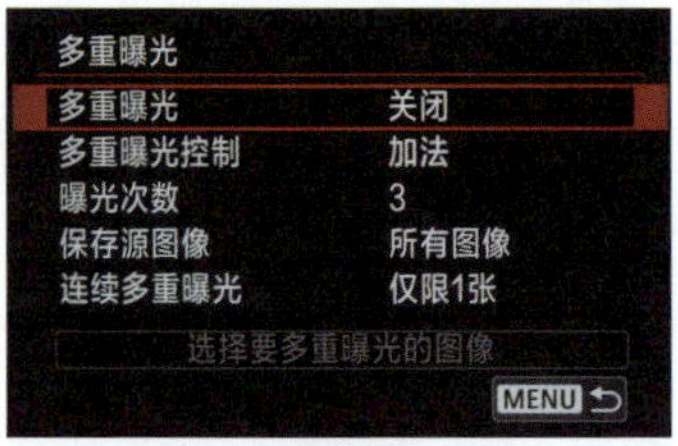

❷ 点击选择**多重曝光**选项

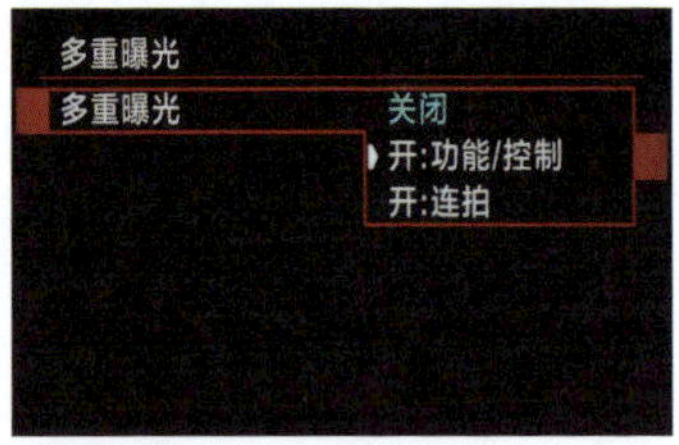

❸ 点击选择一个选项即可

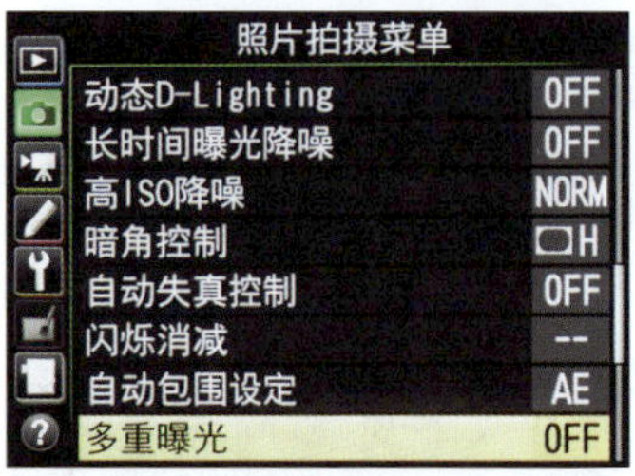

❶ 在**照片拍摄菜单**中点击选择**多重曝光**选项

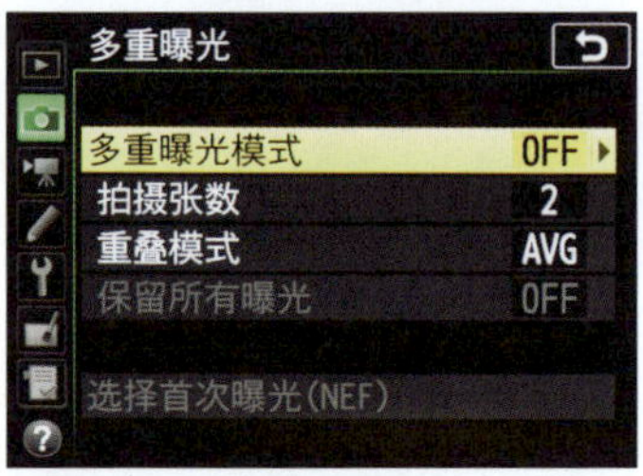

❷ 点击选择**多重曝光模式**选项

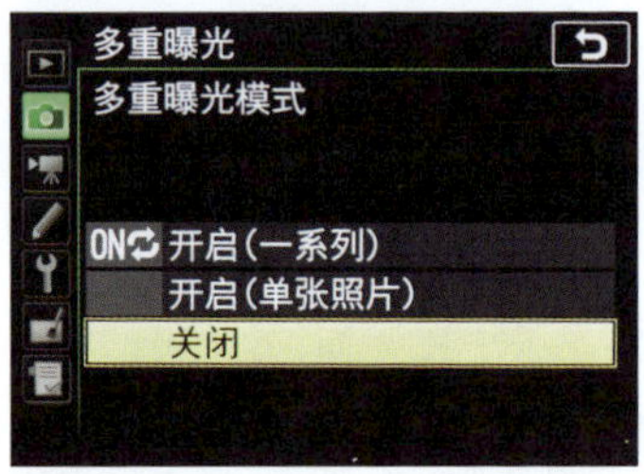

❸ 点击选择一个选项即可

以下是佳能相机选项讲解，尼康相机的选项含义比较清楚，在此不做讲解。

■ 关闭：选择此选项，则禁用“多重曝光”功能。

■ 开（功能/控制）：选择此选项，将允许一边检查拍摄效果，一边逐步拍摄多重曝光。在连拍时比较方便，不过在连拍时，速度会显著下降。

■ 开（连拍）：此选项较适合对动态对象进行多重曝光时使用，可以进行连拍。但无法执行观看菜单、拍摄后的图像确认、图像回放和取消最后一张图像等操作，并且拍摄的单张图像也会被弃用，而只保存多重曝光图像。

改变多重曝光照片的叠加合成方式

佳能相机在此菜单中可以选择合成多重曝光照片时的算法，包括“加法”“平均”“明亮”“黑暗”4个选项。

■加法：选择此选项，每次拍摄的单张曝光的照片会被叠加在一起。基于“曝光次数”设定负的曝光补偿，2次曝光为－1级，3次曝光为－1.5级，4次曝光为－2级。

■平均：选择此选项，将在每次拍摄单张曝光照片时，自动控制背景曝光，以获得标准的曝光结果。

■明亮：选择此选项，会将多次曝光结果中明亮的图像保留在照片中。例如，在拍摄月亮时选择此选项，可以获得明月高悬于夜幕上空的画面。

■黑暗：此选项的功能与“明亮”选项相反，可以在拍摄时将多次曝光结果中暗调的图像保留下来。

提示：在尼康D850相机的多重曝光菜单中，可以选择“叠加”“平均”“亮化”“暗化”4种重叠模式，虽然名称与佳能相机略有不同，但含义差不多。

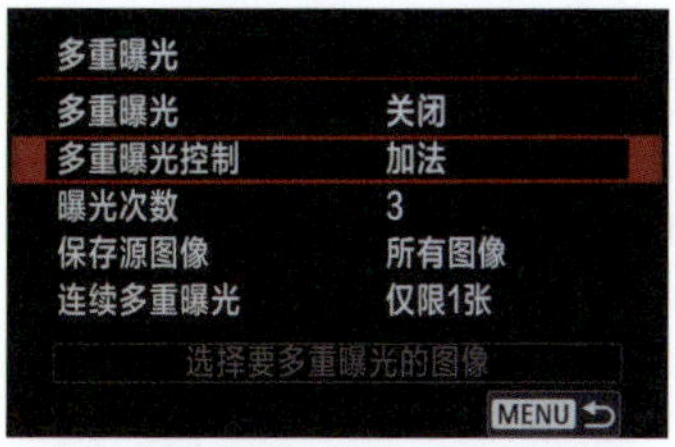

❶ 在**拍摄菜单3**中选择**多重曝光**选项，然后再选择**多重曝光控制**选项

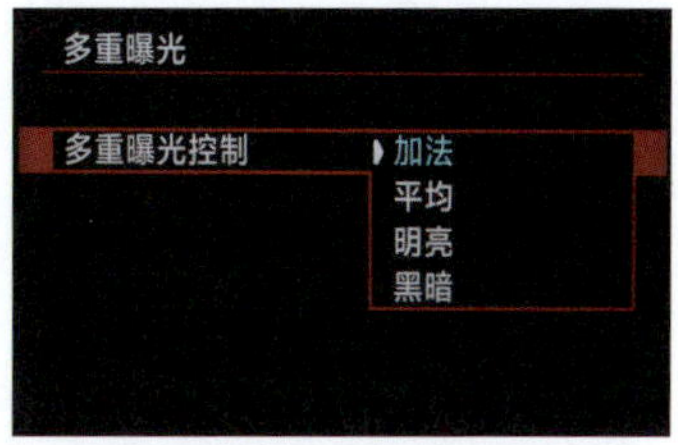

❷ 点击可选择多重曝光的控制方式

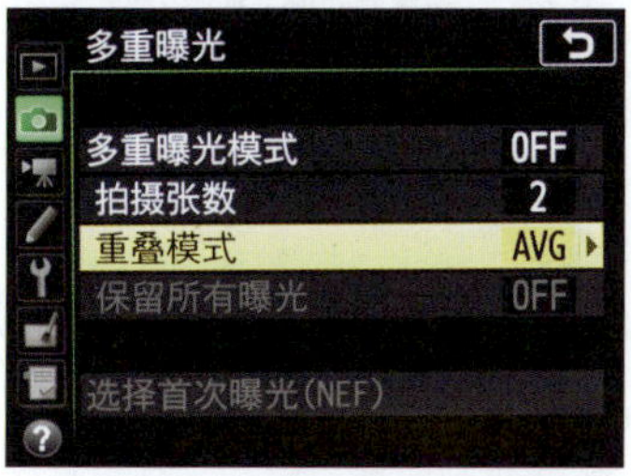

❶ 在**照片拍摄菜单**中选择**多重曝光**选项，然后再选择**重叠模式**选项

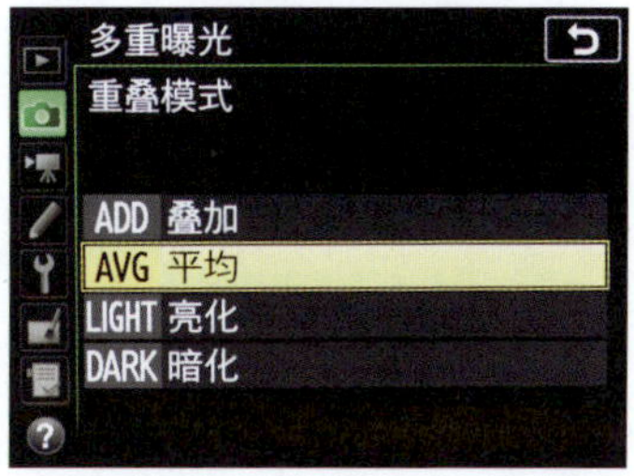

❷ 点击可选择多重曝光的控制方式

○ 使用多重曝光功能得到超现实风格的照片

设置多重曝光次数

在此菜单中，可以设置多重曝光拍摄时的曝光次数，可以选择 2 ~ 9 张进行拍摄。通常情况下，2 ~ 3 次曝光就可以满足绝大部分的拍摄需求。

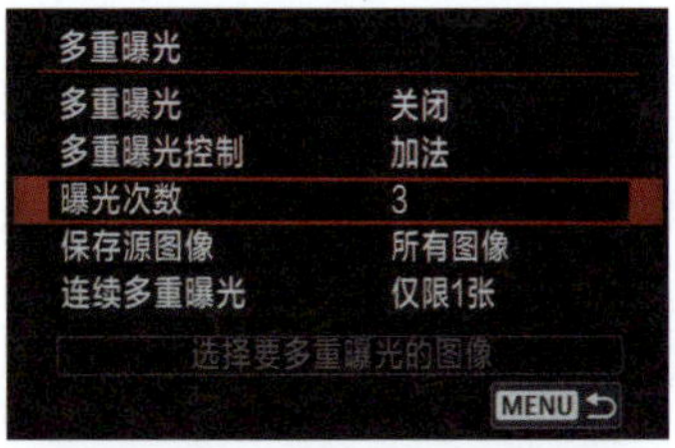

❶ 在**拍摄菜单3**中选择**多重曝光**选项，然后再选择**曝光次数**选项

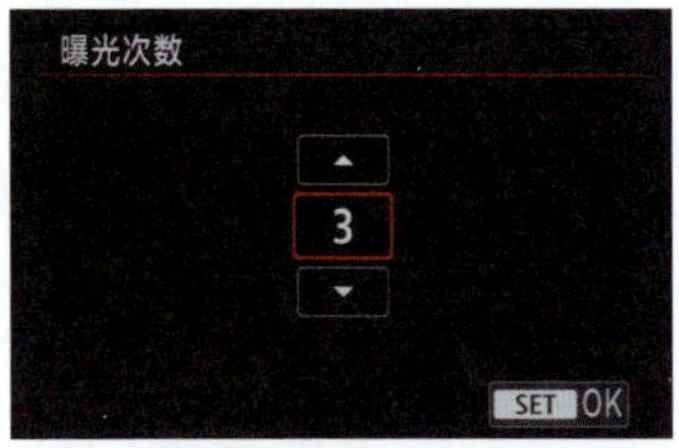

❷ 点击▲或▼图标可选择不同的曝光次数，然后点击SET OK图标确定

> 提示：在尼康D850相机中可以选择2 ~ 10张进行拍摄。设置的张数越多，则合成的画面中产生的噪点也越多。

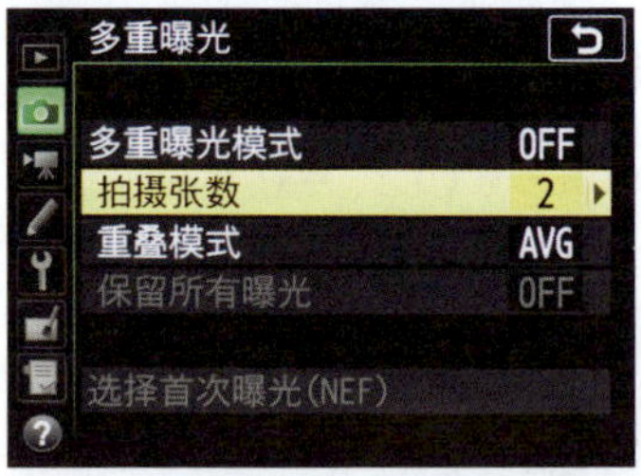

❶ 在**照片拍摄菜单**中选择**多重曝光**选项，然后再选择**拍摄张数**选项

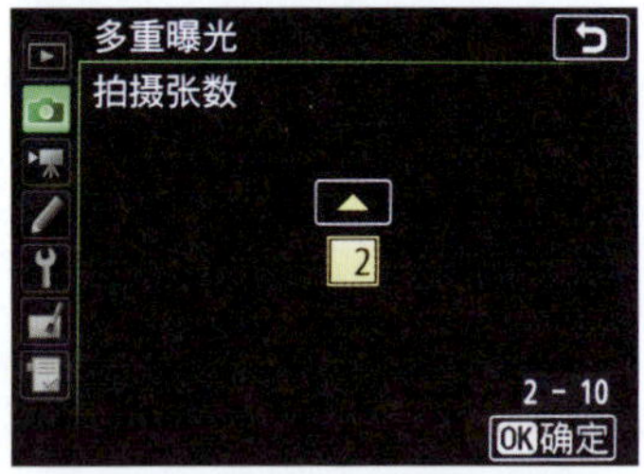

❷ 点击▲或▼图标选择所需的拍摄张数，然后点击OK确定图标确认

保存源图像

在此菜单中可以设置是否将多次曝光时的单张照片也保存至存储卡中。

- 所有图像：选择此选项，相机会将所有的单张曝光照片及最终的合成结果全部保存到存储卡中。
- 仅限结果：选择此选项，将不保存单张照片，仅保存最终的合成结果。

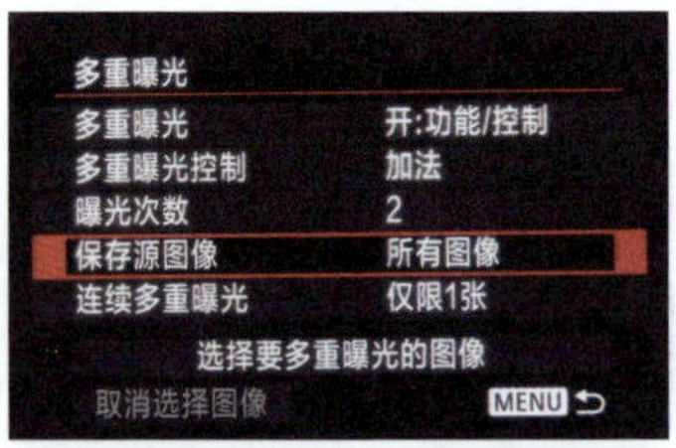

❶ 在**拍摄菜单3**中选择**多重曝光**选项，然后再选择**保存源图像**选项

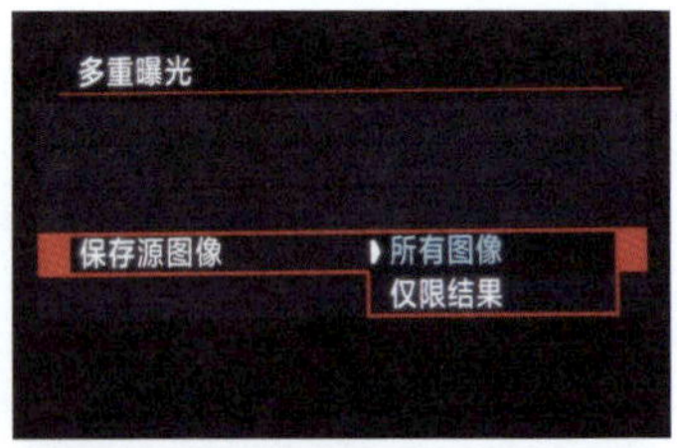

❷ 点击选择**所有图像**或**仅限结果**选项

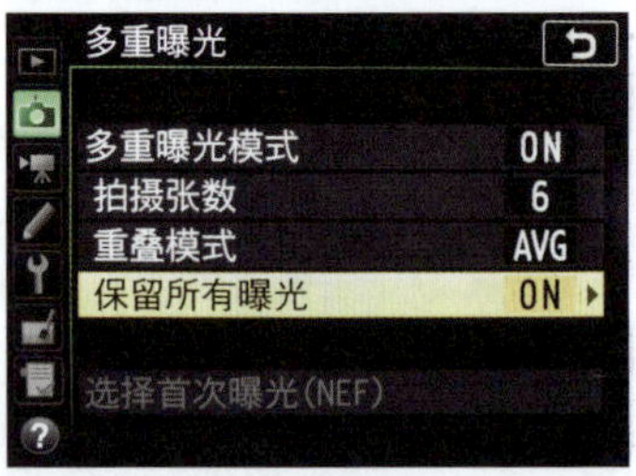

❶ 在**照片拍摄菜单**中选择**多重曝光**选项，然后再选择**保留所有曝光**选项

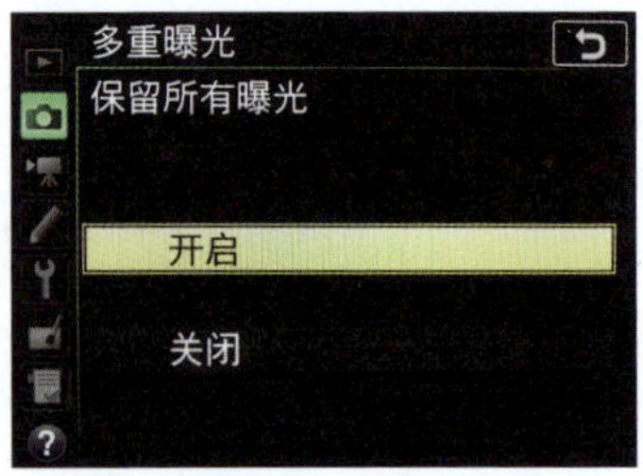

❷ 点击选择**开启**或**关闭**选项

用存储卡中的照片进行多重曝光

佳能和尼康相机允许摄影师从存储卡中选择一张照片，然后再通过拍摄的方式进行多重曝光，而选择的照片也会占用一次曝光次数。例如在设置曝光次数为3时，除了从存储卡中选择的照片外，还可以再拍摄两张照片用于多重曝光图像的合成。

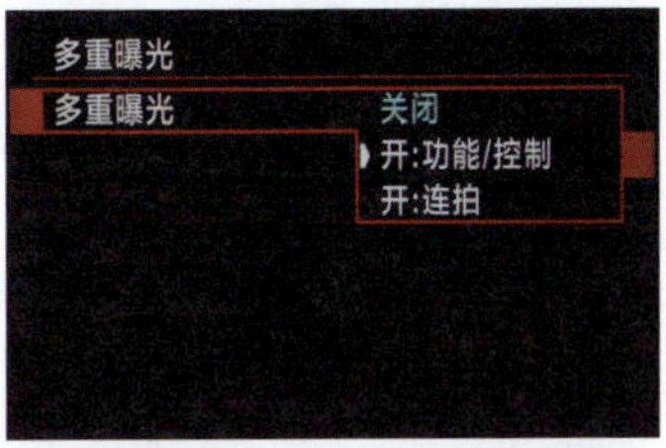

❶ 在**拍摄菜单3**中选择**多重曝光**选项，然后再选择**开：功能/控制**或**开：连拍**选项

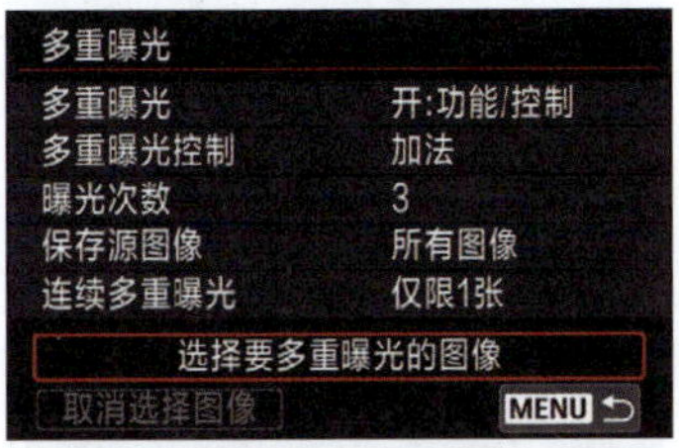

❷ 点击选择**选择要多重曝光的图像**选项

❸ 选择要进行多重曝光的图像，然后点击选择**确定**选项

> 提示：只可以选择RAW图像，无法选择JPEG图像和HEIF图像。

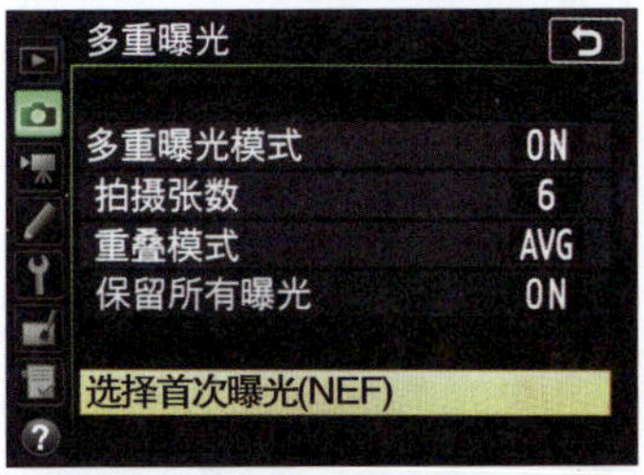

❶ 在**照片拍摄菜单**中选择**多重曝光**选项，然后再选择**选择首次曝光（NEF）**选项

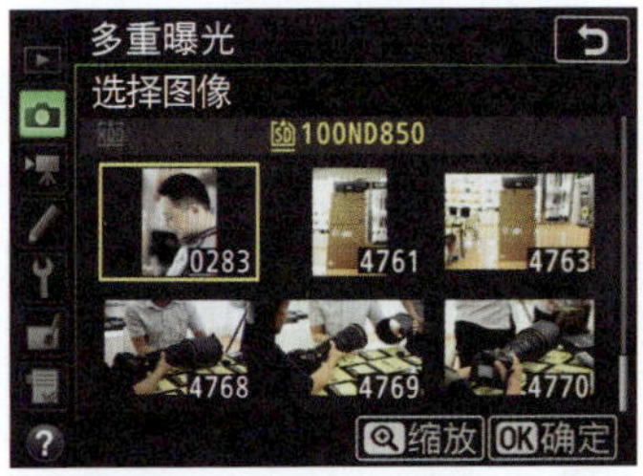

❷ 点击选择一张所需照片，然后点击OK确定图标确认

连续多重曝光

佳能相机还可以设置是否连续多次使用“多重曝光”功能。

■仅限1张：选择此选项，将在完成一次多重曝光拍摄后，自动关闭此功能。

■连续：选择此选项，将一直保持多重曝光功能的开启状态，直至摄影师手动将其关闭。

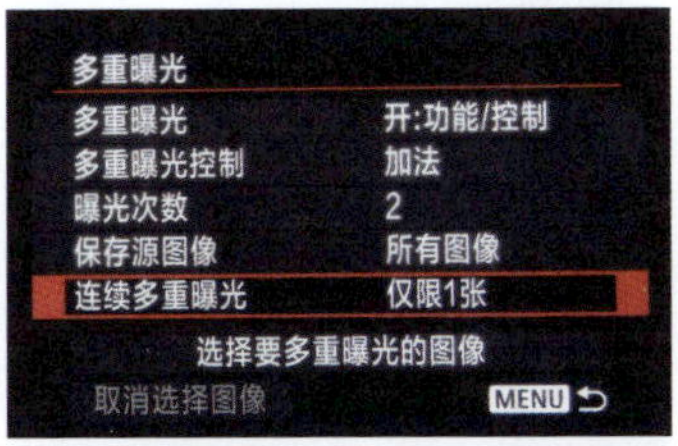

❶ 在**拍摄菜单3**中选择**多重曝光**选项，然后再选择**连续多重曝光**选项

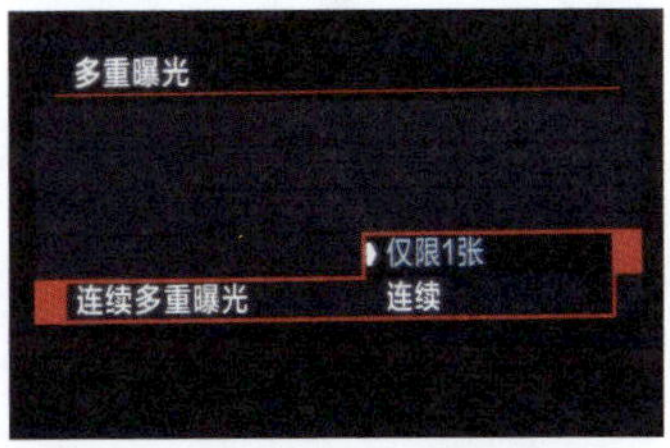

❷ 点击选择**仅限1张**或**连续**选项

提示音（佳能）/蜂鸣音选项（尼康）

提示音 / 蜂鸣音常见的作用就是在对焦成功时发出清脆的声音，以便摄影师确认是否对焦成功。除此之外，提示音 / 蜂鸣音在自拍时可以用于自拍倒计时提示。

在平常拍摄时建议选择“启用”选项，在严肃的会议或静穆的场景下拍摄应选择“关闭”选项。

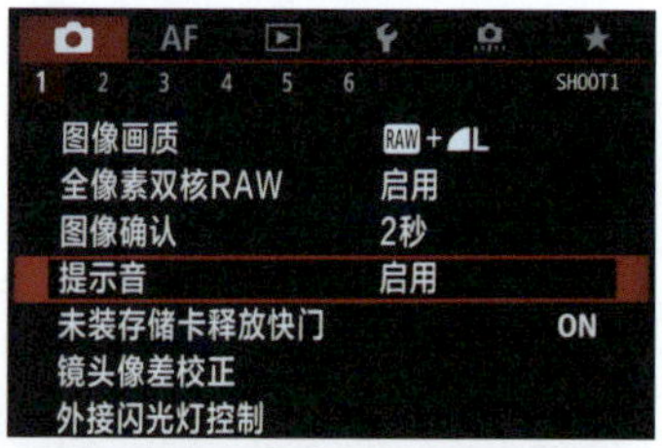

❶ 在**拍摄菜单1**中选择**提示音**选项

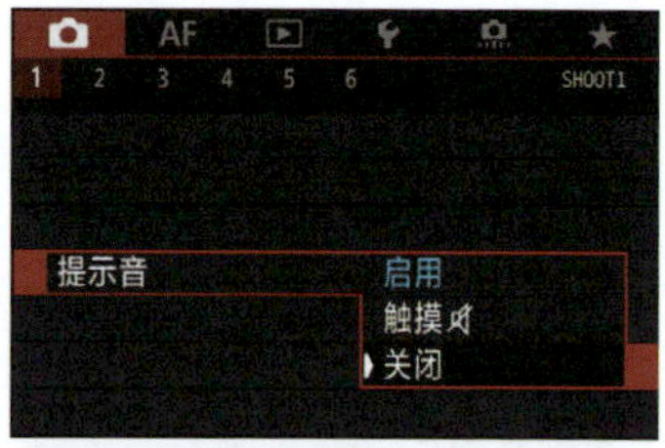

❷ 选择所需的选项

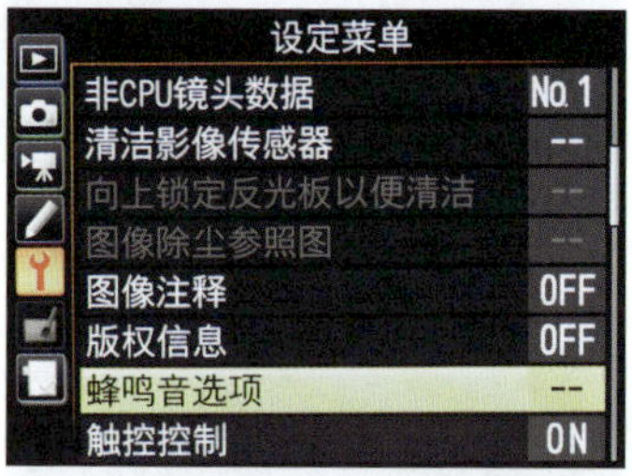

❶ 在**设定菜单**中点击选择**蜂鸣音选项**

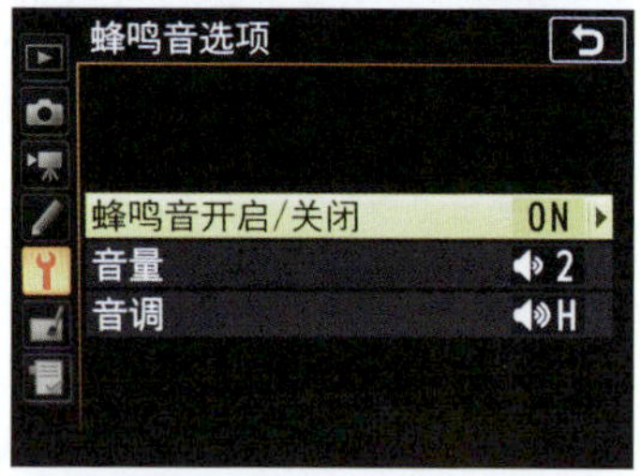

❷ 点击选择要修改的选项

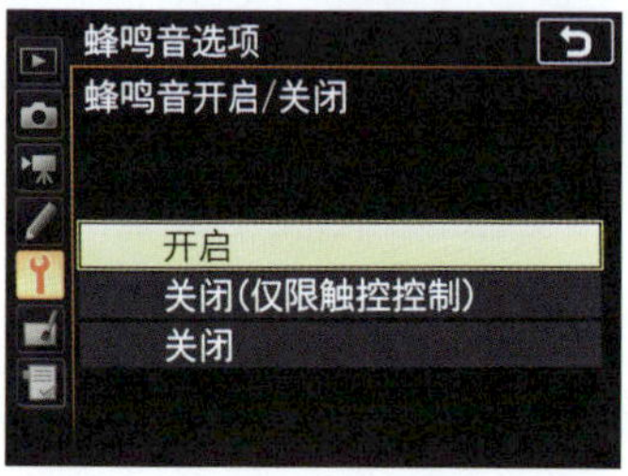

❸ 若在步骤❷中选择**蜂鸣音开启/关闭**选项，点击可选择是否开启蜂鸣音功能

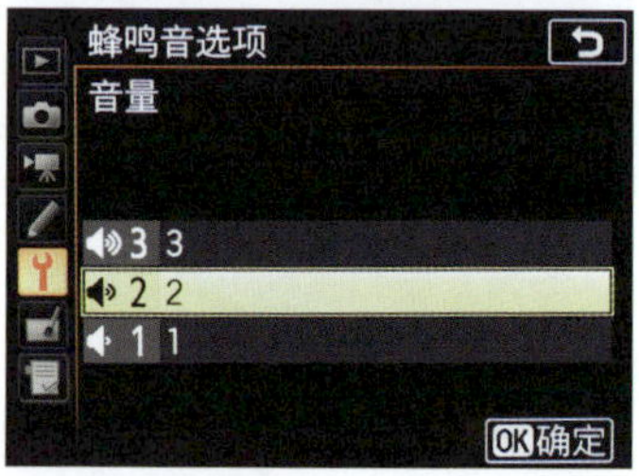

❹ 若在步骤❷中选择**音量**选项，点击可选择音量的大小，然后点击OK确定图标确定

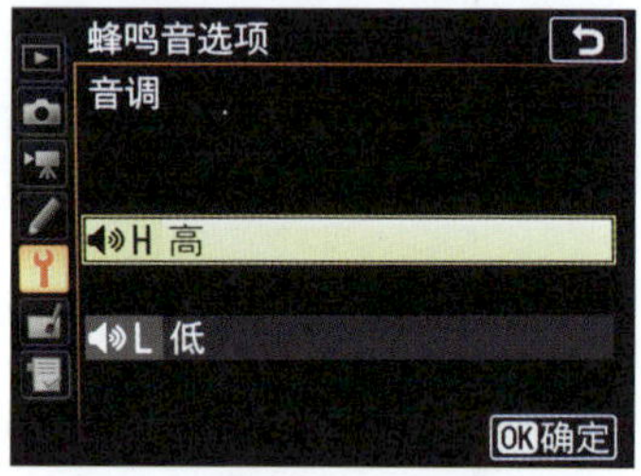

❺ 若在步骤❷中选择**音调**选项，点击可选择音调的高低，然后点击OK确定图标确定

○ 开启蜂鸣音功能后，能够提示焦成功

利用自动对焦辅助光辅助对焦（佳能）

利用“自动对焦辅助光发光”菜单可以控制是否开启相机外置闪光灯的自动对焦辅助光。

在弱光环境下，由于对焦很困难，因此开启对焦辅助光照亮被摄对象，可以起到辅助对焦的作用。

需要注意的是，如果外接闪光灯的“自动对焦辅助光发光”设置为“关闭”时，无论怎样设置此菜单，闪光灯都不会发出自动对焦辅助光。

- 启用：选择此选项，外置闪光灯将会发射自动对焦辅助光。
- 关闭：选择此选项，外置闪光灯将不发射自动对焦辅助光。
- 只发射红外自动对焦辅助光：选择此选项，将禁止外置闪光灯自动发射闪光进行辅助对焦，而只发出红外线自动对焦辅助光进行辅助对焦。这样可以防止使用装备有LED灯的EX系列闪光灯时，自动打开LED灯进行辅助自动对焦。

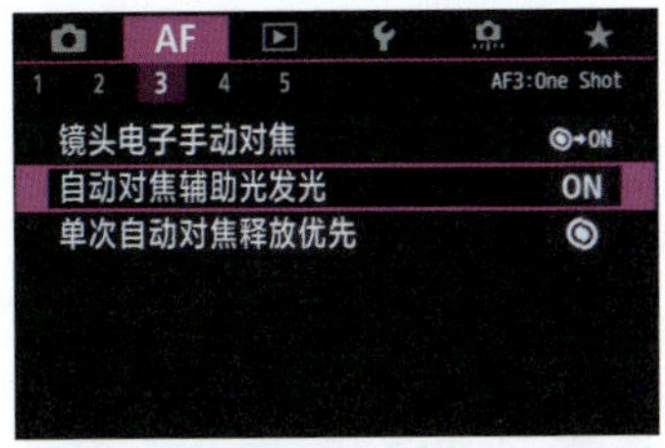

❶ 在**自动对焦菜单3**中选择**自动对焦辅助光发光**选项

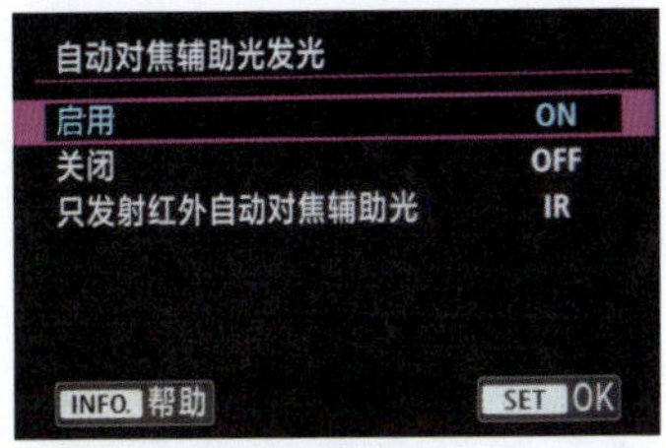

❷ 点击选择所需的选项，然后点击SET OK图标确定

> 提示：如果拍摄的是会议或体育比赛等不能被打扰的拍摄对象，应该关闭此功能。在不能使用自动对焦辅助光照明时，如果难于对焦，应尽量使用中间的高性能双十字对焦点，选择明暗反差较大的位置进行对焦。

设置自动对焦点数量

虽然佳能和尼康数码单反相机都提供了较多的对焦点，如 Canon EOS 5D Mark Ⅳ 提供了多达 61 个对焦点，但并非拍摄所有题材时都需要使用这么多的对焦点，我们可以根据实际拍摄需要选择可用的自动对焦点数量。

例如，在拍摄人像时，使用15个甚至9个对焦点就已经完全可以满足拍摄需求了，同时也可以避免由于对焦点过多而导致手选对焦点时过于复杂的问题。

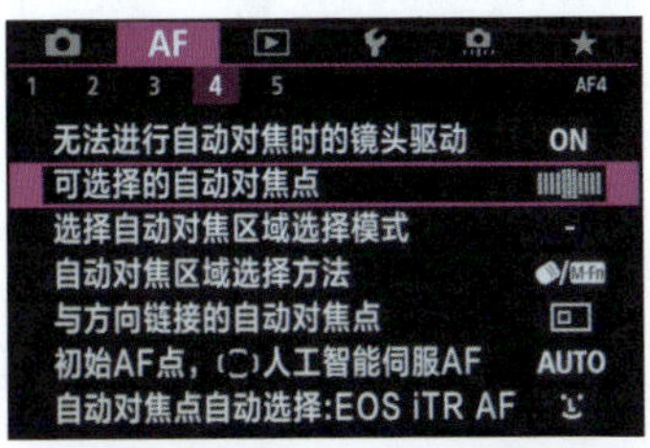

❶ 在**对焦菜单4**中选择**可选择的自动对焦点**选项

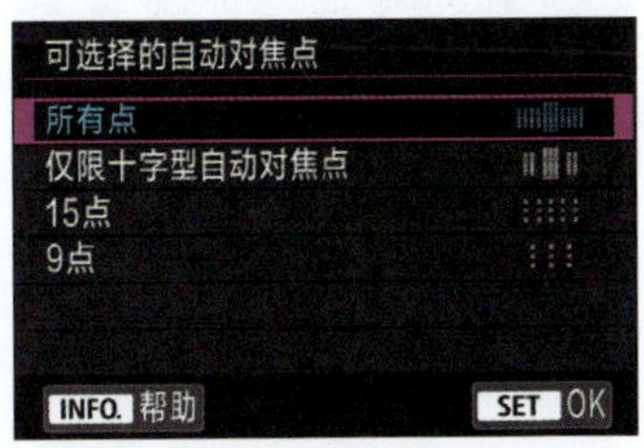

❷ 点击选择所需的参数选项，然后点击SET OK图标确定

❶ 进入**自定义设定菜单**，选择**a自动对焦**中的**a6 对焦点数量**选项

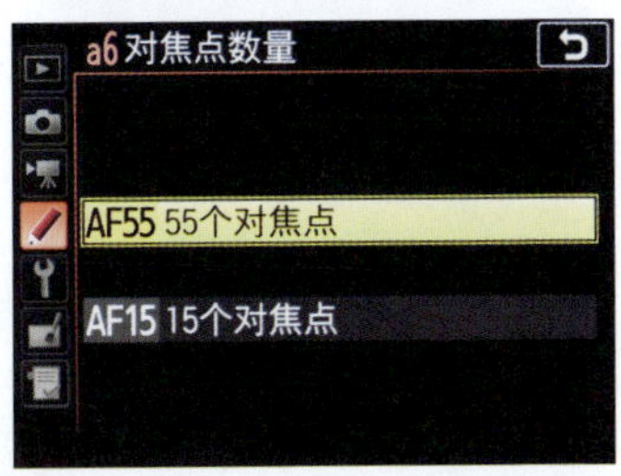

❷ 点击可设置对焦点数量为55个或15个

与方向链接的自动对焦点（佳能）/按方向存储（尼康）

在水平或垂直方向之间切换拍摄时，常常遇到的一个问题就是，在切换至不同的方向时，会使用不同的自动对焦区域选择模式及对焦点/区域的位置。此时，就可以在“与方向链接的自动对焦点”或“按方向存储”菜单中指定横拍与竖拍时的对焦点位置。

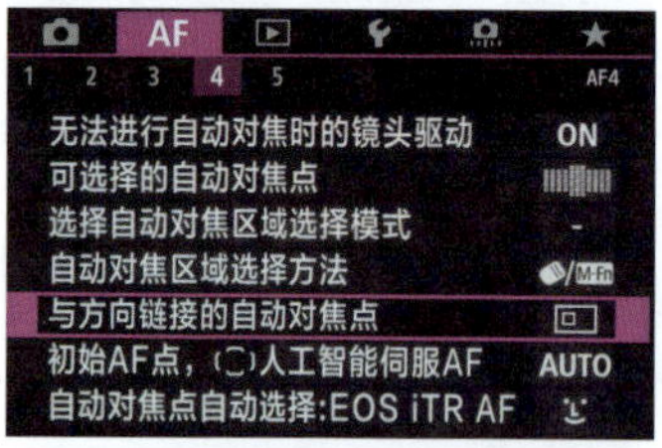

❶在**自动对焦菜单4**中选择**与方向链接的自动对焦点**选项

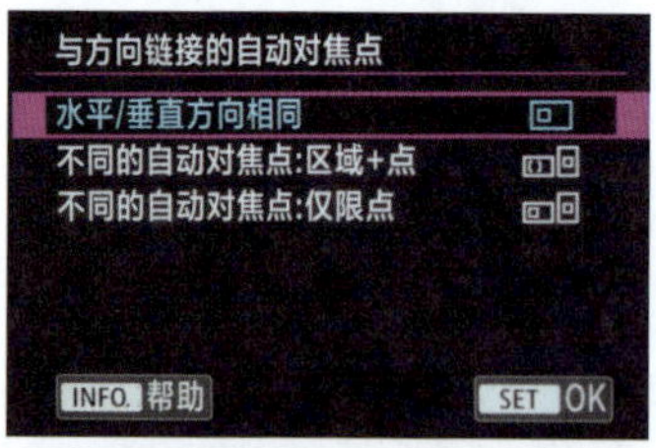

❷点击选择所需选项，然后点击SET OK图标确定

佳能相机中的选项释义如下。

■水平/垂直方向相同：选择此选项，无论怎样在横拍与竖拍之间切换，对焦点都不会发生变化。

■不同的自动对焦点（区域+点）：选择此选项，将允许针对三种情况来设置自动对焦区域选择模式，以及对焦点/区域的位置，即水平、垂直（相机手柄朝上）、垂直（相机手柄朝下）。当改变相机方向时，相机会切换到为该方向设定的自动对焦区域选择模式和手动选择的自动对焦点（或区域）。

■不同的自动对焦点（仅限点）：选择此选项，即为水平、垂直（相机手柄朝上）、垂直（相机手柄朝下）分别设定自动对焦点。当改变相机方向时，相机会切换到设定好的自动对焦点。在拍摄期间，即使改为“定点自动对焦”“单点自动对焦”“扩展自动对焦区域（十字）”或“扩展自动对焦区域（周围）”等自动对焦区域选择模式，为各方向设定的自动对焦点也会被保留。如果选择“区域自动对焦”或“大区域自动对焦”模式，会按相机方向自动切换区域位置。

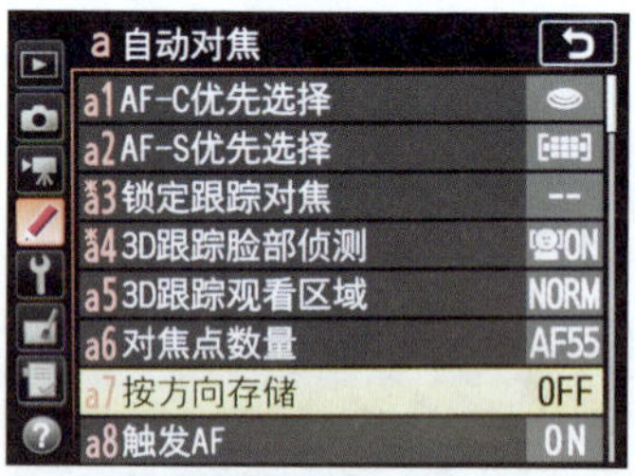

❶ 进入**自定义设定**菜单，选择**a自动对焦**中的**a7 按方向存储**选项

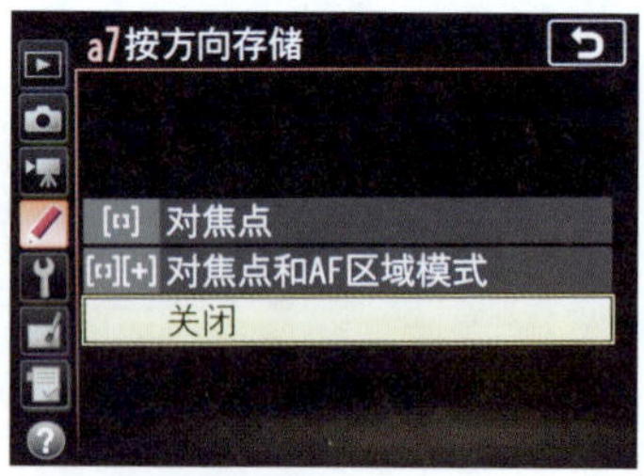

❷点击选择所需的选项

尼康相机中的选项释义如下。

■对焦点：选择此选项，可以在屏幕上分别选择3个方向的对焦点，并且在后续的拍摄中，当相机切换到该方向时，自动切换到所选对焦点的位置，以简化拍摄时切换对焦点的操作。

■对焦点和AF区域模式：选择此选项，不但可以分别选择3个方向的对焦点，还可以分别选择对焦区域模式。

■关闭：选择此选项，不管使用什么方向拍摄，相机都不会改变对焦点的位置。

单次自动对焦模式下优先释放快门或对焦

在佳能和尼康单反相机中，为单次自动对焦模式提供了优先释放对焦或快门设置选项，以便满足用户多样化的拍摄需求。

例如，在弱光拍摄环境或不易对焦的情况下，使用单次自动对焦模式拍摄时，也可能会出现无法迅速对焦而导致错失拍摄时机的问题，此时就可以在此菜单中进行设置。

选择“对焦”选项，相机将优先进行对焦，直至对焦完成后才会释放快门，因而可以清晰、准确地捕捉到瞬间影像。此选项的缺点是，可能会由于对焦时间过长而错失精彩瞬间。

选择“释放”选项，将在拍摄时优先释放快门，以保证抓取到瞬间影像，但可能会出现尚未精确对焦即释放快门，而导致出现照片脱焦变虚的问题。

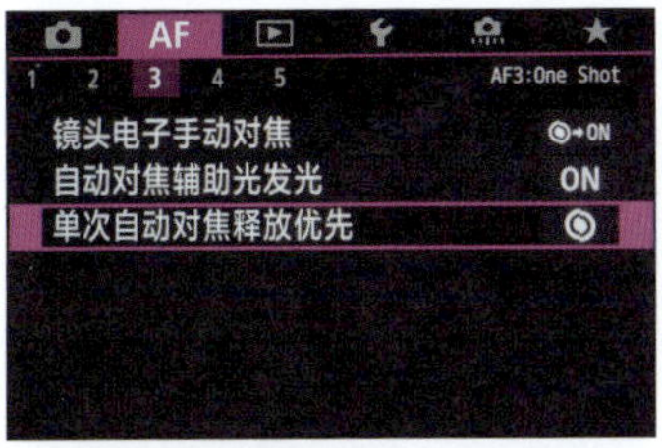

❶ 在**自动对焦菜单3**中选择**单次自动对焦释放优先**选项

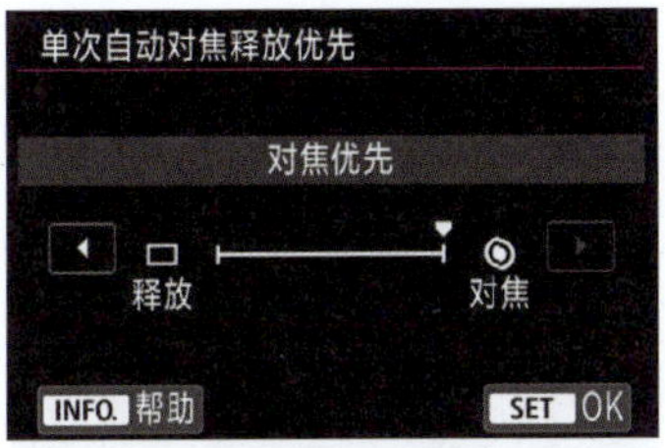

❷ 点击◀或▶图标可选择**对焦**或**释放**选项，然后点击SET OK图标确定

❶ 进入**自定义设定**菜单，选择**a自动对焦**中的**a2 AF-S优先选择**选项

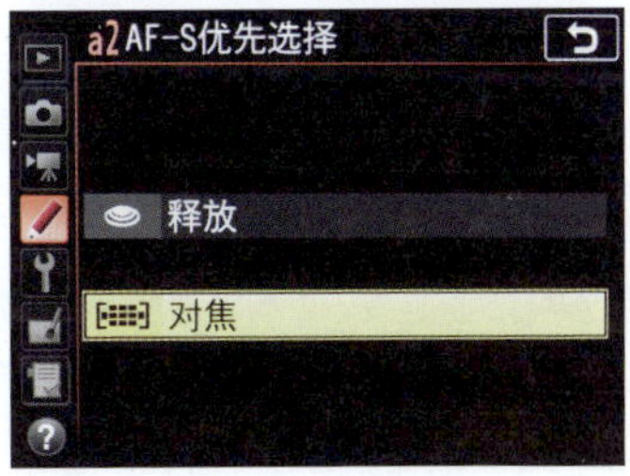

❷ 点击选择一个选项即可

○ 在菜单中设置为对焦优先，能够拍摄出清晰的照片

连续自动对焦模式下优先释放快门或对焦

在使用尼康相机的AF-C连续对焦模式、佳能相机的人工智能伺服对焦模式拍摄动态的对象时，为了保证拍摄成功率，往往会与连拍模式组合使用，此时就可以根据个人的习惯来决定在拍摄照片时，是优先进行对焦，还是优先释放快门。

选择“对焦”选项，相机将优先进行对焦，直至对焦完成后，才会释放快门，因而可以清晰、准确地捕捉到瞬间影像。适用于对清晰度有要求的题材。

选择“释放”选项，相机将优先释放快门，适用于无论如何都想要抓住瞬间拍摄机会的情况。但可能会出现尚未精确对焦即释放快门，从而导致出现照片脱焦的问题。

选择“对焦 + 释放”选项，相机将采用对焦与释放均衡的拍摄策略，以尽可能拍摄到既清晰又及时的精彩瞬间影像。

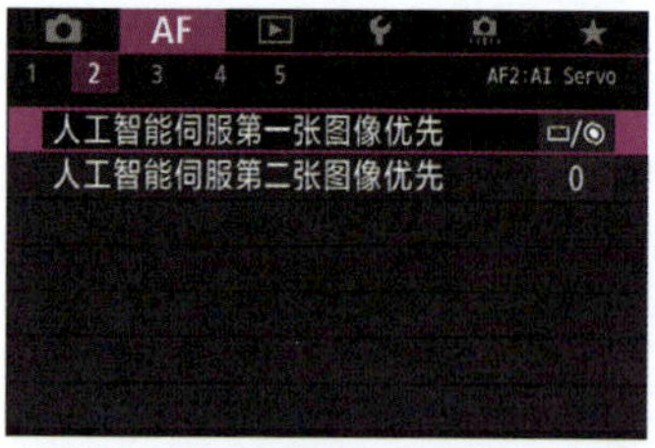

❶ 在**自动对焦菜单2**中选择**人工智能伺服第一张图像优先**选项

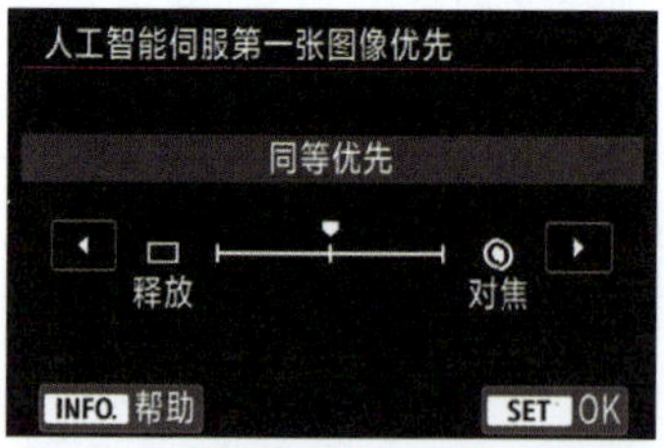

❷ 点击◀或▶图标选择不同的参数选项，然后点击SET OK图标确定

佳能相机分为“人工智能伺服第一张图像优先”和“人工智能伺服第二张图像优先”两个菜单，可以分别指定在使用人工智能伺服自动对焦模式连拍时，针对第一张和第二张照片，是以连拍速度优先还是对焦精度优先为原则进行拍摄。

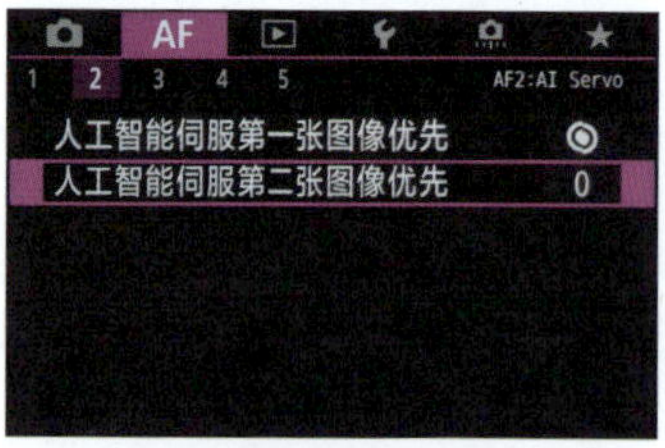

❶ 在**自动对焦菜单2**中选择**人工智能伺服第二张图像优先**选项

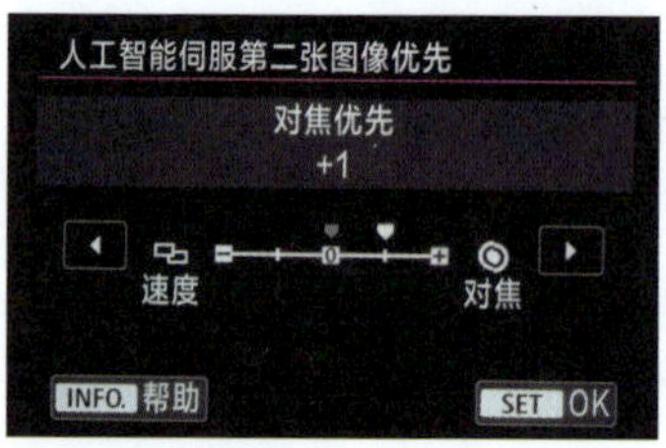

❷ 点击◀或▶图标选择不同的参数选项，然后点击SET OK图标确定

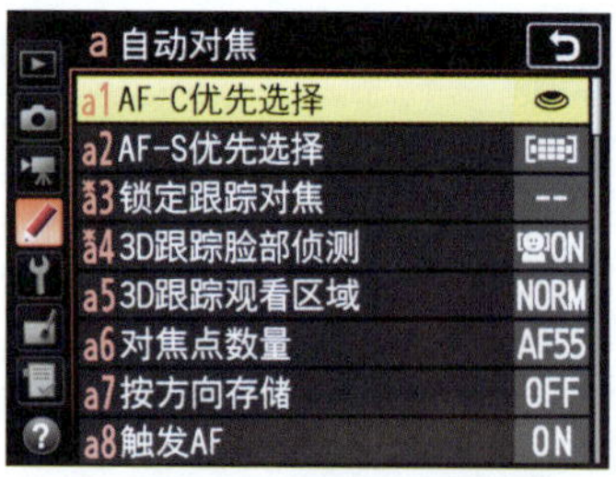

❶ 进入**自定义设定**菜单，选择**a自动对焦**中的**a1 AF-C优先选择**选项

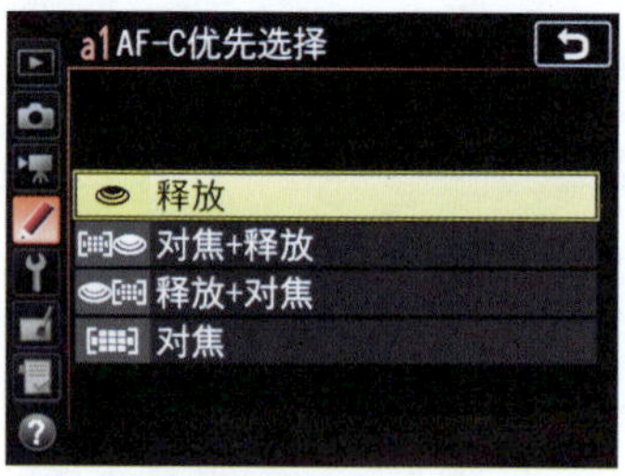

❷ 点击选择一个选项即可

设置轮廓增强加亮显示颜色（尼康）

轮廓增强是一种独特的用于辅助对焦的显示功能，尼康 D850 相机搭载了此功能，当开启此功能后，在即时取景显示模式下使用手动对焦模式进行拍摄时，如果被摄对象对焦清晰，则其边缘会出现标示色彩（通过“轮廓增强加亮显示颜色”进行设定）轮廓，以方便拍摄者辨识。通过“轮廓增强加亮显示颜色”菜单可以设置在被摄对象边缘标示轮廓的色彩。在即时取景过程中按下 ***i*** 按钮并选择轮廓增强级别，可以开启或关闭轮廓增强并调整其灵敏度。

拍摄时，需要根据被摄对象的颜色，选择与主体反差较大的色彩，例如拍摄高调对象时，由于大面积为亮色调，所以不适合选择“白”选项，而应该选择与被摄对象颜色反差较大的红色。

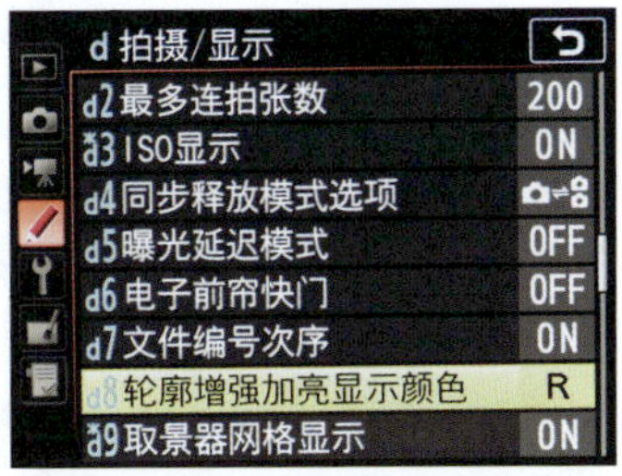

❶ 进入**自定义设定**菜单，选择**d拍摄/显示**中的**d8轮廓增强加亮显示颜色**选项

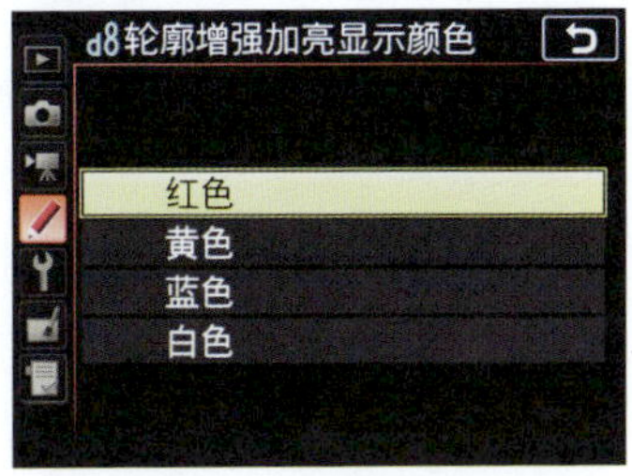

❷ 点击选择一个选项即可

○ 在拍摄微距题材时，为了更好地观察对焦情况，可以在“轮廓增强加亮显示颜色”菜单中选择与主体反差较大的颜色

设置焦距变化拍摄（尼康）

在拍摄静物时，如淘宝商品，一般需要画面内容是全部清晰的，但在拍摄时，即使缩小光圈，也不能保证画面的清晰度一样，此时，便可以使用全景深法拍摄，然后通过后期处理得到画面全部清晰的照片。

全景深即指画面的每一处都是清晰的，要想得到全景深照片，需要先拍摄多张针对不同位置对焦的照片，然后再利用后期软件进行合成。

Nikon D850相机提供了方便有用的功能“焦距变化拍摄”，该功能可用于拍摄将使用全景深合成的一组照片。利用“焦距变化拍摄”菜单，用户可以事先设置好拍摄张数、焦距步长、到下一次拍摄的间隔等参数，从而让相机自动拍摄得到一组照片，省去了人工调整对焦点的操作。

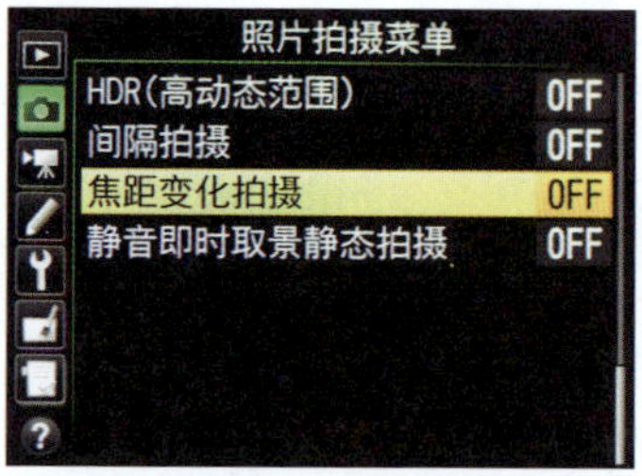

❶ 点击选择**照片拍摄菜单**中的**焦距变化拍摄**选项

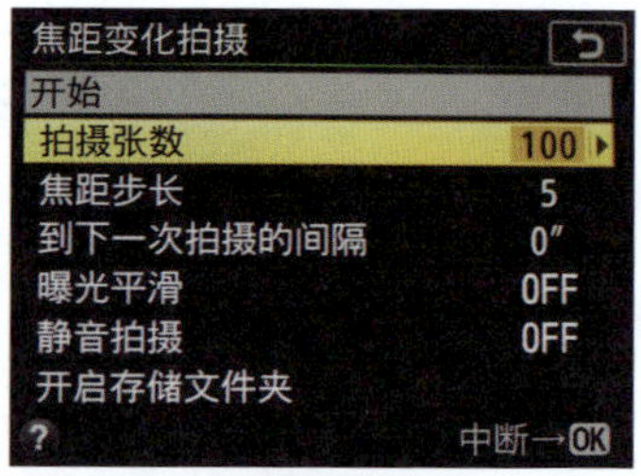

❷ 点击选择**拍摄张数**选项

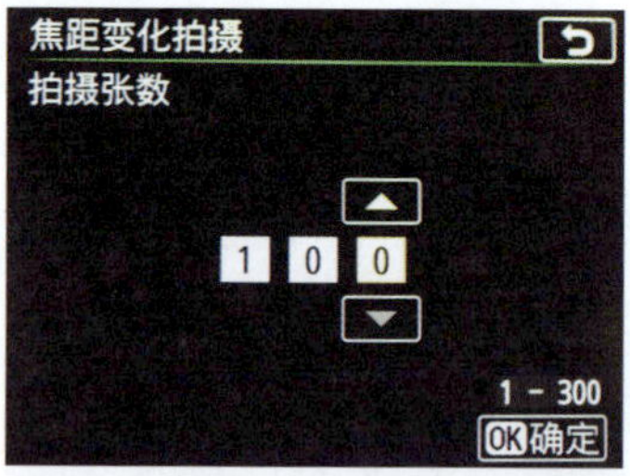

❸ 点击▲和▼图标可以在1~300张之间选择所需的拍摄张数，然后点击OK确定图标确认

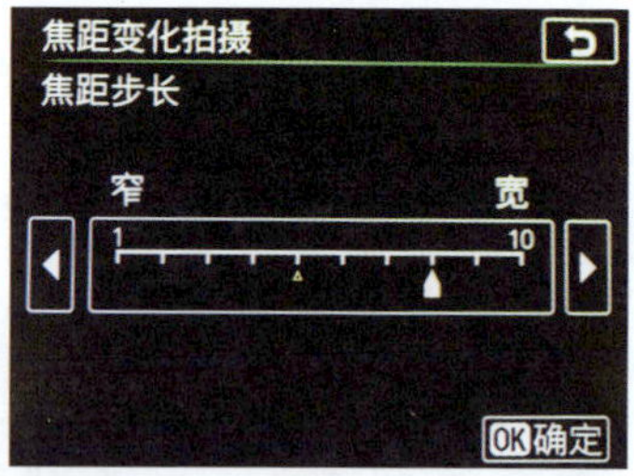

❹ 如果在步骤❷中选择了**焦距步长**选项，点击◀和▶图标选择每次拍摄中对焦距离改变的量，然后点击OK确定图标确认

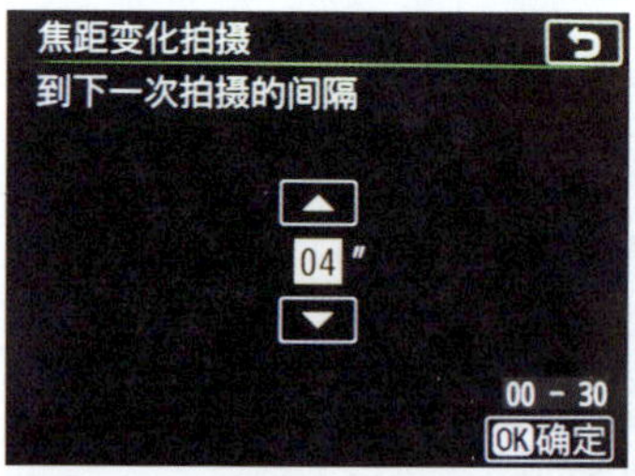

❺ 如果在步骤❷中选择了**到下一次拍摄的间隔**选项，点击选择一个间隔时间，然后点击OK确定图标确认

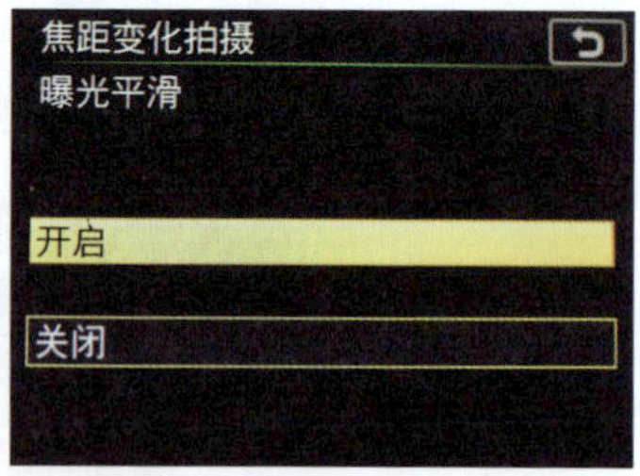

❻ 如果在步骤❷中选择了**曝光平滑**选项，点击选择**开启**或**关闭**选项

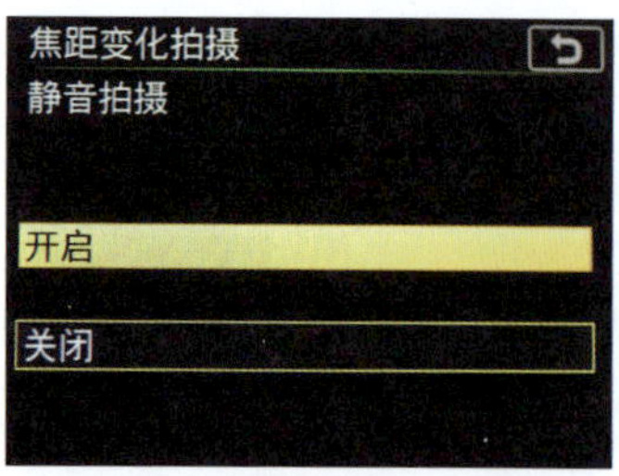

❼ 如果在步骤❷中选择了**静音拍摄**选项，点击选择**开启**或**关闭**选项

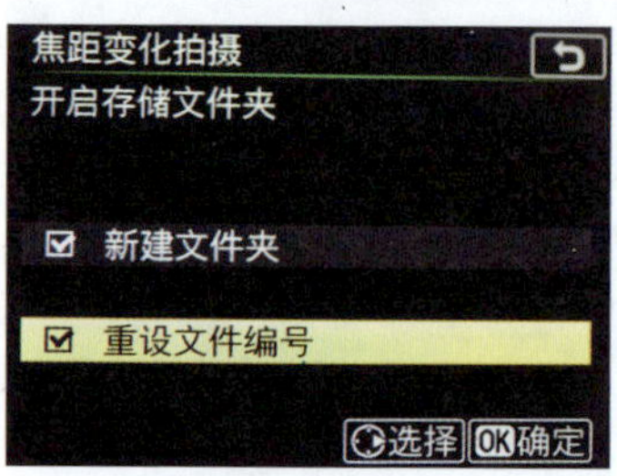

❽ 如果在步骤❷中选择了**开启存储文件夹**选项，点击选择所需选项，点击选择图标勾选，然后点击OK确定图标确认

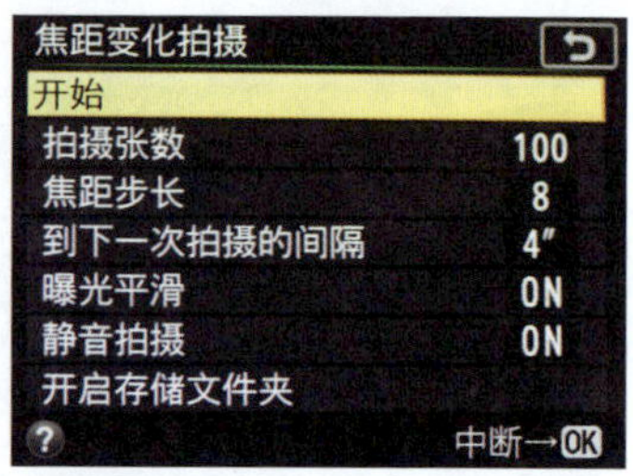

❾ 所有设定完成后，点击**开始**选项即可拍摄

该功能对微距、静物商业摄影非常有用，解决了对焦微调问题，不过不能机内将照片合成为一张RAW格式全景深照片，仍需后期在软件中进行合成。

■ 开始：选择此选项可以开始拍摄。相机将拍摄所选张数的照片，并在每次拍摄中以所量改变对焦距离。

■ 拍摄张数：可以选择拍摄张数，最高可达到约300张，根据所拍摄的画面的复杂程度选择合适的拍摄张数即可。

■ 焦距步长：选择每次拍摄中对焦距离改变的量。点击◀图标向窄端移动游标，可以缩小焦距步长，点击▶图标向宽端移动游标，可以增加焦距步长。如果使用短焦距的镜头拍摄微距画面，可以选择较小的焦距步长并增加拍摄张数

■ 到下一次拍摄的间隔：点击▲或▼图标选择拍摄间隔时间，可在00~30秒之间选择。选择“00”可以以约5张/秒（在S、CL、CH和Mup释放模式下）或者3张/秒（在Q和QC释放模式下）的速度拍摄照片。如果是使用闪光灯拍摄，则需要选择足够长的间隔时间以供闪光灯充电。

■ 曝光平滑：选择“开启”选项，如果是使用P、A、S曝光模式拍摄，相机将根据上一张照片调整曝光。如果使用M模式拍摄，则仅当自动ISO感光度功能开启时，曝光平滑才会有效。

■ 静音拍摄：选择“开启”可以在拍摄过程中使快门静音。

■ 开启存储文件夹：选择“新建文件夹”选项，可以为每组照片新建立一个文件夹存储。选择“重设文件编号”选项，则无论怎样新建一个文件夹，文件编号都将重设为0001。

提示：在使用焦距变化拍摄之前，需要将对焦模式选择器旋转至AF图标，并选择⏲以外的释放模式，曝光模式推荐使用A光圈优先和M全手动曝光模式，以确保在拍摄期间不会改变光圈值，为了防止光线从取景器进入而干扰曝光，可以在试拍满意正式拍摄时，关闭取景器接目镜。如果要在拍摄完所有照片之前，结束拍摄，可以在“焦距变化拍摄”菜单中选择“关闭”选项，或者半按快门释放按钮、在两次拍摄之间按下OK按钮。

○ 利用“焦距变化拍摄”功能拍摄得到一组照片并进行后期全景深合成的效果

第2章

决定照片品质的曝光、对焦与景深

曝光三要素：控制曝光量的光圈

认识光圈及表现形式

光圈其实就是相机镜头内部的一个组件，它由许多片金属薄片组成，金属薄片是活动的，通过改变它的开启程度可以控制进入镜头光线的多少。光圈开启得越大，通光量就越多；光圈开启得越小，通光量就越少。

为了便于理解，我们可以将光线类比为水流，将光圈类比为水龙头。同一时间段内，如果希望水流更大，水龙头就要开得更大。换言之，如果希望更多的光线通过镜头，就需要使用较大的光圈；反之，如果不希望更多的光线通过镜头，就需要使用较小的光圈。

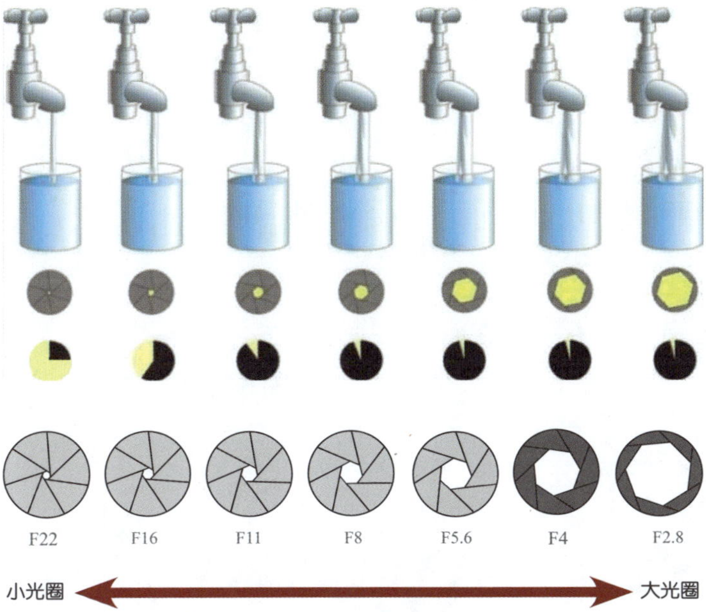

光圈表示方法	用字母 F 或 f 表示，如 F8 或 f/8
常见的光圈值	F1.4、F2、F2.8、F4、F5.6、F8、F11、F16、F22、F32、F36
变化规律	光圈每递进一挡，光圈口径就不断缩小，通光量也逐挡减半。例如，F5.6 光圈的进光量是 F8 的两倍

○ 从镜头的底部可以看到镜头内部的金属薄片

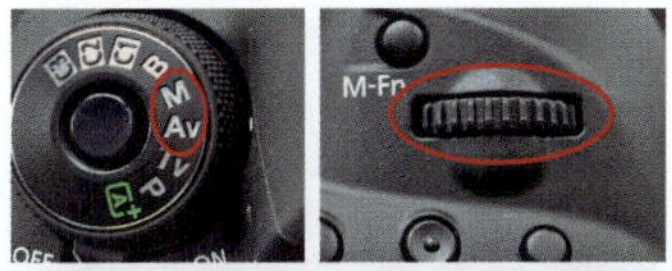

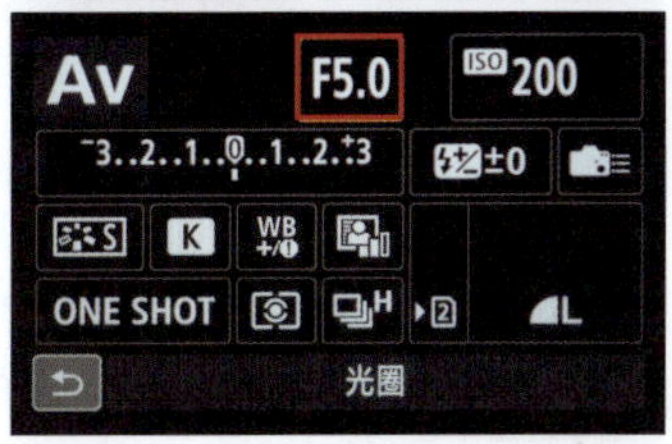

佳能 5D Mark Ⅳ相机设定方法： 在使用 Av 挡光圈优先曝光模式拍摄时，可通过转动主拨盘来调整光圈；在使用 M 挡全手动曝光模式拍摄时，则通过转动速控转盘来调整光圈。

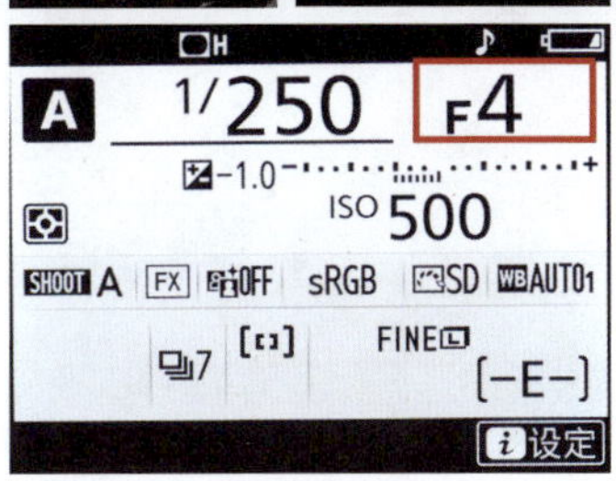

尼康 D850 相机设定方法： 按下 MODE 按钮并转动主指令拨盘选择光圈优先模式或手动模式，然后转动副指令拨盘即可调节光圈值

光圈值与光圈大小的对应关系

光圈越大，光圈值就越小（如F1.2、F1.4）；反之，光圈越小，光圈值就越大（如F18、F32）。初学者往往记不住这个对应关系，其实只要记住，光圈值实际上是一个倒数即可。例如，F1.2的光圈表示此时光圈的孔径是1/1.2。同理，F18的光圈表示此时光圈的孔径是1/18。很明显，1/1.2>1/18，因此，F1.2是大光圈，而F18是小光圈。

光圈对曝光的影响

在日常拍摄时，一般最先调整的曝光参数是光圈值。在其他参数不变的情况下，光圈增大一挡，则曝光量提高一倍。例如，光圈从F4增大至F2.8，即可增加一倍的曝光量；反之，光圈减小一挡，则曝光量也随之降低一半。即光圈开启得越大，通光量就越多，拍摄出来的照片画面越明亮；光圈开启得越小，通光量就越少，拍摄出来的画面也越暗淡。

光圈对曝光的影响示例图

从这组照片可以看出，当光圈从F3.2逐级缩小至F5.6时，由于通光量逐渐降低，拍摄出来的画面也会相对地逐渐变暗。

曝光三要素：控制相机感光时间的快门速度

快门与快门速度的含义

欣赏摄影师的作品，可以看到飞翔的鸟儿、跳跃在空中的人物、车流的轨迹、丝一般的流水这类画面，这些具有动感的场景都是优先控制快门速度的结果。

那么，什么是快门速度呢？简单地说，快门的作用就是控制曝光时间的长短。在按动快门按钮时，快门从前帘开始移动到后帘结束所用的时间就是快门速度，这段时间实际上也就是电子感光元件的曝光时间。所以，快门速度决定了曝光时间的长短，快门速度越快，曝光时间就越短，曝光量也越少；快门速度越慢，则曝光时间就越长，曝光量也越多。

○ 快门

○ 用高速快门将飞翔中的鸟儿定格，拍摄出很有动感效果的画面

佳能5D Mark Ⅳ相机设定方法： 在使用M挡或Tv挡拍摄时，直接向左或向右转动主拨盘，即可调整快门速度数值

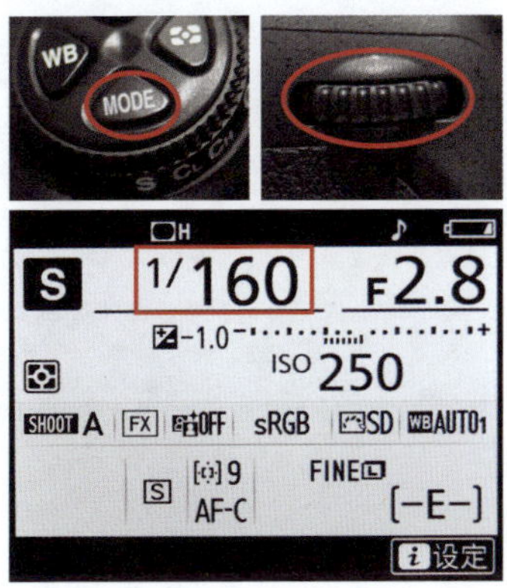

尼康 D850 相机设定方法： 按下 MODE 按钮并转动主指令拨盘选择快门优先模式或手动模式，然后可以转动主指令拨盘调节快门速度值

快门速度的表示方法

快门速度以秒为单位，低端入门级数码单反相机的快门速度范围通常为 1/4000~30s，而中、高端单反相机，如佳能 5D 系列的相机，最高快门速度可达 1/8000s，已经可以满足几乎所有题材的拍摄需求。

分类	常见快门速度	适用范围
低速快门	30s、15s、8s、4s、2s、1s	在拍摄夕阳、日落后及天空仅有少量微光的日出前后时，都可以使用光圈优先曝光模式或手动曝光模式，很多优秀的夕阳作品都诞生于这个曝光区间。使用 1~5s 的快门速度，也能够将瀑布或溪流拍摄出如同棉絮一般的梦幻效果，10~30s 的快门速度可以用于拍摄光绘、车流、银河等题材
	1s、1/2s	适合在昏暗的光线下，使用较小的光圈获得足够的景深，通常用于拍摄稳定的对象，如建筑、城市夜景等
	1/4s、1/8s、1/15s	1/4s 的快门速度可以作为拍摄成人夜景人像的最低快门速度。该快门速度区间也适合拍摄一些光线较强的夜景，如明亮的步行街和光线较好的室内
中速快门	1/30s	在使用标准镜头或广角镜头拍摄时，该快门速度可以视为最慢的快门速度，但在使用标准镜头拍摄时，对手持相机的平稳性有较高的要求
	1/60s	对于标准镜头，该快门速度可以保证进行各种场合的顺利拍摄
	1/125s	这一挡快门速度非常适合在户外阳光明媚时使用，同时也能够拍摄运动幅度较小的物体，如走动中的人
	1/250s	适合拍摄中等运动速度的拍摄对象，如游泳运动员、跑步中的人或棒球活动等
高速快门	1/500s	该快门速度已经可以抓拍一些运动速度较快的对象，如行驶的汽车、跑动中的运动员、奔跑中的马等
	1/1000s、1/2000s、1/4000s、1/8000s	该快门速度区间已经可以用于拍摄一些极速运动对象，如赛车、飞机、足球运动员、飞鸟及飞溅出的水花等

○ 像这种城市上空烟花绽放的场景，一般都是使用低速快门来拍摄

快门速度对曝光的影响

如前面所述，快门速度的快慢决定了曝光量的多少。具体而言，在其他条件不变的情况下，每一倍的快门速度变化，都会导致一倍曝光量的变化。例如，当快门速度由 1/125s 变为 1/60s 时，由于快门速度慢了一半，曝光时间增加了一倍，因此，总的曝光量也随之增加了一倍。

快门速度对曝光的影响示例图

通过这组照片可以看出，在其他曝光参数不变的情况下，当快门速度逐渐变慢时，由于曝光时间变长，拍摄出来的画面也会逐渐变亮。

快门速度对画面动感效果的影响

快门速度不仅影响进光量，还会影响画面的动感效果。当表现静止的景物时，快门速度的快慢对画面不会有什么影响，除非摄影师在拍摄时有意摆动镜头。但在表现动态的景物时，不同的快门速度能够营造出不同的画面效果。

下面一组示例照片是在焦距、感光度都不变的情况下，分别将快门速度依次调慢来拍摄的。

对比下方这一组照片，可以看到，当快门速度较快时，水流被定格成为清晰的水珠。但当快门速度逐渐降低时，水流在画面中渐渐变为拉长的运动线条。

快门速度对画面动感效果的影响示例图

拍摄效果	快门速度设置	说明	适用拍摄场景
凝固运动对象的精彩瞬间	使用高速快门	拍摄对象的运动速度越高，采用的快门速度也要越快	运动中的人物、奔跑的动物、飞鸟、瀑布
运动对象的动态模糊效果	使用低速快门	使用的快门速度越低，所形成的动感线条越柔和	流水、夜间的车灯轨迹、风中摇摆的植物、流动的人群

曝光三要素：控制相机感光灵敏度的感光度

理解感光度

在调整曝光的操作中，作为曝光三要素之一的感光度通常是最后一项。感光度是指相机的感光元件（即图像传感器）对光线的感光敏锐程度。即在相同条件下，感光度越高，获得光线的数量也就越多。但需要注意的是，感光度越高，产生的噪点就越多，而以低感光度拍摄的画面则较为清晰、细腻，对细节的表现较好。光线充足时，一般使用 ISO100 即可。

DX 画幅		
相机型号	90D	D7500
ISO 感光度范围	ISO100~ISO25600 可以向上扩展至 ISO51200	ISO100~ISO51200 可以向下扩展至 ISO50，向上扩展至 ISO1640000
全画幅		
相机型号	5D Mark Ⅳ	D850
ISO 感光度范围	ISO100~ISO32000， 可以向下扩展至 ISO50，向上扩展至 ISO102400	ISO64~ISO25600， 可以向下扩展至 ISO32，向上扩展至 ISO102400

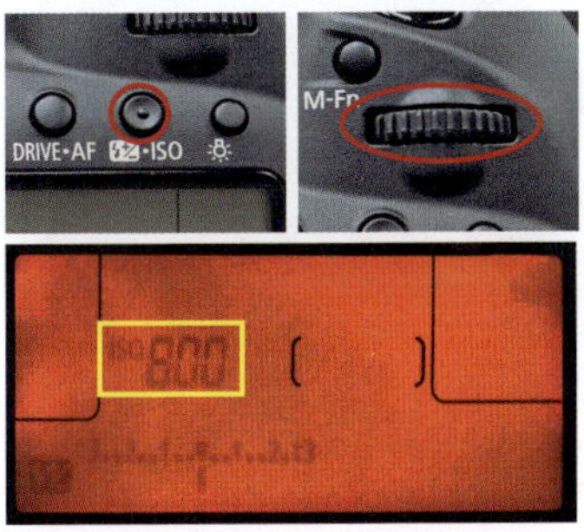

佳能5D Mark Ⅳ相机设定方法： 按住ISO按钮，然后转动主拨盘即可调节ISO感光度的数值

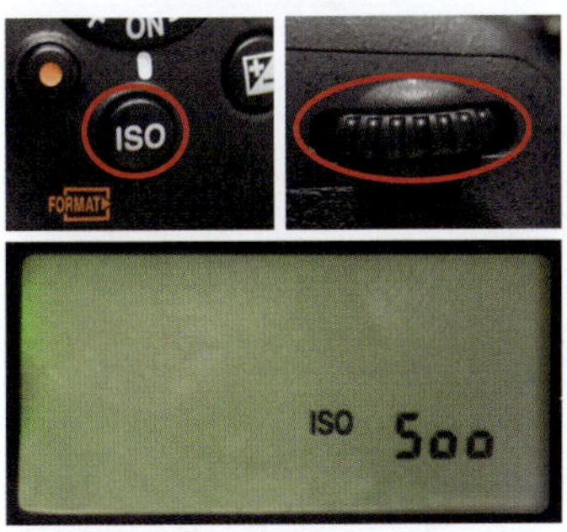

尼康 D850 相机设定方法： 按下 ISO 按钮并转动主指令拨盘，即可调节 ISO 感光度的数值

当在光线充足的环境下拍摄人像时，使用 ISO100 的感光度可以保证画面的细腻

感光度对曝光结果的影响

在有些场合拍摄时，如森林中、光线较暗的博物馆内等，光圈与快门速度已经没有调整的空间了，并且无法开启闪光灯补光，便只剩下提高感光度一种选择。

在其他条件不变的情况下，感光度每增加一挡，感光元件对光线的敏锐度会随之增加一倍，即曝光量增加一倍；反之，感光度每减少一挡，曝光量则减少一半。

固定的曝光组合	想要进行的操作	方法	示例说明
F2.8、1/200s、ISO400	改变快门速度并使光圈值保持不变	提高或降低感光度	例如，快门速度提高一倍（变为 1/400s），则可以将感光度提高一倍（变为 ISO800）
F2.8、1/200s、ISO400	改变光圈值并保证快门速度不变	提高或降低感光度	例如，增加两挡光圈（变为 F1.4），则可以将 ISO 感光度降低两挡（变为 ISO100）

下面是一组焦距为 50mm、光圈为 F3.2、快门速度为 1/20s 的特定参数下，只改变感光度拍摄的照片。

○ 感光度对曝光结果的影响示例图

这组照片是在 M 挡手动曝光模式下拍摄的，在光圈、快门速度不变的情况下，随着 ISO 感光度的增大，由于感光元件的感光敏感度越来越高，画面会变得越来越亮。

感光度与画质的关系

对大部分佳能相机而言，当使用 ISO400 以下的感光度拍摄时，均能获得优秀的画质；使用 ISO500~ISO1600 拍摄时，虽然画质要比使用低感光度时略有降低，但是依然很优秀。

从实用角度来看，在光照较充分的情况下，使用 ISO1600 和 ISO3200 拍摄的照片细节较为完整，色彩较生动，但如果以 100% 的比例进行查看，还是能够在照片中看到一些噪点的，而且光线越弱，噪点越明显。因此，如果不是对画质有特别要求，这个区间的感光度仍然属于能够使用的范围。但是，对一些对画质要求较为苛刻的用户来说，ISO1600 是佳能相机能保证较好画质的最高感光度。

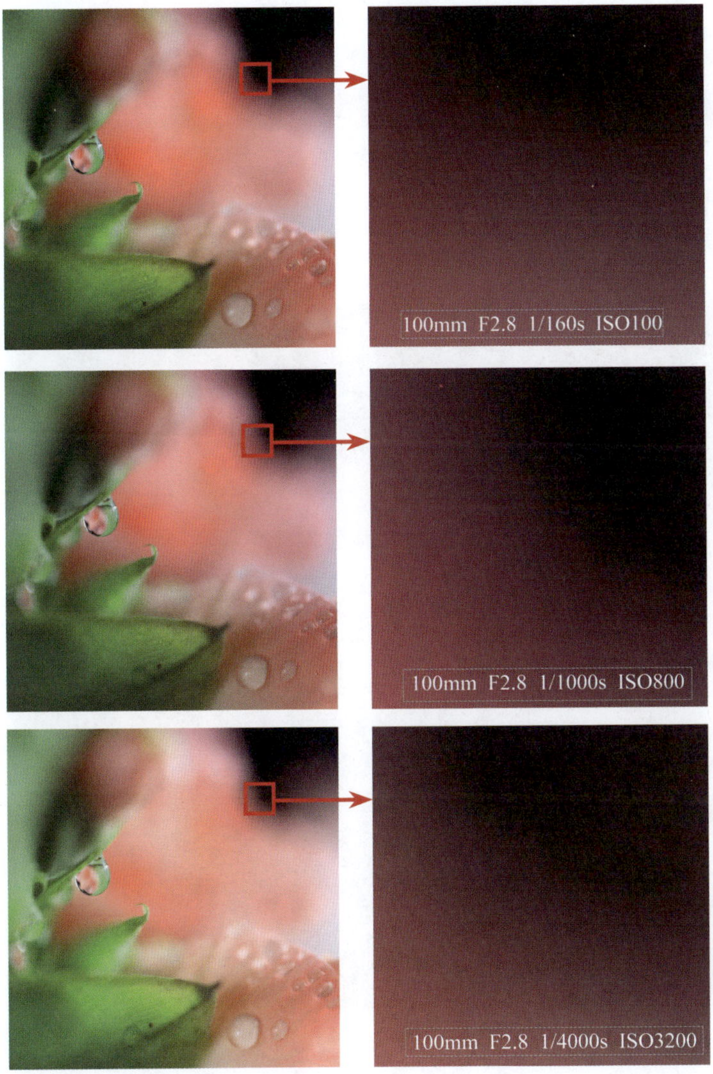

感光度与画质的关系示例图

从这组照片可以看出，在光圈优先曝光模式下，当 ISO 感光度发生变化时，快门速度也发生了变化，因此，照片的整体曝光量并没有变化。但仔细观察细节可以看出，随着 ISO 值的增大，照片的画质在逐渐变差。

感光度的设置原则

除了需要高速抓拍或不能给画面补光的特殊场合，并且只能通过提高感光度来拍摄的情况，不建议使用过高的感光度值。感光度除了会对曝光产生影响，对画质也有极大的影响，这一点即使是全画幅相机也不例外。感光度值越低，画质就越好；反之，感光度值越高，就越容易产生噪点、杂色，画质就越差。

在条件允许的情况下，建议采用相机基础感光度中的最低值，一般为ISO100，这样可以最大限度地保证得到较高的画质。

需要特别指出的是，即使设置相同的ISO感光度，在光线不足时拍出的照片也会产生更多的噪点。如果此时再使用较长的曝光时间，那么就更容易产生噪点。因此，在弱光环境中拍摄时，需要根据拍摄需求灵活设置感光度，并配合高感光度降噪和长时间曝光降噪功能来获得较高的画质。

感光度设置	对画面的影响	补救措施
光线不足时设置低感光度值	会导致快门速度过低，在手持拍摄时容易因为手的抖动而导致画面模糊	无法补救
光线不足时设置高感光度值	会获得较高的快门速度，不容易造成画面模糊，但是画面噪点增多	可以用后期软件降噪

○ 在手持相机拍摄建筑的精美内饰时，由于光线较弱，需要提高感光度值

通过曝光补偿快速控制画面的明暗

曝光补偿的概念

相机的测光原理是基于 18% 中性灰建立的，数码单反相机的测光主要是由场景中物体的平均反光率决定的，除了反光率比较高的场景（如雪景、云景）及反光率比较低的场景（如煤矿、夜景），其他大部分场景的平均反光率都在 18% 左右，而这一数值正是灰度为 18% 物体的反光率。

因此，可以简单地将测光原理理解为：当拍摄场景中被摄物体的反光率接近 18% 时，相机就会做出正确的测光。所以，当在一些极端环境中拍摄时，如较亮的白雪场景或较暗的弱光环境中，相机的测光结果就是错误的，此时就需要摄影师通过调整曝光补偿来得到正确的曝光结果，如下图所示。

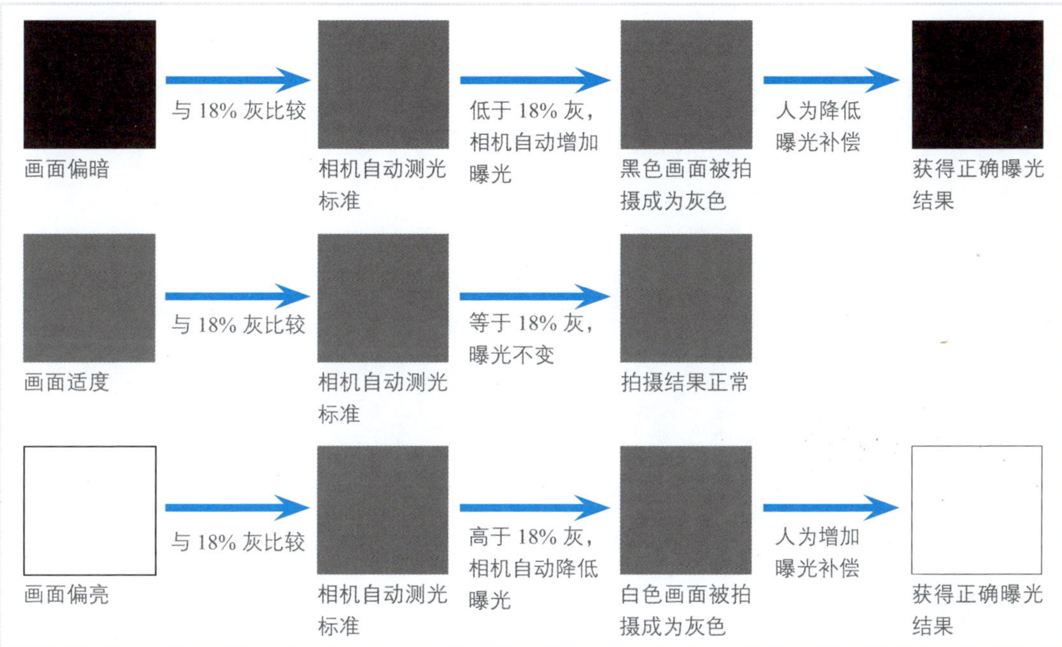

通过调整曝光补偿，可以改变照片的曝光效果，使得拍摄出来的照片传达出摄影师的表现意图。例如，通过增加曝光补偿，照片轻微曝光过度以得到柔和的色彩与浅淡的阴影，使照片有轻快、明亮的效果；或者通过减少曝光补偿，使照片变得阴暗。

在拍摄时，是否能够主动运用曝光补偿技术，是判断一位摄影师是否真正理解摄影光影奥秘的依据之一。

佳能和尼康单反相机的曝光补偿范围为 -5.0~+5.0EV，并以 1/3 级为单位进行调节。

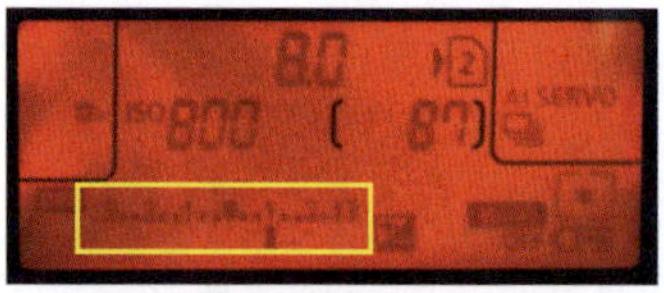

佳能5D Mark Ⅳ相机设定方法： 在P、Tv、Av模式下，半按快门查看取景器曝光量指示标尺，然后转动速控转盘◎即可调节曝光补偿值

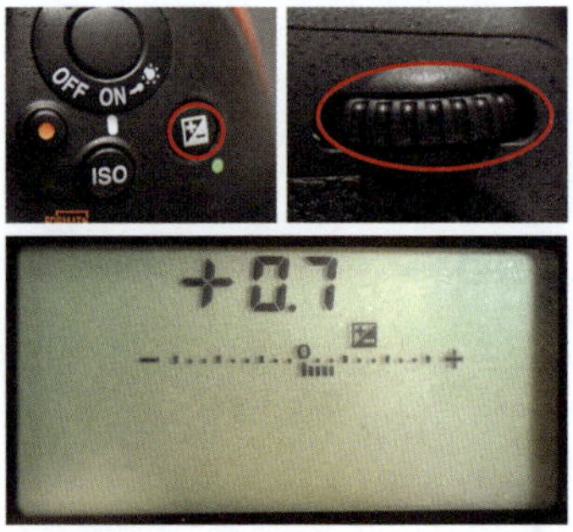

尼康 D850 相机设定方法： 按住☒按钮并同时转动主指令拨盘即可在控制面板上调整曝光补偿数值

判断曝光补偿的方向

了解了曝光补偿的概念，在拍摄时应该如何应用呢？曝光补偿分为正向与负向，即增加与减少曝光补偿，针对不同的拍摄题材，在拍摄时一般可使用“找准中间灰，白加黑就减”口诀来判断是增加还是减少曝光补偿。

需要注意的是，“白加”中提到的“白”并不是指单纯的白色，而是泛指一切看上去比较亮的、比较浅的景物，如雪、雾、白云、浅色的墙体、亮黄色的衣服等；同理，“黑减”中提到的“黑”，也并不是单指黑色，而是泛指一切看上去比较暗的、颜色比较深的景物，如夜景、深蓝色的衣服、暗的树林、黑胡桃色的木器等。

因此，在拍摄时，如果遇到了“白色”场景，就应该做正向曝光补偿；如果遇到的是“黑色”的场景，就应该做负向曝光补偿。

○ 应根据拍摄题材的特点进行曝光补偿，以得到合适的画面效果

正确理解曝光补偿

许多摄影初学者在刚接触曝光补偿时，错误地认为，使用曝光补偿就可以在曝光参数不变的情况下，提亮或加暗画面。

实际上，曝光补偿是通过改变光圈与快门速度来提亮或加暗画面的。即在光圈优先模式下，如果增加曝光补偿，相机实际上是通过降低快门速度来实现的；反之，如果减少曝光补偿，则可以通过提高快门速度来实现。在快门优先模式下，如果增加曝光补偿，相机实际上是通过增大光圈来实现的（直至达到镜头的最大光圈）。因此，当光圈值达到镜头的最大光圈时，曝光补偿就不再起作用；反之，如果减少曝光补偿，可通过缩小光圈来实现。

下面通过两组照片及相应的拍摄参数来佐证这一点。

50 mm F1.4 1/10s ISO100 +1.3EV

50 mm F1.4 1/25s ISO100 +0.7EV

50 mm F1.4 1/25s ISO100 0EV

50 mm F1.4 1/25s ISO100 −0.7EV

○ 光圈优先模式下改变曝光补偿示例图

从上面展示的4张照片可以看出，在光圈优先模式下，改变曝光补偿，实际上是改变了快门速度。

50 mm F2.5 1/50s ISO100 −1.3EV

50 mm F2.2 1/50s ISO100 −1EV

50 mm F1.4 1/50s ISO100 +1EV

50 mm F1.2 1/50s ISO100 +1.7EV

○ 快门优先模式下改变曝光补偿示例图

从上面展示的照片可看出，在快门优先模式下，改变曝光补偿，实际上是改变了光圈大小。

针对不同场景选择不同的测光模式

当一批摄影爱好者结伴外拍时，发现在拍摄同一个场景时，有些人拍摄出来的画面曝光不一样，产生这种情况的原因就在于他可能使用了不同的测光模式。下面就来讲一讲为什么要测光，测光模式又可以分为哪几种。

佳能和尼康单反相机提供了4种测光模式，分别适用于不同的拍摄环境。

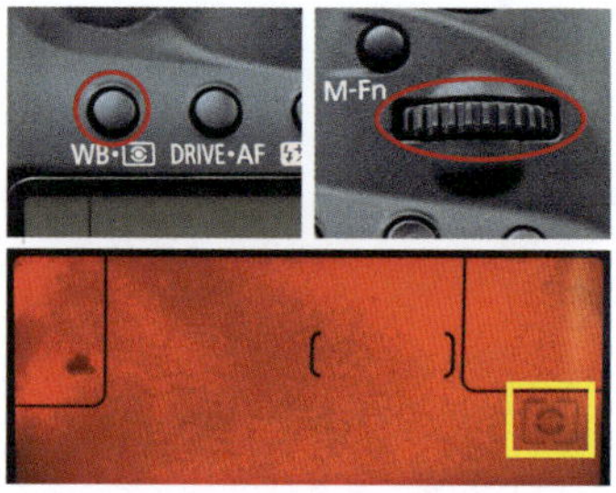

佳能5D Mark Ⅳ相机设定方法：按住WB·按钮，然后转动主拨盘即可在4种测光方式之间进行切换

尼康 D850 相机设定方法：按下按钮并旋转主指令拨盘即可选择所需的测光模式

评价测光（佳能）/矩阵测光（尼康）

如果摄影爱好者是在光线均匀的环境中拍摄大场景的风光照片，如草原、山景、水景、城市建筑等题材，都应该首选评价测光模式。因为大场景风光照片通常需要考虑整体的光照，这恰好是评价测光的特色。

在该模式下，相机会将画面分为多个区域进行平均测光，此模式最适合拍摄日常及风光题材的照片。

当然，如果拍摄雪、雾、云、夜景等这类反光率较高的场景，还需要配合使用曝光补偿技巧。

评价测光模式是佳能相机的称法，尼康相机称其为矩阵测光模式。

色彩柔和、反差较小的风光照片，常用评价测光模式

中央重点平均测光〔 〕（佳能）/中央重点测光⊙（尼康）

在拍摄环境人像时，如果还是使用评价测光模式，会发现，虽然环境曝光合适，但人物的肤色有时候却存在偏亮或偏暗的情况。这种情况，其实最适合使用中央重点平均测光模式。

中央重点平均测光模式适合拍摄主体位于画面中央主要位置的场景，如人像、建筑物、背景较亮的逆光对象，以及其他位于画面中央的对象。这是因为该模式既能实现画面中央区域的精准曝光，又能保留部分背景的细节。

在中央重点平均测光模式下，测光会偏向取景器的中央部位，但也会同时兼顾其他部位的亮度。根据佳能公司提供的测光模式示意图，越靠近取景器的中心位置灰色越深，表示这样的区域在测光时所占的权重越大；而越靠边缘的图像，在测光时所占的权重就越小。

例如，佳能相机在测光后认为，画面中央位置对象的正确曝光组合是 F8、1/320s，而其他区域的正确曝光组合是 F4、1/200s，但由于中央位置对象的测光权重较大，最终相机确定的曝光组合可能是 F5.6、1/320s，以优先照顾中央位置对象的曝光。

中央重点平均测光模式是佳能相机的称法，尼康相机称其为中央重点测光模式。

○ 拍摄人物在画面中间位置的照片，最适合使用中央重点测光模式

局部测光模式 [◎]（佳能）

相信摄影爱好者都见到过暗背景、明亮主体的画面，要想获得此类效果，一般可以使用局部测光模式。局部测光模式是佳能相机独有的测光模式，在该测光模式下，相机将只测量取景器中央6.1%的范围。在逆光或局部光照下，如果画面背景与主体明暗反差较大（光比较大），使用这一测光模式拍摄能够获得准确的曝光。

从测光数据来看，局部测光可以认为是中央重点平均测光与点测光之间的一种测光形式，测光面积也在两者之间。

以逆光拍摄人像为例，如果使用点测光对准人物面部的明亮处测光，拍出的照片中人物面部的较暗处就会明显欠曝；反之，使用点测光对准人物面部的暗处测光，则拍出的照片中人物面部的较亮处会明显过曝。

如果使用中央重点平均测光模式进行测光，由于测光的面积较大，而背景又比较亮，因此拍出的照片中人物的面部就会欠曝。而使用局部测光模式对准人像面部任意一处测光，就能够得到很好的曝光效果。

○ 因画面中光线反差较大，因而使用了局部测光模式对荷花进行测光，得到了荷花曝光正常的画面

亮部重点测光模式 [·]*（尼康）

在尼康单反相机的亮部重点测光模式下，相机将针对亮部重点测光，优先保证被摄对象的亮部曝光是正确的，在拍摄如舞台上聚光灯下的演员、直射光线下浅色的对象时，使用此测光模式能够获得很好的曝光效果。

不过要注意的是，如果画面中拍摄主体不是最亮的区域，被摄主体的曝光则可能会偏暗。

○ 使用亮部重点测光模式可以保证明亮的部分有丰富的细节

点测光模式 [•]

不管是夕阳下的景物呈现为剪影的画面效果，还是皮肤白皙背景曝光过度的高调人像，都可以利用点测光模式来实现。

点测光是一种高级测光模式，由于相机只对画面中央区域的很小部分（即光学取景器中央对焦点周围 1.5%~4.0% 的小区域）进行测光，因此具有相当高的准确性。

由于点测光是依据很小的测光点来计算曝光量的，因此测光点位置的选择将会在很大程度上影响画面的曝光效果，尤其是逆光拍摄或画面明暗反差较大时。

如果对准亮部测光，则可得到亮部曝光合适、暗部细节有所损失的画面；如果对准暗部测光，则可得到暗部曝光合适、亮部细节有所损失的画面。所以，拍摄时可根据自己的拍摄意图来选择不同的测光点，以得到曝光合适的画面。

用点测光模式针对天空进行测光，得到夕阳氛围强烈的照片

利用曝光锁定功能锁定曝光值

利用曝光锁定功能可以在测光期间锁定曝光值。此功能的作用是允许摄影师针对某一个特定区域进行对焦，而对另一个区域进行测光，从而拍摄出曝光正常的照片。

使用曝光锁定功能的方便之处在于，即使我们松开半按快门的手，重新进行对焦、构图，只要按住曝光锁定按钮，相机还是会以刚才锁定的曝光参数进行曝光。

进行曝光锁定的操作方法如下。

1. 对选定区域进行测光，如果该区域在画面中所占的比例很小，则应靠近被摄物体，使其充满取景器的中央区域。
2. 半按快门，此时在取景器中会显示一组光圈和快门速度组合数据。
3. 释放快门，按下曝光锁定按钮，相机会记住刚刚得到的曝光值。
4. 重新取景构图、对焦，完全按下快门即可完成拍摄。

Canon EOS 5D Mark Ⅳ 的曝光锁定按钮

Nikon D850 相机按下相机背面的副选择器中央即可锁定曝光

用长焦镜头对人物面部测光示意图

50mm F3.2 1/250s ISO100

先对人物的面部进行测光，锁定曝光并重新构图后再进行拍摄，从而保证面部获得正确的曝光

使用包围曝光拍摄光线复杂的场景

包围曝光是指，通过设置一定的曝光变化范围，分别拍摄曝光不足、曝光正常与曝光过度 3 张照片的拍摄技法。例如，将曝光补偿设置为 ±1EV，即代表分别拍摄减少 1 挡曝光、正常曝光和增加 1 挡曝光的照片，从而兼顾画面的高光、中间调及暗调区域的细节。Canon EOS 5D Mark Ⅳ相机支持在 ±3EV 之间以 1/3 级为单位调整包围曝光。

什么情况下应该使用包围曝光

如果拍摄现场的光线很难把握，或者拍摄的时间很短暂，为了避免曝光不准确而失去这次难得的拍摄机会，可以使用包围曝光功能来确保万无一失。此时可以通过设置包围曝光，使相机针对同一场景连续拍摄出三张曝光量略有差异的照片。每一张照片曝光量具体相差多少，可由摄影师自己决定。在具体拍摄过程中，摄影师无须调整曝光量，相机将根据设置自动在第一张照片的基础上增加、减少一定的曝光量拍摄另外两张照片。

按此方法拍摄出来的三张照片中，总会有一张是曝光相对准确的照片，因此使用包围曝光功能能够提高拍摄的成功率。

○ 遇到这种光线不错的雪景，为了避免因烦琐地设置曝光参数而错失拍摄良机，可以使用包围曝光功能

自动包围曝光设置

默认情况下，使用包围曝光功能可以（按3次快门或使用连拍功能）拍摄三张照片，得到增加曝光量、正常曝光量和减少曝光量三种不同曝光结果的照片。

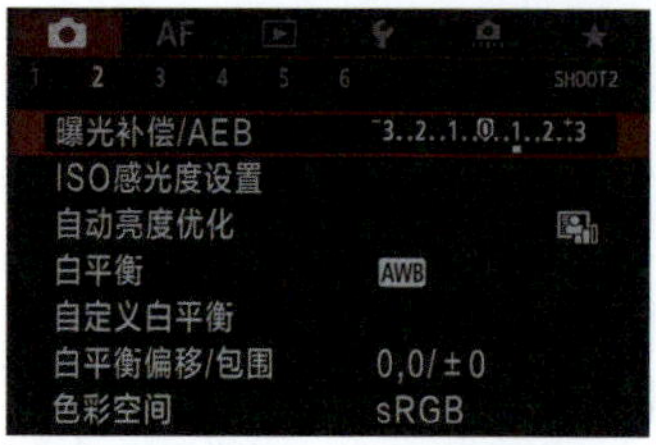

❶ 在**拍摄菜单2**中选择**曝光补偿/AEB**选项

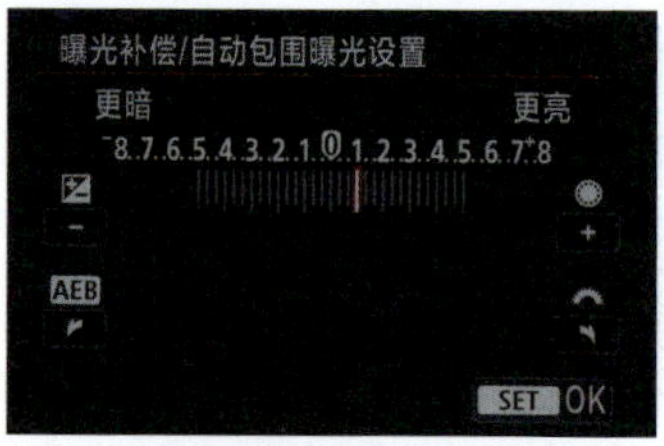

❷点击■或■设置曝光补偿量，并以当前设定的曝光补偿为基础设置包围曝光的曝光量

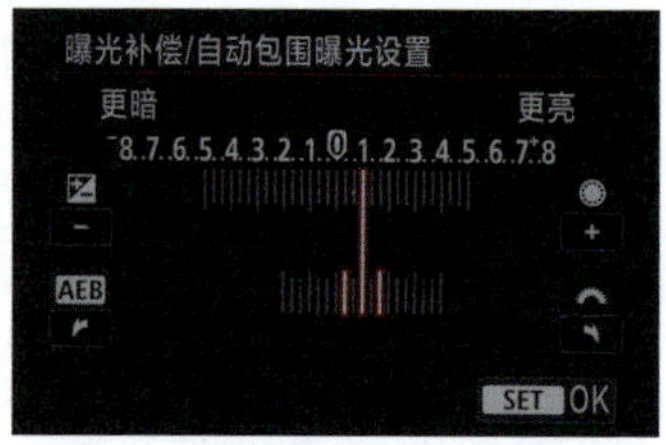

❸ 点击■或■设置自动包围曝光值，设置完成后点击SET OK图标确定

设置包围曝光拍摄数量

佳能相机在进行自动包围曝光及白平衡包围曝光拍摄时，可以在"包围曝光拍摄数量"菜单中指定要拍摄的数量。

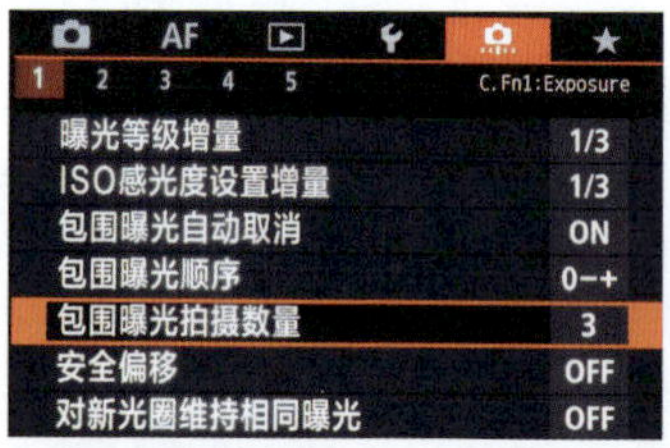

❶ 在**自定义功能菜单1**中选择**包围曝光拍摄数量**选项

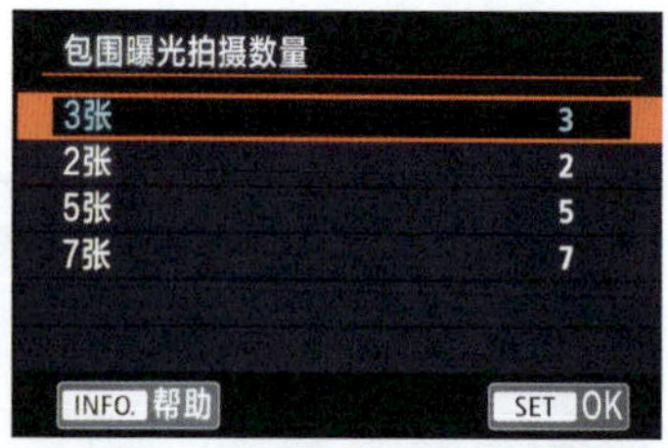

❷ 选择拍摄数量，然后点击SET OK图标确定

尼康 D850 相机设定方法：按下BKT按钮，转动主指令拨盘可以调整拍摄的张数（a）；转动副指令拨盘可以调整包围曝光的范围（b）

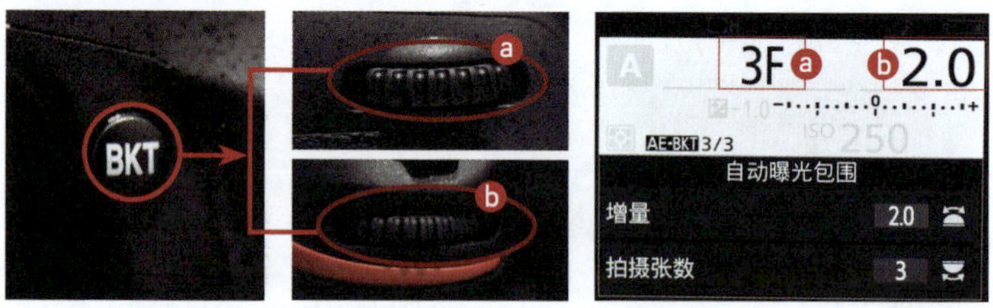

为合成HDR照片拍摄素材

对于风光、建筑等题材，可以使用包围曝光功能拍摄出不同曝光结果的照片，并进行HDR合成，从而得到高光、中间调及暗调都具有丰富细节的照片。

○ 在拍摄三张照片时都增加了0.3挡的曝光补偿，并在此基础上设置了±0.7EV的包围曝光，因此拍摄得到的三张照片分别为-0.4EV、+0.3EV、+1.0EV的效果

白平衡与色温的概念

摄影爱好者将自己拍摄的照片与专业摄影师的照片做对比后，往往会发现，除了构图、用光有差距，色彩通常也不如专业摄影师还原得精准。原因很简单，因为专业摄影师在拍摄时，对白平衡进行了精确设置。

什么是白平衡

简单地说，白平衡就是由相机提供的，确保摄影师在不同的光照环境下拍摄时，均能真实地还原景物颜色的设置。

无论是在室外的阳光下，还是在室内的白炽灯下，人的固有观念仍会将白色的物体视为白色，将红色的物体视为红色。有这种感觉是因为人的眼睛能够修正光源变化造成的色偏。

实际上，当光源发生改变时，这些光的颜色也会相应地变化，相机会精确地将这些变化记录在照片中，这样的照片在校正之前看上去是偏色的，但其实这才是物体在当前环境下真实的色彩。相机配备的白平衡功能，可以校正不同光源下的色偏，就像人眼的功能一样，使偏色的照片得以纠正。例如，在晴天拍摄时，拍摄出来的画面整体会偏向蓝色调，而眼睛所看到的画面并不偏蓝。此时，就可以将白平衡模式设置为“日光”模式，使画面中的蓝色减少，还原出景物本来的色彩。

什么是色温

在摄影领域，色温用于说明光源的成分，单位用“K”表示。例如，日出日落时，光的颜色为橙红色，这时色温较低，大约为 3200K；太阳升高后，光的颜色为白色，这时色温高，大约为 5400K；阴天的色温还要高一些，大约为 6000K。色温值越大，光源中所含的蓝色光越多；反之，当色温值越小，则光源中所含的红色光越多。

低色温的光趋于红、黄色调，其能量分布中红色调较多，因此，通常又被称为“暖光”；高色温的光趋于蓝色调，其能量分布较集中，也被称为“冷光”。通常在日落之时，光线的色温较低，因此，拍摄出来的画面偏暖，适合表现夕阳时刻静谧、温馨的感觉。为了加强这样的画面效果，可以使用暖色滤镜，或者将白平衡设置成“阴天”模式。晴天中午时分的光线色温较高，拍摄出来的画面偏冷，通常这时空气的能见度也较高，可以很好地表现大景深的场景。另外，冷色调的画面可以很好地表现出清冷的感觉，同时也能开阔视野。

后面的图例展示了不同光源对应的色温范围，即当处于不同的色温范围时，拍摄出来的照片的色彩倾向。

通过示例图可以看出，相机中的色温与实际光源的色温是相反的，这便是白平衡的工作原理，可通过对应的补色来进行补偿。

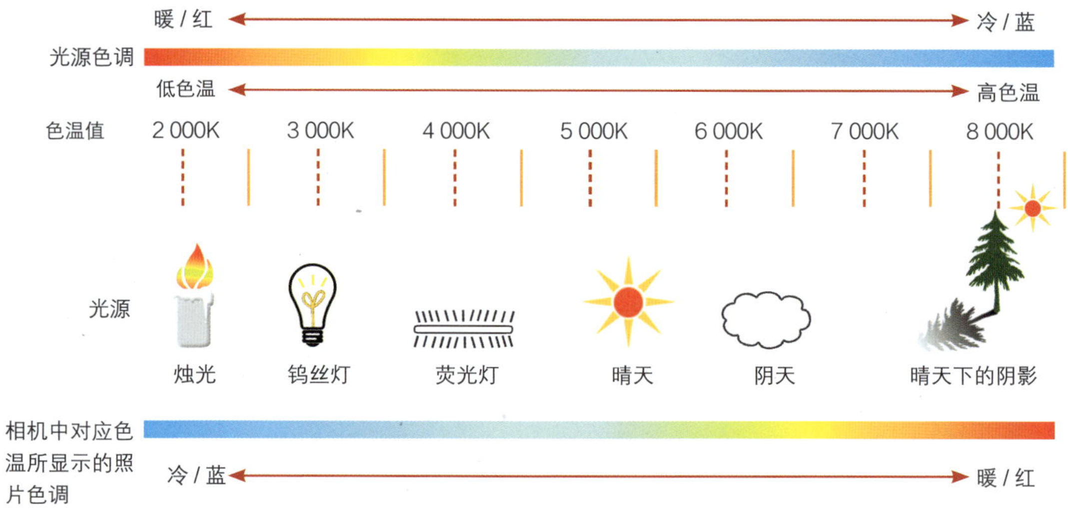

了解色温并理解色温与光源之间的联系，能够使摄影爱好者通过在相机中改变预设白平衡模式、自定义设置色温（K）值，来获得色调不同的照片。

通常情况下，当自定义设置的色温和光源色温一致时，能获得准确的色彩还原效果；如果设置的色温高于拍摄时现场光源的色温，则照片的颜色会向暖色偏移；如果设置的色温低于拍摄时现场光源的色温，则照片的颜色会向冷色偏移。

这种通过手动调节色温获得不同色彩倾向或使画面向某一种颜色偏移的手法，在摄影中经常使用。

拍摄时自定义设置 3500K 的色温值，可以凸显夜晚雪地的寒冷感

佳能和尼康预设白平衡的含义与典型应用

佳能相机预设有自动、日光、阴影、阴天、钨丝灯、白色荧光灯及闪光灯 7 种白平衡模式。

尼康相机预设有自动、晴天、背阴、阴天、白炽灯、荧光灯及闪光灯 7 种白平衡模式。

通常情况下，使用自动白平衡就可以得到较好的色彩还原，但这不是万能的。例如，在室内灯光下或多云的天气下，拍摄的画面会出现还原不正常的情况。此时就要针对不同的光线环境还原色彩，如钨丝灯、白色荧光灯、阴天等。但如果不确定应该使用哪一种白平衡，最好选择自动白平衡模式。

 阴影白平衡色温：7000K	 阴天白平衡色温：6000K	 闪光灯白平衡色温：6000K
在晴天的阴影中拍摄时，由于色温较高，使用阴影白平衡模式可以获得较好的色彩还原。阴影白平衡可以营造出比阴天白平衡更浓郁的暖色调，常应用于日落题材	在相同的现有光源下，阴天白平衡可以营造出一种较浓郁的红色的暖色调，给人以温暖的感觉，适用于云层较厚的天气，或者在阴天、黎明、黄昏等环境中拍摄时使用	闪光灯白平衡主要用于平衡使用闪光灯时的色温，较为接近阴天时的色温。但要注意的是，闪光灯不同，色温值也不尽相同，因此，需要通过实拍测试才能确定色彩还原是否准确
 日光白平衡色温：5200K	 白色荧光灯白平衡色温：4000K	 钨丝灯白平衡色温：3200K
在空气较为通透或天空有少量薄云的晴天拍摄时，一般只需要将白平衡设置为日光白平衡，就能获得较好的色彩还原。但如果在正午时分，又或者在日出前、日落后拍摄，则不适用此白平衡	白色荧光灯白平衡模式，会营造出偏蓝的冷色调，不同的是，白色荧光灯白平衡的色温比钨丝灯白平衡的色温更接近现有光源色温，所以显示出的色彩相对接近原色彩	钨丝灯白平衡模式适用于拍摄宴会、婚礼、舞台表演等，由于色温较低，可以得到较好的色彩还原。而拍摄其他场景会使画面色调偏蓝，严重影响色彩还原

黄昏时设置阴影模式拍摄，以增强画面的暖色调

手调色温：自定义画面色调

使用预设白平衡模式虽然可以直接设置某个色温值，但毕竟只有几个固定的值，而自动白平衡模式在光线复杂的情况下，还原色彩准确度又不高，为了使画面的色彩能够得到更为准确的还原，此时便需要手动选择色温值。

佳能和尼康相机支持的色温范围为 2500~10000K，并可以以 100K 为单位进行调整，与预设白平衡的 3000~7000K 色温范围相比，其更为灵活、方便。

因此，在对色温有更高、更细致要求的情况下，拍摄时可以直接通过手调色温的方式设置一个特定的色温值。比如，在使用室内灯光拍摄时，很多光源（影室灯、闪光灯等）都是有固定色温的，将白平衡设置为此色温值即可。

如果在无法确定色温的环境中拍摄，可以先拍摄几张样片进行测试和校正，以便找到此环境准确的色温值。

下面是不同光线条件下，建议设置的色温值列表。

常见光源或环境色温一览表			
蜡烛及火光	1900K 以下	晴天中午的太阳	5400K
朝阳及夕阳	2000K	普通日光灯	4500~6000K
家用钨丝灯	2900K	阴天	6000K 以上
日出后一小时阳光	3500K	金卤灯	5600K
摄影用钨丝灯	3200K	晴天时的阴影下	6000~7000K
早晨及午后阳光	4300K	水银灯	5800K
摄影用石英灯	3200K	雪地	7000~8500K
平常白昼	5000~6000K	电视屏幕	5500~8000K
220 V 日光灯	3500~4000K	无云的蓝天	10000K 以上

○ 手动选择较高的色温值，得到了色调浓郁的画面

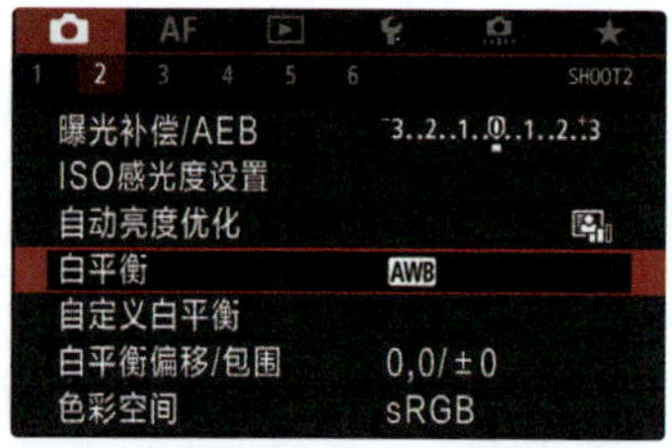

❶ 在**拍摄菜单2**中点击选择**白平衡**选项

❷ 点击选择**色温**选项，然后点击◀、▶图标选择色温值，选择完成后点击SET OK图标确认

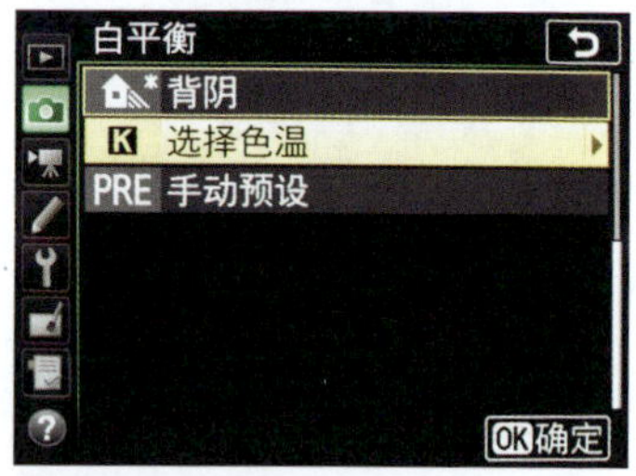

❶ 在**照片拍摄**菜单中点击选择**白平衡**选项，然后点击选择**选择色温**选项

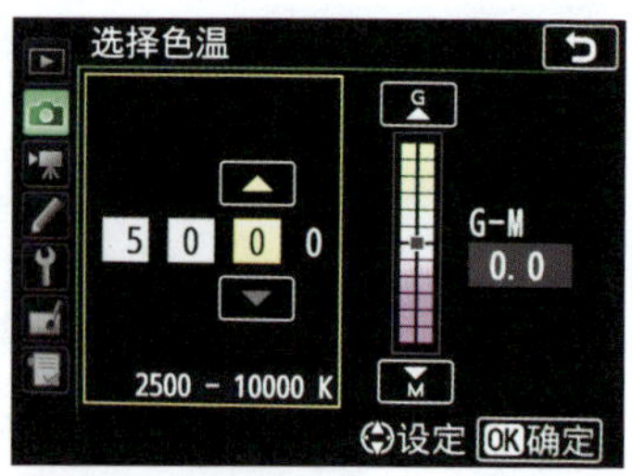

❷ 点击选择数字框，点击▲或▼图标可更改色温数值

对焦及对焦点的概念

什么是对焦

对焦是成功拍摄的重要前提之一，准确对焦可以将主体在画面中清晰地呈现出来；反之，则容易出现画面模糊的问题，即所谓的“失焦”。

一个完整的拍摄过程如下。

首先，选定光线与被拍摄主体。

其次，通过操作将对焦点移至被拍摄主体上需要合焦的位置，例如，在拍摄人像时通常以眼睛作为合焦位置。

再次，对被摄主体进行构图操作。

最后，半按快门启动相机的对焦、测光系统，再完全按下快门结束拍摄操作。

在这个过程中，对焦操作起到确保照片清晰度的作用。

什么是对焦点

相信摄影爱好者在购买相机时，都会详细查看所选相机的性能参数，其中包括该相机的自动对焦点数量。

例如，中端单反相机 90D 有 45 个对焦点，准专业级全画幅相机 5D Mark Ⅳ则有多达 61 个对焦点。

那么，自动对焦点的概念是什么呢？从被摄对象的角度来看，对焦点就是相机在拍摄时合焦的位置。例如，在拍摄花卉时，如果将对焦点放在花蕊上，则最终拍摄出来的花蕊部分就是最清晰的。从相机的角度来看，对焦点是在液晶监视器及取景器上显示的数个方框，在拍摄时，摄影师需要使相机的对焦框与被摄对象的对焦点准确合一，以指导相机应该对哪一部分进行合焦。

○ 将对焦点放置在蝴蝶的头部，并使用大光圈拍摄，得到了背景虚化而蝴蝶清晰的照片

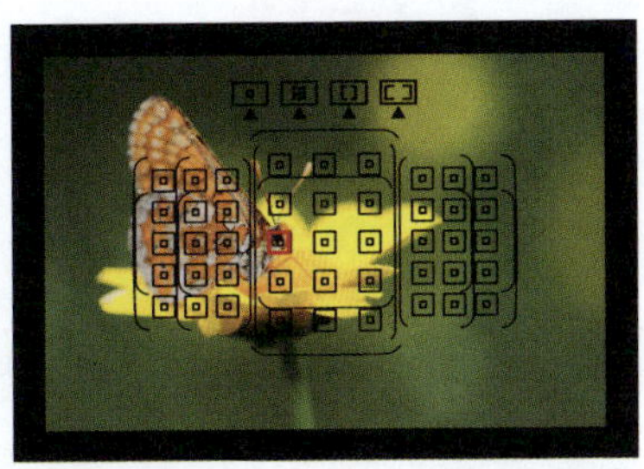

○ 对焦示意图

根据拍摄题材选用自动对焦模式

如果说了解测光可以帮助我们正确地还原影调，那么选择正确的自动对焦模式，则可以帮助我们获得清晰的影像，而这恰恰是拍出好照片的关键环节之一。佳能相机提供了单次、人工智能伺服、人工智能三种自动对焦模式，下面介绍各种自动对焦模式的特点及适用场合。

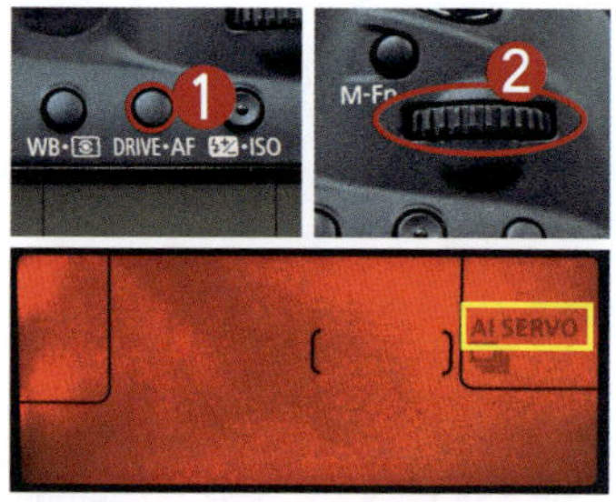

佳能5D Mark Ⅳ相机设定方法： 按住AF按钮并转动主拨盘，可以在三种自动对焦模式间切换

拍摄静止对象选择单次自动对焦（ONE SHOT 佳能 /AF-S 尼康）

在单次自动对焦模式下，相机在合焦（半按快门时对焦成功）之后即停止自动对焦，此时可以保持快门的半按状态重新调整构图。

单次自动对焦模式是风光摄影最常用的对焦模式之一，特别适合拍摄静止的对象，如山峦、树木、湖泊、建筑等。当然，在拍摄人像、动物时，如果被摄对象处于静止状态，也可以使用这种对焦模式。

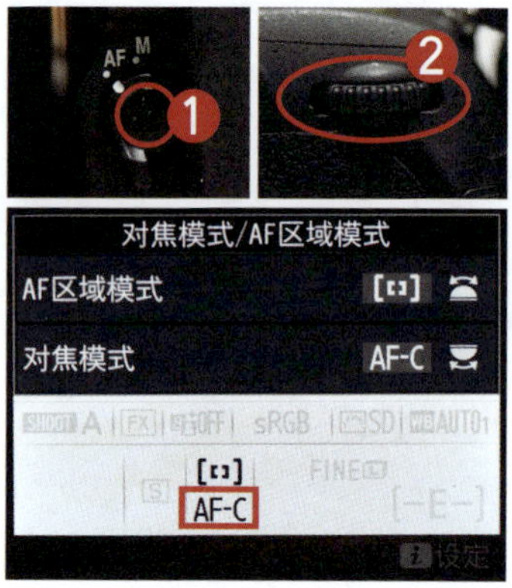

尼康 D850 相机设定方法： 在确定对焦模式选择器处于 AF 图标位置的基础上，按下AF按钮，然后转动主指令拨盘，可以在两种自动对焦模式间切换

○ 用单次自动对焦模式拍摄静止的对象，画面焦点清晰，构图也更加灵活，不用拘泥于仅有的对焦点

> 提示：在使用三种自动对焦模式拍摄时，如果合焦，则自动对焦点将以红色闪动，取景器中的合焦确认指示灯也会被点亮。

拍摄运动的对象选择连续自动对焦（AI SERVO 佳能 /AF-C 尼康）

在拍摄运动中的鸟、昆虫、人等对象时，如果摄影爱好者还使用单次自动对焦模式，便会发现拍摄的大部分画面都不清晰。在拍摄时，对于运动的主体，最适合选择连续自动对焦模式。

在连续自动对焦模式下，当摄影师半按快门合焦后，保持快门的半按状态，相机会在对焦点中自动切换以保持对运动对象的准确合焦状态。在这个过程中，如果被摄对象的位置发生了较大的变化，只需移动相机使自动对焦点保持覆盖主体，就可以持续进行对焦。

当拍摄从水面起飞的鸟儿时，适合使用人工智能伺服自动对焦模式

拍摄动静不定的对象选择自动选择自动对焦(AI FOCUS 佳能 /AF-A 尼康）

越来越多的人因为家里有小孩子而购买单反相机，以记录小孩子的日常，但当真正拿起相机拍他们时，发现小孩子的动和静毫无规律可言，想要拍出好照片太难了。

针对这种无法确定被拍摄对象是静止还是运动状态的拍摄情况，佳能和尼康单反相机提供了自动选择自动对焦模式。在此模式下，相机会自动根据被拍摄对象是否运动来选择单次自动对焦还是连续自动对焦。

例如，在拍摄动物时，如果所拍摄的动物暂时处于静止状态，但有突然运动的可能，应该使用该自动对焦模式，以保证能够将被拍摄对象清晰地捕捉下来。在人像摄影中，如果模特不是摆拍，随时有可能从静止状态变为运动状态，也可以使用这种自动对焦模式。

儿童玩耍时无法确定动静，因此，可以使用人工智能自动对焦模式

手选对焦点的必要性

不管是拍摄静止的对象还是拍摄运动的对象，并不是说只要选择了相对应的自动对焦模式，便能成功拍摄了，在进行了这些操作之后，还要手动选择对焦点或对焦区域的位置。

例如，在拍摄摆姿人像时，需要将对焦点位置选择在人物眼睛处，使人物眼睛炯炯有神。如果要拍摄的人物处于树叶或花丛的后面，对焦点的位置很重要。如果对焦点的位置在树叶或花丛中，那么拍摄出来的人物会是模糊的；而如果将对焦点的位置选择在人物上，那么拍摄出来的照片会是前景虚化的唯美效果。

同样地，在拍摄运动的对象时，也需要选择对焦区域的位置，因为不管是连续还是自动选择自动对焦模式，都是从选择的对焦区域开始追踪对焦被拍摄对象的。

○ 采用单点自动对焦区域模式手动选择对焦点拍摄，保证了对人物的灵魂——眼睛进行准确的对焦

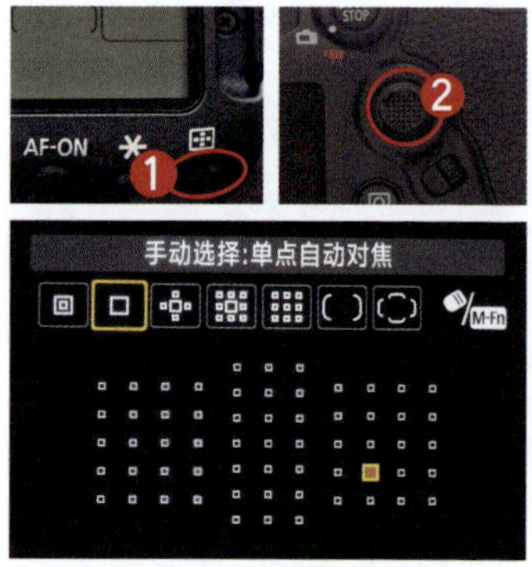

佳能 5D Mark Ⅳ相机设定方法：按下相机背面右上方的自动对焦点选择按钮⊞，然后按多功能控制钮※调整对焦点或对焦区域的位置

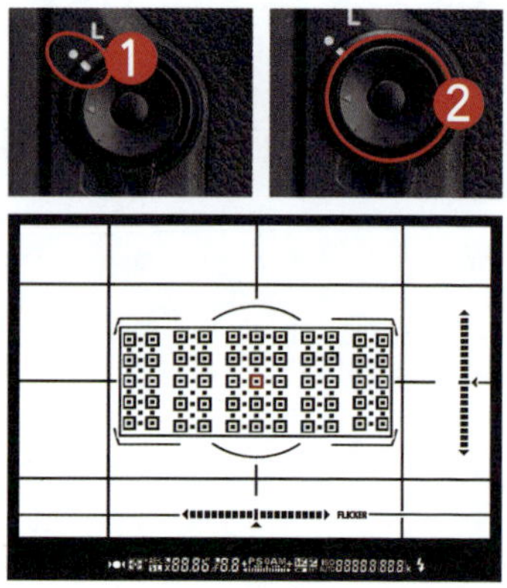

尼康 D850 相机设定方法：旋转对焦选择器锁定开关至 ● 位置，使用多重选择器即可调整对焦点的位置。选择对焦点后，可以将对焦选择器锁定开关旋转至L位置，则可以锁定对焦点，以避免由于手指碰到多重选择器而误改变对焦点的位置

○ 手选对焦点示意图

8 种情况下手动对焦比自动对焦更好

虽然大多数情况下，使用自动对焦模式便能成功对焦，但在某些场景，需要手动对焦才能更好地完成拍摄。在下面列举的一些情况下，相机的自动对焦系统往往无法准确对焦，此时就应该切换至手动对焦模式，然后手动调节对焦环完成对焦。

手动对焦拍摄还有一个好处，就是在对某一物体进行对焦后，只要在不改变焦平面的情况下再次构图，则不需要再进行对焦，这样就节约了拍摄时间。

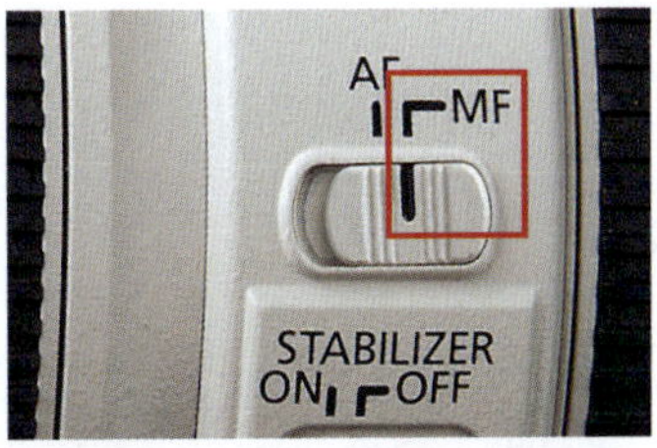

佳能 5D Mark Ⅳ相机设定方法： 将镜头上的对焦模式切换器设为 MF，即可切换至手动对焦模式

尼康 D850 相机设定方法： 拨动对焦模式选择器至 M 位置即为手动对焦模式

■ 杂乱的场景：当拍摄场景中充满杂乱无章的物体，特别是当被摄主体较小，或者没有特定形状、大小、色彩、明暗时，例如，树林、挤满行人的街道等，在这样的场景中，想要精准地对主体对焦，手动对焦就变得必不可少。

■ 弱光环境：当在漆黑的环境中拍摄时，例如，拍摄星轨、闪电或光绘时，物体的反差很小。除非用对焦辅助灯或其他灯光照亮被拍摄对象，否则应该使用手动对焦模式来完成对焦操作。

■ 微距题材：当使用微距镜头拍摄微距题材时，由于画面的景深极浅，使用自动对焦模式往往会跑焦，所以使用手动对焦模式将焦点对准主体进行对焦，更能提高拍摄成功率。

■ 被摄对象前方有障碍物：如果被摄对象前方有障碍物，例如，拍摄笼子中的动物、花朵后面的人等，使用自动对焦模式就会对焦在障碍物上而不是被摄对象上，此时使用手动对焦模式可以精确地对焦至主体。

■ 建筑物：现代建筑物的几何形状和线条经常会迷惑相机的自动对焦系统，造成对焦困难。有经验的摄影师在拍摄时，一般都会采用手动对焦模式。

■ 低反差：低反差是指被摄对象和背景的颜色或色调比较接近，例如，拍摄一片雪地中的白色雪人，使用自动对焦模式是很难对焦成功的。

■ 高对比：当拍摄对比强烈的明亮区域时，例如，在日落时，拍摄以纯净天空为背景、人物为剪影效果的画面，手动对焦模式要比自动对焦模式好用。

■ 背景占大部分画面：被摄主体在画面中较小，背景在画面中占比较大，例如，一个小小的人站在纯净的红墙前，自动对焦系统往往不能准确、快速地对人物对焦，而切换到手动对焦模式，则可以做得又快又好。

驱动模式与对焦功能的搭配使用

针对不同的拍摄任务，需要将快门设置为不同的驱动模式。例如，抓拍高速移动的物体，为了保证成功率，可以通过相应的设置使摄影师按下一次快门便能够连续拍摄多张照片。

佳能中、高端相机提供了单拍□、高速连拍□H、低速连拍□、静音单拍□S、静音连拍□S、10 秒自拍 / 遥控、2 秒自拍 / 遥控 7 种驱动模式。入门级相机只有一种连拍模式，其他驱动模式相同。

尼康相机提供了7种快门释放模式，分别是单张拍摄**S**、低速连拍**CL**、高速连拍**CH**、安静快门释放**Q**、安静连拍快门释放**Qc**、自拍以及反光板弹起**MUP**。

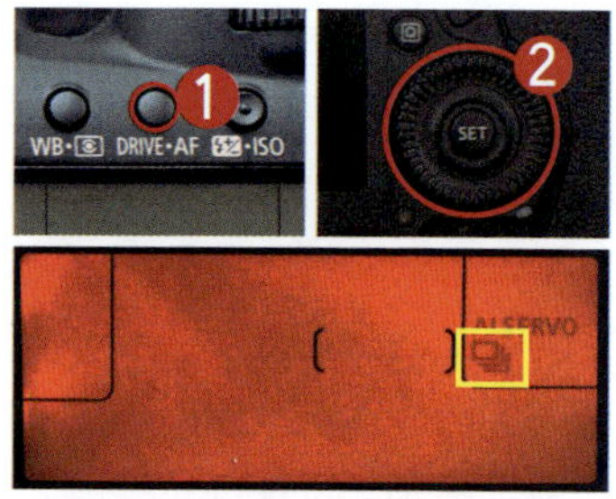

佳能 5D Mark Ⅳ相机设定方法： 按住 DRIVE 按钮，然后转动速控转盘可选择不同的驱动模式

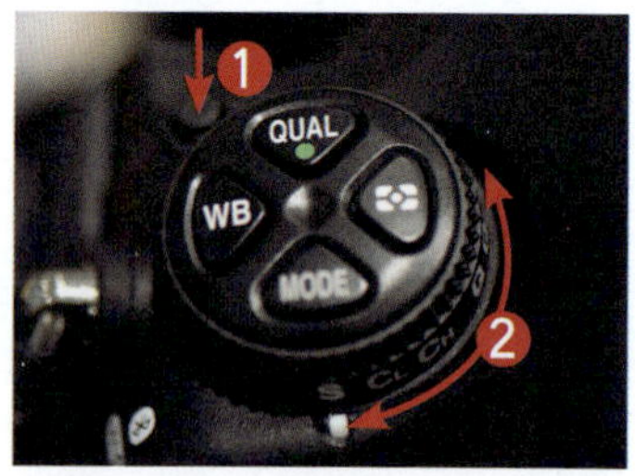

尼康 D850 相机设定方法： 按下释放模式拨盘锁定解除按钮，并同时转动释放模式拨盘，使所需的释放模式图标对应白色标志处

单拍模式

在此模式下，每次按下快门都只能拍摄一张照片。单张拍摄模式适合拍摄静态的对象，如风光、建筑、静物等题材。

静音单拍模式的操作方法和拍摄题材与单拍模式基本类似，但由于使用静音单拍模式时相机发出的声音更小，因此更适合在较安静的场所进行拍摄，或者拍摄易于被相机快门声音惊扰的对象。

○ 使用单拍驱动模式拍摄的各种题材列举

连拍模式

在连拍模式下，每次按下快门都将连续进行拍摄。佳能中、高端相机提供了高速连拍、低速连拍和静音连拍 3 种模式。以佳能 5D Mark Ⅳ相机为例，其高速连拍的速度约为 7 张 / 秒，低速连拍和静音连拍的连拍速度约为 3 张 / 秒，即在按下快门 1 秒的时间里，相机将连续拍摄约 7 张或 3 张照片。

尼康提供了低速连拍、高速连拍及安静连拍快门释放，在低速连拍模式下，若按住快门释放按钮不放，相机每秒可拍摄 1 ~ 6 张照片。此连拍数量可以通过修改“自定义设定”菜单中的“CL 模式拍摄速度”数值进行改变。在高速连拍模式下，相机每秒最多可拍摄 7 张照片。在安静连拍快门释放模式下，以约 3 张 / 秒连拍速度进行连拍。

连拍模式适合拍摄运动的对象。当将被摄对象的瞬间动作全部抓拍下来后，可以从中挑选最满意的画面。利用这种拍摄模式，也可以将持续发生的事件拍摄成一系列照片，从而展现一个相对完整的过程。

使用连拍驱动模式抓拍小鸟进食的精彩画面

自拍模式

佳能单反相机提供了两种自拍模式，可以满足不同的拍摄需求。

- 10 秒自拍/遥控：在此驱动模式下，可以在10秒后进行自动拍摄，此驱动模式支持与遥控器搭配使用。
- 2秒自拍/遥控：在此驱动模式下，可以在两秒后进行自动拍摄，此驱动模式也支持与遥控器搭配使用。

尼康单反相机提供一种自拍模式，在“自定义设定”菜单中可以修改“自拍”参数，从而获得 2 秒、5 秒、10 秒和 20 秒的自拍延迟时间，特别适合自拍或合影时使用。在最后 2 秒，相机的指示灯不再闪烁，且蜂鸣音变快。

值得一提的是，所谓的自拍驱动模式并非只能用来给自己拍照。例如，在需要使用较低的快门速度拍摄时，可以将相机放在一个稳定的位置，并进行变焦、构图、对焦等操作，然后通过设置自拍驱动模式，避免手按快门产生震动，进而拍摄到清晰的照片。

什么是大景深与小景深

举个最直接的例子，人像摄影中背景虚化的画面就是小景深画面，风光摄影中前后景物都清晰的画面就是大景深画面。

景深的大小与光圈、焦距及拍摄距离这三个要素密切相关。

当拍摄者与被摄对象之间的距离非常近，或者使用长焦距或大光圈拍摄时，就能得到很强烈的背景虚化效果；反之，当拍摄者与被摄对象之间的距离较远，使用小光圈或较短的焦距拍摄时，画面的虚化效果则会较差。

另外，被摄对象与背景之间的距离也是影响背景虚化的重要因素。例如，当被摄对象距离背景较近时，即使使用 F1.4 的大光圈也不能得到很好的背景虚化效果；但当被摄对象距离背景较远时，即便使用 F8 的光圈，也能获得较强烈的虚化效果。

拍摄要素与景深的关系

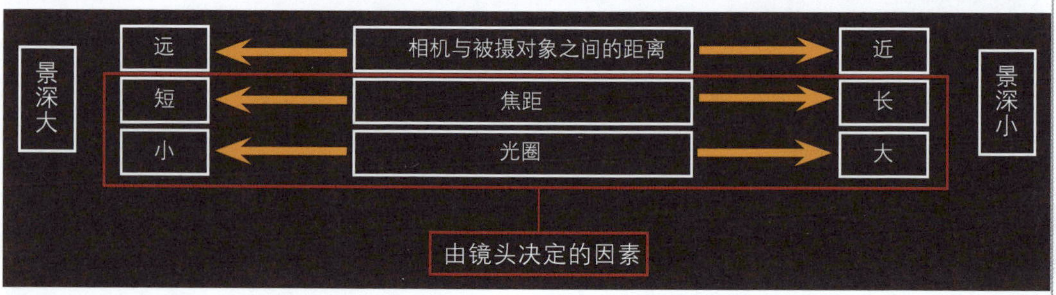

大景深效果的照片

小景深效果的照片

影响景深的因素：光圈

在日常拍摄人像、微距题材时，可以设置大光圈以虚化背景，有效地突出主体；而在拍摄风景、建筑、纪实等题材时，可以设置小光圈使所有景物都能清晰地呈现出来。

由此可知，光圈是控制景深（背景虚化程度）的重要因素。在相机焦距不变的情况下，光圈越大，景深越小（背景越模糊）；反之，光圈越小，则景深越大（背景越清晰）。在拍摄时想通过控制景深来使自己的作品更有艺术效果，就要合理地使用大光圈和小光圈。

100mm F2.8 1/25s ISO250

100mm F5 1/8s ISO250

100mm F9 1/3s ISO250

从这组照片可以看出，当光圈从 F2.8 变化到 F9 时，照片的景深也逐渐变大，原本因使用了大光圈而被模糊的小饰品，由于光圈逐渐变小而渐渐清晰起来。

影响景深的因素：焦距

细心的摄影初学者会发现，在使用广角端拍摄时，即使将光圈设置得很大，虚化效果也不明显，而在使用长焦端拍摄时，设置同样的光圈值，虚化效果明显比广角端好。由此可知，当其他条件相同时，拍摄时所使用的焦距越长，画面的景深就越浅（小），便可以得到更明显的虚化效果；反之，焦距越短，画面的景深就越深（大），越容易得到前后都清晰的画面效果。

70mm F2.8 1/640s ISO100

140mm F2.8 1/640s ISO100

200mm F2.8 1/640s ISO100

通过对使用不同的焦距拍摄的花卉进行对比可以看出，焦距越长，则主体越清晰，画面的景深就越小。

影响景深的因素：物距

拍摄距离对景深的影响

如果镜头已被拉至长焦端，而背景还是虚化不够，或者使用定焦镜头拍摄，距离主体较远，背景虚化也不明显，那么此时可以考虑走近拍摄对象来拍摄，以加强小景深效果。在其他条件不变的情况下，拍摄者与被摄对象之间的距离越近，则越容易得到浅景深的虚化效果；反之，如果拍摄者与被摄对象之间的距离较远，则不容易得到虚化效果。

下方的一组照片是在所有拍摄参数都不变的情况下，只改变镜头与被摄对象之间的距离拍摄得到的。通过这组照片可以看出，镜头距离前景位置的蜻蜓越远，背景的模糊效果就越差；反之，镜头越靠近蜻蜓，则拍出画面的背景虚化效果就越好。

镜头距离蜻蜓 100cm

镜头距离蜻蜓 70cm

镜头距离蜻蜓 40cm

背景与被摄对象的距离对景深的影响

有摄影初学者问："我在拍摄时使用的是长焦距、较大的光圈值，距离主体也较近，但是为什么背景虚化得还是不明显？"观察其拍摄的画面，可以发现，原因在于主体离背景非常近。拍摄时，在其他条件不变的情况下，画面中的背景与被摄对象的距离越远，越容易得到浅景深的虚化效果；反之，如果画面中的背景与被摄对象位于同一个焦平面上，或者非常靠近，则不容易得到虚化效果。

下面一组照片是在所有拍摄参数都不变的情况下，只改变被摄对象距离背景的远近拍出的。

通过这组照片可以看出，在镜头位置不变的情况下，玩偶距离背景越近，背景的虚化程度就越小。

玩偶距离背景 20cm

玩偶距离背景 10cm

玩偶距离背景 0cm

控制背景虚化用光圈优先模式

许多刚开始学习摄影的爱好者，提出的第一个问题就是如何拍摄出人像清晰、背景模糊的照片。使用光圈优先模式便可以拍摄出这种效果，切换至光圈优先模式的方法如右图所示。

在光圈优先模式下，相机会根据当前设置的光圈大小自动计算出合适的快门速度。

在同样的拍摄距离下，光圈越大，景深越小，即画面中的前景、背景的虚化效果就越好；反之，光圈越小，则景深越大，即画面中的前景、背景的清晰度就越高。总结成口诀就是：“大光圈景浅，完美虚背景；小光圈景深，远近都清楚。”

佳能 5D Mark Ⅳ相机设定方法：按下模式转盘解锁按钮不放，然后将模式转盘转至 Av 图标。在光圈优先曝光模式下，可以转动主拨盘调节光圈数值

○ 用光圈优先曝光模式配合大光圈，可以得到非常漂亮的背景虚化效果，这是人像摄影中很常见的一种表现形式

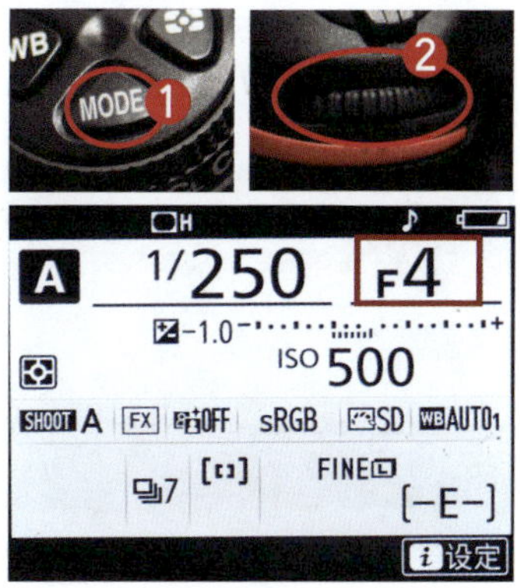

尼康 D850 相机设定方法：按下 MODE 按钮并转动主指令拨盘选择 A 模式。在 A 模式下，转动副指令拨盘可选择不同的光圈值

○ 用小光圈拍摄自然风光，画面有足够大的景深，前后景都清晰

定格瞬间动作用快门优先模式

足球场上的精彩瞬间、飞翔在空中的鸟儿、海浪拍岸所溅起的水花等题材都需要使用高速快门抓拍，而在拍摄这类题材时，摄影爱好者应首先想到使用快门优先模式，切换至快门优先模式的方法如右图所示。

在快门优先模式下，摄影师可以转动主拨盘从 30~1/8000s（APS-C 画幅相机为 30~1/4000s）范围内选择所需快门速度，然后相机会自动计算光圈的大小，以获得正确的曝光组合。

初学者可以用口诀“快门凝瞬间，慢门显动感”来记忆，即设定较高的快门速度可以凝固快速的动作或移动的主体；设定较低的快门速度可以形成模糊效果，从而产生动感。

佳能5D Mark Ⅳ相机设定方法： 按下模式转盘解锁按钮不放，然后将模式转盘转至Tv图标。在快门优先曝光模式下，用户可以转动主拨盘调整快门速度数值

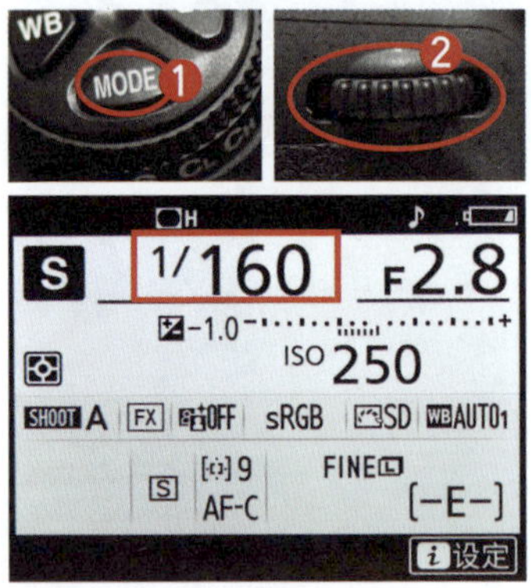

尼康 D850 相机设定方法： 按下 MODE 按钮并转动主指令拨盘选择 S 模式。在 S 模式下，转动主指令拨盘可选择不同的快门速度值

用快门优先曝光模式，以低速快门拍摄，海浪呈现为丝线效果

用快门优先曝光模式抓拍的鸟儿起飞的精彩瞬间

匆忙抓拍用程序自动模式

在拍摄街头抓拍、纪实或新闻等题材时，最适合使用 P 挡程序自动模式，此模式的最大优点是操作简单、快捷，适合拍摄快照或不必特别注重曝光控制的场景，切换至 P 挡程序自动模式的方法如右图所示。

在此拍摄模式下，相机会自动选择一种适合手持拍摄并且不受相机抖动影响的快门速度，同时还会调整光圈以得到合适的景深，以确保所有景物都能清晰呈现。摄影师还可以设置 ISO 感光度、白平衡和曝光补偿等其他参数。

佳能5D Mark Ⅳ相机设定方法： 按下模式转盘解锁按钮不放，然后将模式转盘转至P图标。在程序自动模式下，用户可以通过转动主拨盘来选择快门速度和光圈的不同组合

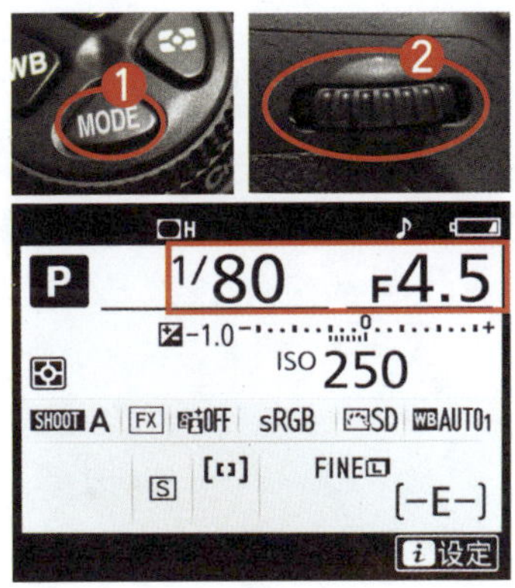

尼康 D850 相机设定方法： 按下 MODE 按钮并转动主指令拨盘选择 P 模式。在 P 模式下，转动主指令拨盘可选择不同的光圈与快门速度组合

○ 使用程序自动曝光模式可方便进行抓拍

自由控制曝光用全手动模式

全手动模式的优点

对于前面的曝光模式，摄影初学者问得较多的问题是：“程序自动、光圈优先、快门优先、全手动这四种模式，哪个模式好用，比较容易上手？”专业摄影大师们往往推荐M挡全手动模式。其实这四种模式并没有好用与不好用之分，只不过程序自动、光圈优先、快门优先这三种模式，都是由相机控制部分曝光参数，摄影师可以手动设置其他一些参数；而在全手动曝光模式下，所有的曝光参数都可以由摄影师手动进行设置，因而比较符合专业摄影大师们的习惯。

具体说来，使用M挡拍摄还具有以下优点。

■使用M挡全手动曝光模式拍摄，当摄影师设置好恰当的光圈、快门速度数值后，即使移动镜头再次进行构图，光圈与快门速度的数值也不会发生变化。

■使用其他曝光模式拍摄，往往需要根据场景的亮度，在测光后进行曝光补偿操作；而在M挡全手动曝光模式下，由于光圈与快门速度值都是由摄影师设定的，因此设定其他参数的同时就可以将曝光补偿考虑在内，从而省略了曝光补偿的设置过程。因此，在全手动曝光模式下，摄影师可以按自己的想法让影像曝光不足，以使照片显得较暗，给人以忧伤的感觉，或者让影像稍微过曝，拍摄出明快的高调照片。

■当在摄影棚拍摄并使用了频闪灯或外置非专用闪光灯时，由于无法使用相机的测光系统，需要使用测光表或通过手动计算来确定正确的曝光值，因此就需要手动设置光圈和快门速度，从而实现正确的曝光。

佳能5D Mark Ⅳ相机设定方法：在全手动曝光模式下，转动主拨盘可以调节快门速度值，转动速控转盘可以调节光圈值

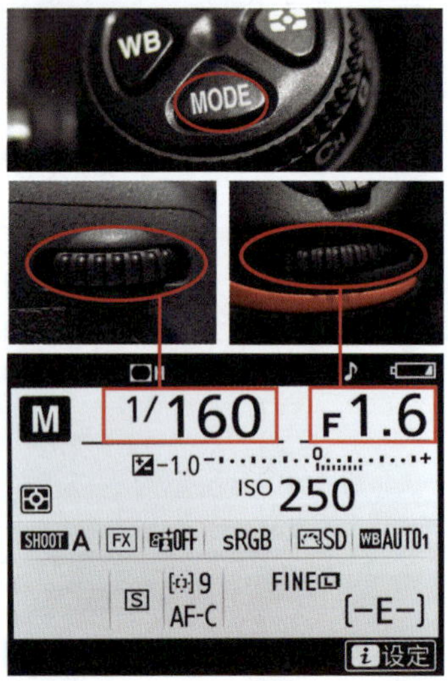

尼康D850相机设定方法：按下MODE按钮并转动主指令拨盘选择M模式。在M模式下，转动主指令拨盘可选择不同的快门速度，转动副指令拨盘可选择不同的光圈值

○在光线、环境没有较大变化的情况下，使用M挡全手动曝光模式可以以同一组曝光参数拍摄多张不同构图或摆姿的照片

判断曝光状况的方法

在使用 M 挡全手动曝光模式拍摄时，为避免出现曝光不足或曝光过度的问题，摄影师可通过观察液晶监视器和取景器中的曝光量游标的情况，来判断是否需要修改及应该如何修改当前的曝光参数组合。

判断的依据就是当前曝光量标志的位置，当其位于标准曝光量的位置时，就能获得相对准确的曝光，如下方中间图所示。

需要特别指出的是，如果希望拍出曝光不足的低调照片或曝光过度的高调照片，则需要调整光圈与快门速度，使当前曝光量游标处于正常曝光量标志的左侧或右侧，游标越向左侧偏移，曝光不足程度越高，照片越暗，如下方左侧的图所示。反之，如果当前曝光量游标在正常曝光量标志的右侧，则当前照片处于曝光过度状态，且游标越向右侧偏移，曝光过度程度越高，照片越亮，如下方右侧图所示。

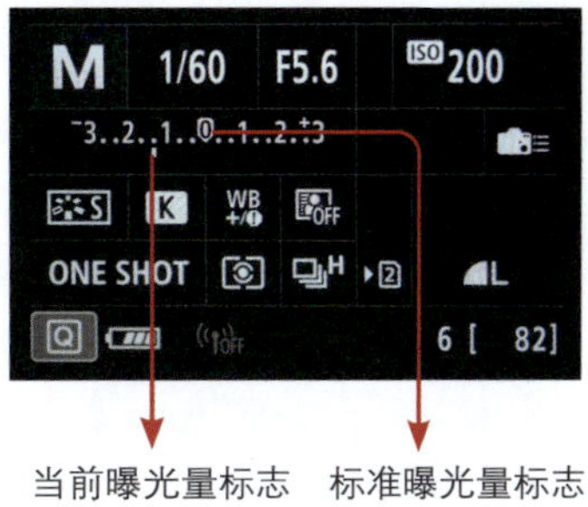

○ 用 M 挡全手动模式拍摄风景照片时，不用考虑曝光补偿，也不用考虑曝光锁定，当曝光量标志位于标准曝光量标志的位置时，就能获得相对准确的曝光

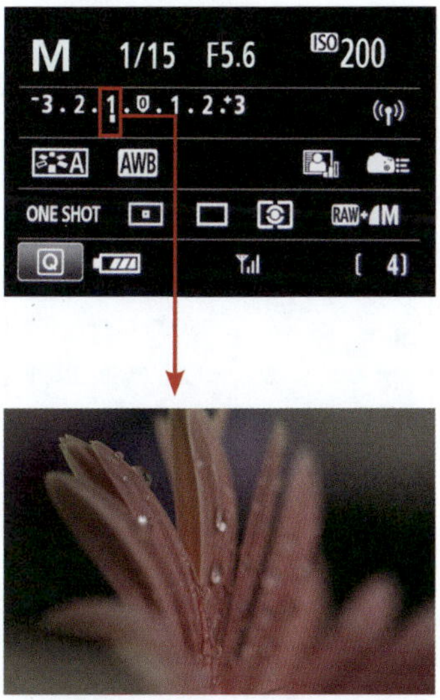

○ 当前曝光量游标在标准曝光的左侧数字 1 处，表示当前画面曝光不足一挡，画面较为灰暗

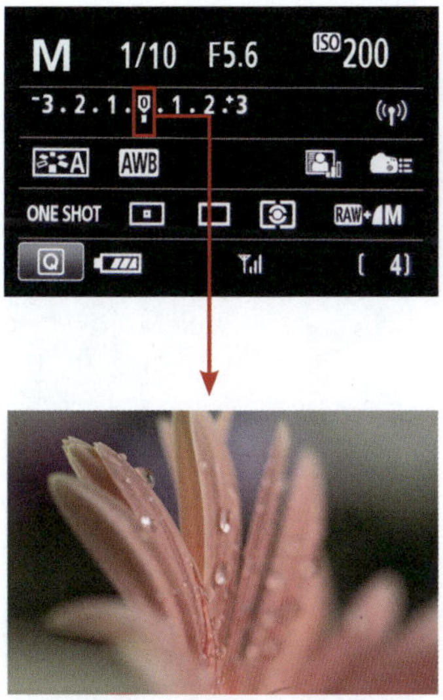

○ 当前曝光量游标在标准曝光位置处，表示当前画面曝光标准，画面明暗均匀

○ 当前曝光量游标在标准曝光的右侧数字 1 处，表示当前画面曝光过度一挡，画面较为明亮

用 B 门拍烟花、车轨、银河、星轨

摄影初学者拍摄朵朵绽开的烟花、乌云下的闪电等对象时，往往都只能抓拍到一朵烟花或漆黑的天空，这种情况的确让人备感失落。

其实，对于光绘、车流、银河、星轨、焰火等这种需要长时间曝光并手动控制曝光时间的题材，其他模式都不适合，应该用 B 门曝光模式拍摄，切换到 B 门的方法如右侧图所示。

在 B 门曝光模式下，持续地完全按下快门按钮将使快门一直处于打开状态，直到松开快门按钮时快门被关闭，才能完成整个曝光过程。因此，曝光时间取决于快门按钮被按下与被释放的时间长短。

当使用 B 门曝光模式拍摄时，为了避免拍摄的照片模糊，应该使用三脚架及遥控快门线辅助拍摄，如果不具备这些条件，至少也要将相机放置在平稳的地面上。

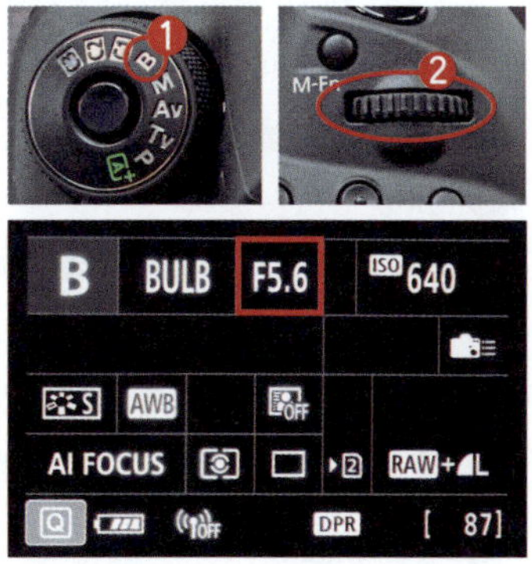

佳能5D Mark Ⅳ相机设定方法： 按下模式转盘解锁按钮不放，然后将模式转盘转至B图标。在B门模式下，可以转动主拨盘调整光圈值

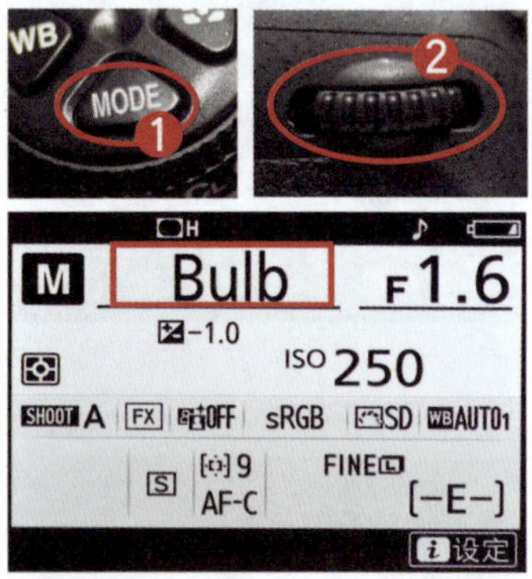

尼康 D850 相机设定方法： 先将曝光模式设置为 M 挡全手动模式，然后向左转动主指令拨盘直至控制面板或显示屏显示的快门速度为 Bulb，即可切换至 B 门模式

○ 通过 60s 的长时间曝光，拍摄得到放射状的流云画面

第3章

构图与用光美学基础理论

理解两大构图目的

营造画面的兴趣中心

一幅成功的摄影作品，画面必须有一个鲜明的兴趣中心点，在点明画面主题的同时，也是吸引观赏者注意力的关键所在。一幅作品无法包罗万象，纳入过多对象只会使画面显得杂乱无章，且易分散观赏者的注意力，使画面主题表达不明确。

而营造画面兴趣中心要求画面突出只表现一个景物，有一个清晰而鲜明的事物或主题思想即可，可以是整个物体或物体的某个组成部分，也可以是一个抽象的构图元素，抑或是几个元素的组合等，从而使画面产生统一感。选择好所要表现的主体对象之后，摄影师可以通过画面的布局、大小和对比来加强，并使之在画面中占据绝对优势。

赋予画面形式美感

形式美在摄影中的运用，通常是指将构成画面的基本视觉元素，如色彩、形状、线条和质感等，通过组织、提炼呈现出的审美特征。

作为一名摄影师，要相信绝大部分事物都有其独特的视觉审美点，无论它是平凡的还是宏伟的、华丽还是朴素。摄影师的任务就是从形态、线条、质感、明暗、颜色及光线等方面进行观察，综合运用各种造型手段，将被拍摄对象的形式美体现在照片中。

○ 以曲线的河流作为前景，起到引导视线的作用，让人随之观看远处的高山与恰好飘在山峰之上的彩云，整个画面浑然一体

摄影构图与摄像构图的异同

在当前的视频时代，许多摄影师并非只拍摄静态照片，还会拍摄各类视频。因此，笔者认为有必要对摄影构图与摄像构图的异同进行阐述，以便于各位读者在掌握本书所讲述的知识后，除了可以应用到照片拍摄活动中，还能够灵活运用到视频拍摄领域。

相同之处

两者的相同之处在于，视频画面也需要考虑构图。在考虑构图手法时，应用到的知识与静态的摄影构图没有区别。所以，当人们欣赏优秀的电影、电视节目时，将其中的一个静帧抽取出来欣赏，其美观度不亚于一张用心拍摄的静态照片。下图所示为电影《妖猫传》的一个镜头，不难看出，导演在拍摄时使用了非常严谨的对称式构图。

○ 电影中对称式构图的应用

这也就意味着，本书虽然主要讲解静态摄影构图，但其中涉及的构图法则、构图逻辑等理论知识，完全可以用于拍摄视频时的构图操作。

不同之处

由于视频是连续运动的画面，所以构图时不仅要考虑当前镜头的构图，还要综合考虑前后几个镜头，从而形成一个完整的镜头段落，以这个段落来表达某一主题。所以，如果照片属于静态构图，那么视频则属于动态构图。

例如，要表现一栋建筑，如果采用摄影构图，通常以广角镜头来表现。而如果在拍摄视频时，首先以低角度拍摄建筑的局部，再从下往上摇镜头，则更能表现其雄伟气派的特点。因为这样的镜头类似于人眼的观看方式，更容易让人有身临其境的感觉。

因此，在拍摄视频时，需要确定分镜头脚本，以确定每一个镜头表现的景别及要重点突出的内容，不同镜头之间相互补充，然后通过一组镜头形成一个完整的作品。

也正因如此，在视频拍摄过程中，要重点考虑的是一组镜头的总体效果，而不是某一个静帧画面的构图效果，要按照局部服从整体的原则来考虑构图。

当然，如果有可能，每一个镜头的构图都非常美观是最好的，但实际上很难保证。因此，不能按静态摄影构图的标准来要求视频画面的构图效果。

另外，在拍摄静态照片时，会运用竖画幅、方画幅构图，但除非上传于抖音、快手等短视频平台，通常在拍摄短视频时，一般不使用这两种画幅来构图。

画面的主要构成

画面主体

在一张照片中，主体不仅承担着吸引观者视线的作用，同时也是表现照片主题最重要的元素，而主体以外的元素，则应该以主体为中心，作为突出主体或表现主题的陪衬。

从内容上来说，主体可以是人，也可以是物，甚至可以是一个抽象的对象，在构成上，点、线与面都可以成为画面的主体。

用大光圈虚化了背景，蝴蝶在小景深的画面中非常醒目

画面陪体

陪体在画面中并非必需的，但恰当地运用陪体可以让画面更为丰富，渲染不同的气氛，对主体起到解释、限定、说明的作用，有利于传达画面主题。

有些陪体并不需要出现在画面中，通过主体发出的某种“信号”，能让观者感觉到画面以外陪体的存在。

拍摄人像时以气球作为陪体，来使画面更加活泼，同时也丰富了画面的色彩

景别

景别是影响画面构图的另一重要因素。景别是指，由于镜头与被摄体之间距离的变化，造成被摄主体在画面中所呈现的范围大小的区别。

特写

特写可以说是专门为刻画细节或局部特征而使用的一种景别，在内容上能够以小见大，而对环境则表现得非常少，甚至完全忽略。

需要注意的是，正因为特写景别是针对局部进行拍摄的，有时甚至会达到纤毫毕现的程度，因此对拍摄对象的要求更为苛刻，以免细节不完美，影响画面的效果。

用长焦镜头表现角楼的细节，突出其古典的结构特点

近景

当采用近景景别拍摄时，环境所占的比例非常小，对主体的细节层次与质感表现较好，画面具有鲜明、强烈的感染力。如果以人体来衡量，近景主要拍摄人物胸部以上的身体部分。

利用近景表现角楼，可以很好地突出其局部结构特点

中景

中景通常是指选取被摄主体的大部分，从而对其细节表现得更为清晰。同时，画面中也会有一些环境元素，用以渲染整体气氛。如果以人体来衡量，中景主要拍摄人物上半身至膝盖左右的身体部分。

中景画面中的角楼，其层层叠叠的建筑结构很有东方特色

全景

全景是指以拍摄主体作为画面的重点，而主体则全部显示于画面中，适用于表现主体的全貌，相比远景更易于表现主体与环境之间的密切关系。例如，在人物肖像摄影中，运用全景构图，既能展示出人物的行为动作、面部表情与穿着等，还可以从某种程度上来表现人物的内心活动。

全景很好地表现了角楼整体的结构特点

远景

远景通常是指画面中除了被摄主体，还包括更多的环境因素。远景在渲染气氛、抒发情感、表现意境等方面具有独特的效果，远景画面具有广阔的视野，在气势、规模、场景等方面的表现力更强。

广角镜头表现了角楼和周围的环境，使角楼看起来很有气势

15 种必须掌握的构图法则

黄金分割——核心构图法则

黄金分割构图来源于黄金分割比例。

将正方形底边分成二等份，取中点x，并以此为圆心、以线段xy为半径画圆，其与底边直线的交点为z点，这样将正方形延伸为一个比例为5∶8的矩形，即$A:C=B:A=5:8$，此比例就是著名的黄金分割比例。除了5∶8的比例，在实际使用时，也会采用2∶3或3∶5等近似的比例。

对于主流数码单反相机，无论是APS-C画幅还是全画幅，其画幅比例都比较接近5∶8，因此在拍摄时，能够非常容易地应用黄金分割法进行构图，从而达到快速获得完美构图的目的。

在上面推导出的完美矩形的基础上，绘制其左下角与右上角的对角线，再从右下角绘制y点的连线，并相交于对角线，这样就把矩形分成了三个不同的部分，按照这样的布局安排画面中的元素，比较容易获得完美的构图。

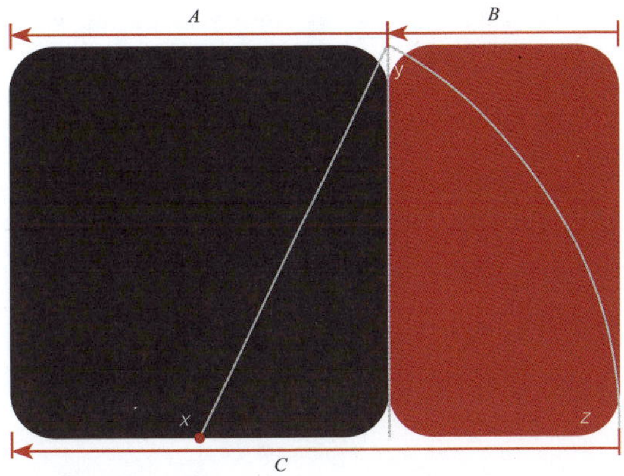

黄金分割法示意图

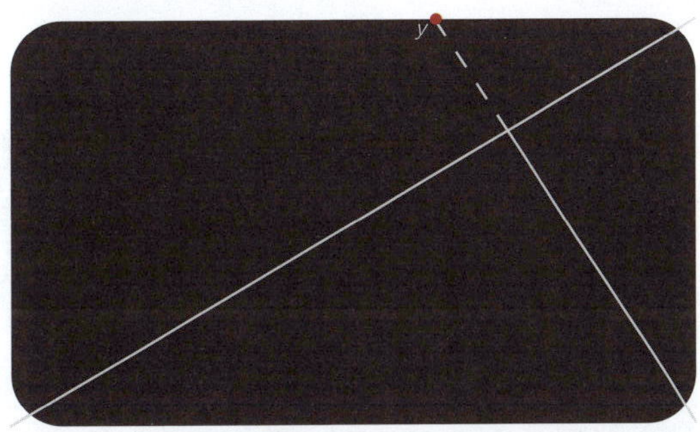

黄金分割的另一种形式

用黄金分割构图法，将人物头部放在黄金分割点上，起到了突出主体的作用（焦距：145mm ┆ 光圈：F5.6 ┆ 快门速度：1/400s ┆ 感光度：ISO100）

对摄影而言，真正用到黄金分割法的情况相对较少，因为在实际拍摄时很多画面元素并非摄影师可以控制的，再加上视角、景别等多种变数，很难实现完美的黄金分割构图。

庆幸的是，经过不断的实践运用，人们总结出了黄金分割法的一些特点，进而演变出了一些相近的构图方法，如九宫格法（又称为三分法）就是其中一个重要的构图方法，其基本目的就是避免对称式构图的呆板。

在此构图法中，画面中线条的4个交点称为黄金分割点，可以将主体置于黄金分割点上，也可以将其置于任意一条分割线的位置。

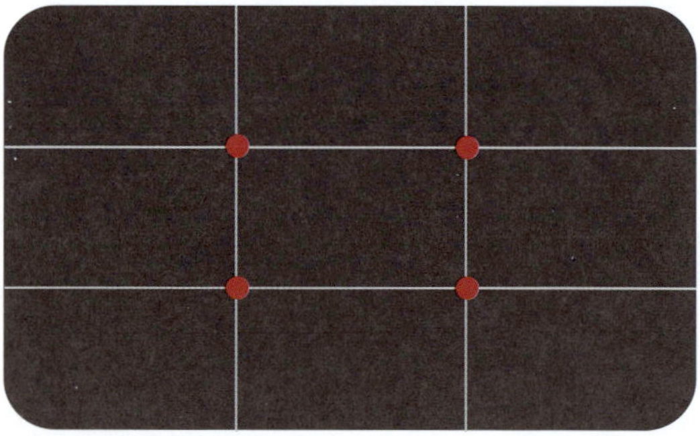

九宫格构图法示意图

用九宫格构图法，将荷花放在线的交点处，起到了突出主体的作用（焦距：185mm ┆ 光圈：F5.6 ┆ 快门速度：1/400s ┆ 感光度：ISO100）

三分线——自然、稳定的构图

三分法构图是比较稳定、自然的构图。具体是把主体放在三分线上，以引导人的视线更好地注意到主体。这种构图法一直以来被各种风格的拍摄者广泛使用。当然，如果所有的摄影都采用这种构图法也就没有趣味了。

将人物放在画面右侧的三分线上，使观赏者的视线第一时间被主体吸引（焦距：60mm ¦ 光圈：F5.6 ¦ 快门速度：1/125s ¦ 感光度：ISO100）

水平线——宽阔、稳定的构图

水平线构图是典型的安定式构图，是通过构图手法使主体景物在画面中呈现为一条或多条水平线的构图手法。采用这种构图的画面能够给人以淡雅、幽静、安宁、平静的感觉。

夕阳西下，一叶扁舟静静地“躺”在平静的水面上。通过将水平线放在画面中央，很好地表现出了这一刻的静谧（焦距：16mm ¦ 光圈：F10 ¦ 快门速度：8s ¦ 感光度：ISO100）

垂直线——高大、灵活的构图

垂直线构图即通过构图手法使主体景物在画面中呈现为一条或多条垂直线。和水平线构图一样，垂直线构图也是一种基本的构图方式，画面在垂直方向有延伸感，给人以高大、耸立及生长感，象征着庄严与希望。

如果画面中的对象不易顶天立地贯通画面，应在构图上使其上端或下端留有一定的空间，否则会有堵塞感。

○ 用垂直线构图表现树木的高大、挺拔，以及顽强的生命力

曲线——优美、柔和的构图

曲线构图即通过调整镜头的焦距和拍摄角度，使所拍摄的景物在画面中呈现为曲线的构图手法，能给人带来优美的感觉。其中，典型的是S形曲线构图，它能使画面富于变化，引导观赏者的视线随曲线蜿蜒转移，呈现出舒展的视觉效应。

○ 用曲线构图表现河流的蜿蜒曲折之美

斜线——活力无限的构图

斜线构图能够表现运动感，使画面在斜线方向上有视觉动势和运动趋向，从而使画面充满强烈的运动速度感。拍摄激烈的赛车或其他速度型比赛时，常用此类构图方式。如果用这种构图拍摄茅草，能够体现出轻风拂过的感觉，为画面增加清爽的气息。

○ 用斜线构图表现运动趋势及动感之美

对角线——强调方向的构图

对角线构图即在摄影取景范围内，经过拍摄者的选择和提炼，使主体景物呈现为明显的对角线线条。采用这种构图拍摄的照片，能够引导观赏者的视线随着线条的指向移动，从而使画面产生一定的运动感、延伸感。

○ 用对角线构图将观赏者的思绪延伸到画面之外

放射线——发散式构图

放射线构图一般需要对风景仔细观察才能找到符合要求的放射线，可以表现出舒展的开放性和力量感。例如，阳光透过云层向下照射的构图会给人一种梦幻而神圣的感觉。

用放射线构图展现树木不断汇聚至一点的形式美感

对称——相互呼应的构图

对称构图是一种比较传统的构图方式，在构图时使画面中的元素上下对称或左右对称。这种构图方式能给画面营造严肃、庄重的氛围，同时在对比过程中能更好地突出主体，但有时会略显呆板、不够生动。

用对称构图表现山脉的严肃与庄重感

框架——更好地突出主体

框架构图就是充分利用前景物体作为框架进行拍摄，框架可以是任何形状。这种构图方式能使画面景物的层次更为丰富，加强画面的空间感，并能更好地突出主体，以强调画面的视觉中心点。

在具体拍摄时，可以考虑用窗、门、树枝、阴影、手等为画面制作“框架”。

用框架构图将观赏者的视线吸引至画面主体上，并营造良好的空间层次感

透视牵引——增强空间感的构图

透视牵引构图能使观赏者的视线聚集在整个画面中的某个点或某条线上，形成一个视觉中心。和放射线构图不同的是，它没有规律可循。采用透视牵引构图的照片对观者的视线具有引导作用，而且增强了整个画面的空间感。这种构图方式常用于拍摄桥梁或笔直的道路，使画面具有很强的纵深感，同时增强了画面尽头的神秘感和未知感。

用透视牵引构图引导观赏者的视线，并突出画面的纵深感

散点——随意自然的构图

散点构图以分散的点状形象来构成画面，就像一些珍珠散落在银盘里，使整个画面中的景物既有聚又有散，既存在不同的形态，又统一于照片的背景中。

散点构图常见于以俯视角度表现地面上的牛、羊、马群，或者草地上星罗棋布的花朵。

用散点构图让画面看起来轻松、随意，疏密有致又不失美感

紧凑——突出主体的构图

紧凑构图是指主体在整个画面中占据绝大部分面积，可以被更好地突出出来，给人留下深刻的印象。此种构图方式多用于拍摄人像特写或微距题材。

用紧凑构图让画面中的昆虫纤毫毕现，具有强烈的冲击力

正三角形——稳重且有力度感

正三角形构图能营造稳定的安全感，使画面呈现出一种向上的延伸感。三角形构图易使画面产生呆滞感，所以拍摄者要充分发挥创造力，寻找兴趣点。

用正三角形构图表现山脉的庄重与稳定

倒三角形——不稳定的动态感

倒三角形构图相对较为新颖，相比正三角形构图，倒三角形构图给人的感觉是稳定感不足，但更能体现出一种不稳定的张力，以及一种视觉和心理上的压迫感。

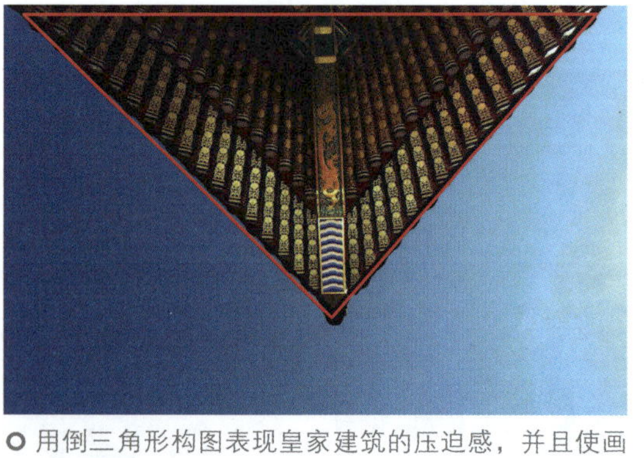

用倒三角形构图表现皇家建筑的压迫感，并且使画面产生较强的张力

光的属性

直射光

光源直接照射到被摄体上，使被摄体受光面明亮、背光面阴暗，这种光线就是直射光。

直射光照射下的对象会产生明显的亮面、暗面与投影，所以会表现出强烈的明暗对比。当用直射光照射被摄对象时，有利于表现被摄体的结构和质感，因此是建筑摄影、风光摄影的常用光线之一。

○ 在直射光下拍摄的风光，明暗反差对比强烈，线条硬朗，画面有力量

散射光

散射光是指没有明确照射方向的光，例如阴天、雾天时的天空光，或者添加柔光罩的灯光，水面、墙面、地面反射的光线也是典型的散射光。散射光的特点是照射均匀，被摄体明暗反差小，影调平淡柔和，能较为理想地呈现出细腻且丰富的质感和层次，但同时也会造成被摄对象体积感不足的负面影响。

○ 用散射光拍摄的照片色调柔和，明暗反差较小，画面整体效果素雅洁净

光的方向

光的方向在摄影中也被称为光位，指光源位置与拍摄方向形成的角度。当不同方向的光线投射到同一个物体上时，会形成六种在摄影时要重点考虑的光位，即顺光、侧光、前侧光、逆光、侧逆光和顶光。

顺光

顺光也称“正面光”，指光线的投射方向和拍摄方向相同的光线。在这样的光线下，被摄体受光均匀，景物没有大面积的阴影，色彩饱和，能表现丰富的色彩效果。但由于没有明显的明暗反差，因此对层次感和立体感的表现较差。

顺光拍摄的画面，虽然较好地表现了体积与颜色，但层感次表现一般

侧光

侧光是最常见的一种光线，侧光光线的投射方向与拍摄方向形成的夹角大于0°小于90°。在侧光下拍摄，被摄体的明暗反差、立体感、色彩还原、影调层次都有较好的表现。其中又以45°的侧光最为符合人们的视觉习惯，因此是一种最常用的光位。

用侧光拍摄山峦，可以使山峦看起来更为立体，画面的层次感也更强

前侧光

前侧光是指光投射的方向和相机的拍摄方向呈 45° 角左右的光线。在前侧光下拍摄的物体会产生部分阴影，明暗反差比较明显，画面看起来富有立体感。因此，这种光位在摄影中比较常见。另外，前侧光可以照亮景物的大部分，在曝光控制上也较容易掌握。

无论是在人像摄影、风光摄影中，还是在建筑摄影等摄影题材中，前侧光都有较广泛的应用。

○ 用前侧光拍摄人像，可使其大面积处于光线照射下，从画面中可看出，模特皮肤明亮，五官很有立体感

逆光

逆光也称为背光，光线照射方向与拍摄方向相反，因其能勾勒出被摄物体的轮廓，所以又被称为轮廓光。在逆光下拍摄需要对所拍摄的对象进行补光，否则拍出的照片立体感和空间感将被压缩，甚至成为剪影。

○ 在逆光拍摄的画面中，人物呈剪影效果，在拍摄这类画面时，背景要简洁

侧逆光

侧逆光通俗来讲就是后侧光，是指光线从被摄对象的后侧方投射而来。采用侧逆光拍摄可以使被摄景物同时产生侧光和逆光的效果。

如果画面中包含的景物比较多，靠近光源方向的景物轮廓就会比较明显，而背向光源方向的景物则会有较深的阴影，这样一来，画面就会呈现出明显的明暗反差，产生较强的立体感和空间感，应用在人像摄影中能产生主体与背景分离的效果。

当在侧逆光下拍摄人像时，人物被光线照射的头发呈现出发光的效果

顶光

顶光是指，照射光线来自被摄体的上方，与拍摄方向呈90° 夹角，是戏剧用光的一种，在摄影中单独使用的情况不多。尤其是在拍摄人像时，会在被摄对象的眉弓、鼻底及下颌等处形成明显的阴影，不利于表现被摄人物的美感。

在顶光下拍摄的花朵由于明暗差距较大，因此看起来光感强烈，配合大光圈的使用，画面主体突出且明亮、干净

光比的概念与运用

光比是指被摄物体受光面亮度与阴影面亮度的比值，是摄影的重要参数之一。光比还指被摄对象相邻部分的亮度之比，或者被摄体主要部位亮部与暗部之间的反差。光比大，反差就大；光比小，反差就小。

光比的大小决定着画面明暗的反差，使画面形成不同的影调和色调。拍摄时巧用光比，可以很好地表现被摄物体“刚”与“柔”的特性。例如，拍摄女性、儿童时常用小光比，拍摄男性、老人时常用大光比。所以，我们可以根据想要表现的画面效果来合理地控制画面的光比。

200mm F4 1/400s ISO100

用大光比塑造人像，通常可以强化人物性格的表现，营造画面氛围，画面中的女孩看起来很时尚

135mm F5.6 1/250s ISO100

光比较小，能够较好地表现出模特柔美的肤质和细腻的女性气质

第4章

镜头基本概念及单反镜头推荐

读懂佳能镜头参数

虽然有些摄影师手中有若干镜头，但不一定都了解镜头上数字和字母的含义。因此，当摄影界的“老法师”拿起镜头，口中念念有词“二代”“带防抖”“恒定光圈”时，摄影初学者往往是，羡慕之余，却不知其意。其实，只要能够熟记镜头上数字和字母代表的含义，就能很快了解一款镜头的性能指标。

EF ❶　24-105mm ❷　F4 ❸　L IS USM ❹

❶ 镜头种类

■ EF

适用于 EOS 相机所有卡口的镜头均采用此标记。如果是 EF，则不仅可用于胶片单反相机，还可用于全画幅、APS-H 尺寸及 APS-C 尺寸的数码单反相机。

■ EF-S

EOS 数码单反相机中使用 APS-C 尺寸图像感应器机型的专用镜头。S 为 Small Image Circle（小成像圈）的首字母缩写。

■ MP-E

最大放大倍率在 1 倍以上的“MP-E 65mm F2.8 1-5x 微距摄影”镜头所使用的名称。MP 是 Micro Photo（微距摄影）的缩写。

❷ 焦距

表示镜头焦距的数值。定焦镜头采用单一数值表示，变焦镜头分别标记焦距范围两端的数值。

❸ 最大光圈

表示镜头所拥有的最大光圈。光圈恒定的镜头采用单一数值表示，如 EF 70-200mm F2.8 L IS USM；浮动光圈的镜头标出光圈的浮动范围，如 EF-S 18-135mm F3.5-5.6 IS。

❹ 镜头特性

■ L

L 为 Luxury（奢侈）的缩写，表示此镜头属于高端镜头。此标记仅赋予佳能内部特别标准的、具有优良光学性能的高端镜头。

■ Ⅱ、Ⅲ

当镜头基本上采用相同的光学结构，仅在细节上有微小差异时，可添加该标记。Ⅱ、Ⅲ表示同一光学结构镜头的第 2 代和第 3 代。

■ USM

表示自动对焦机构的驱动装置采用了超声波马达（USM）。USM 将超声波振动转换为旋转动力从而驱动对焦。

■ 鱼眼（Fisheye）

表示对角线视角为 180°（全画幅时）的鱼眼镜头。之所以称其为鱼眼，是因为其画面接近于鱼从水中看陆地的视野。

■ IS

IS 是 Image Stabilizer（图像稳定器）的缩写，表示镜头内部搭载了光学式手抖动补偿机构。

读懂尼康镜头参数

简单来说，AF镜头即指可实现自动对焦的尼康镜头，也称为AF卡口镜头。AF系列镜头上的数字和字母都有特定含义，熟记这些数字和字母代表的含义，就能很快地了解一款镜头的性能。

AF-S 70-200mm F2.8 G IF ED VR II

❶ AF-S　❷ 70-200mm　❸ F2.8　❹ G IF ED VR II

❶ 镜头种类

■ AF

此标志表示适用于尼康相机的AF卡口自动对焦镜头。早期的镜头产品中还有Ai这样的手动对焦镜头标志，目前已经很少看到了。

❷ 焦距

表示镜头焦距的数值。定焦镜头采用单一数值表示，变焦镜头分别标记焦距范围两端的数值。

❸ 最大光圈

表示镜头最大光圈的数值。定焦镜头采用单一数值表示，变焦镜头中光圈不随焦距变化而变化的镜头采用单一数值表示，而光圈随焦距变化而变化的镜头，分别采用广角端和远摄端的最大光圈值表示。

❹ 镜头特性

■ D/G

带有D标志的镜头可以向机身传递距离信息，早期常用于配合闪光灯来实现更准确的闪光补偿，同时还支持尼康独家的3D彩色矩阵测光系统，在镜身上同时带有对焦环和光圈环。

G型镜头与D型镜头的最大区别就在于，G型镜头没有光圈环，同时，得益于镜头制造工艺的不断进步，G型镜头拥有更高素质的镜片，因此在成像性能方面更有优势。

■ IF

IF是Internal Focusing的缩写，指内对焦技术。此技术简化了镜头结构而使镜头的体积和重量都大幅度减小，甚至有的超远摄镜头也能手持拍摄，调焦也更快、更容易。另外，由于在对焦时前组镜片不会发生转动，因此在使用滤镜，尤其是有方向限制的偏振镜或渐变镜等时会非常便利。

■ ED

ED为Extra-low Dispersion的缩写，指超低色散镜片。加入了这种镜片后，可以使镜头既拥有锐利的色彩效果，又可以降低色差及避免出现色散现象。

■ DX

印有DX字样的镜头，说明了该镜头是专为尼康DX画幅数码单反相机而设计，这种镜头在设计时就已经考虑了感光元件的画幅问题，并在成像、色散等方面进行了优化处理，可谓量身打造的专属镜头类型。

■ VR

VR即Vibration Reduction，是尼康对于防抖技术的称谓，并已经在主流及高端镜头上得到了广泛的应用。在开启VR功能时，通常在低于安全快门速度3~4挡的情况下也能实现拍摄。

■ SWM（-S）

SWM即Silent Wave Motor的缩写，代表该镜头装载了超声波马达，其特点是对焦速度快，可全时手动对焦且对焦安静，这甚至比相机本身提供的驱动马达更加强劲、好用。

在尼康镜头中，很少直接看到该缩写，通常表示为AF-S，表示该镜头是带有超声波马达的镜头。

■ 鱼眼（Fisheye）

表示对角线视角为180°（全画幅时）的鱼眼镜头。之所以称之为鱼眼，是因为其特性接近于鱼从水中看陆地的视野。

■ Micro

表示这是一款微距镜头。通常将最大放大倍率在0.5~1倍（等倍）范围内的镜头称为微距镜头。

■ ASP

ASP 为 Aspherical lens elements 的缩写，指非球面镜片组件。使用这种镜片的镜头，即使在使用最大光圈时，仍然能够获得不错的成像质量。

■ Ⅱ、Ⅲ

镜头基本上采用相同的光学结构，仅在细节上有微小差异时添加该标记。Ⅱ、Ⅲ表示是同一光学结构镜头的第2代和第3代。

学会换算等效焦距

常用的单反相机一般分为两种画幅，一种是全画幅相机，另一种是 APS-C 画幅 /DX 画幅相机。

佳能 APS-C 画幅相机的 CMOS 感光元件的尺寸为 22.3mm × 14.9mm，尼康 DX 画幅相机的 CMOS 感光元件的尺寸为 23.5mm × 15.7mm，由于比全画幅的感光元件（36mm × 24mm）小，因此，其视角也会变小。但为了与全画幅相机的焦距数值统一，也为了便于描述，一般通过换算的方式得到一个等效焦距，佳能 APS-C 画幅相机的焦距换算系数为 1.6，尼康 DX 画幅相机的焦距换算系数为 1.5。

因此，如果将焦距为100mm的镜头装在全画幅相机上，其焦距仍为100mm；但如果将其装在佳能90D相机上时，焦距就变为了160mm，用公式表示为：APS-C**等效焦距 = 镜头实际焦距 × 转换系数**（1.6）。

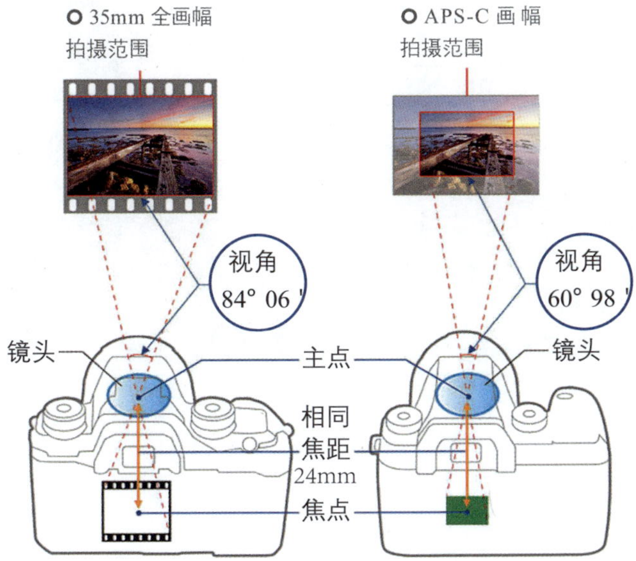

学习换算等效焦距的意义在于，摄影爱好者要了解同样一支镜头安装在全画幅相机与 APS-C 画幅相机所带来的不同效果。例如，如果摄影爱好者的相机是 APS-C 画幅，但是想购买一支全画幅定焦镜头来拍摄人像，就要考虑到焦距的选择。通常 85mm 左右焦距拍摄出来的人像最为真实、自然，在购买镜头时，不能直接选择 85mm 的定焦镜头，而是应该选择 50mm 的定焦镜头，因为其换算焦距后等于 80mm，拍摄出来的画面基本与 85mm 焦距的效果一致。

假设此照片是使用全画幅相机拍摄的，那么在相同的情况下，使用 APS-C 画幅相机就只能拍摄到图中红色框中所示的范围

了解焦距对视角、画面效果的影响

焦距对拍摄视角有非常大的影响，例如，使用广角镜头的 14mm 焦距拍摄，其视角能够达到 114° ；而如果使用长焦镜头的 200mm 焦距拍摄，其视角只有 12° 。不同焦距镜头对应的视角如下图所示。

由于不同焦距镜头的视角不同，因此，不同焦距镜头适用的拍摄题材也有所不同。比如，焦距短、视角宽的广角镜头常用于拍摄风光；而焦距长、视角窄的长焦镜头则常用于拍摄体育比赛、鸟类等位于远处的对象。要记住不同焦段的镜头的特点，可以牢记下面这句口诀：“短焦视角广，长焦压空间，望远景深浅，微距景更短。”

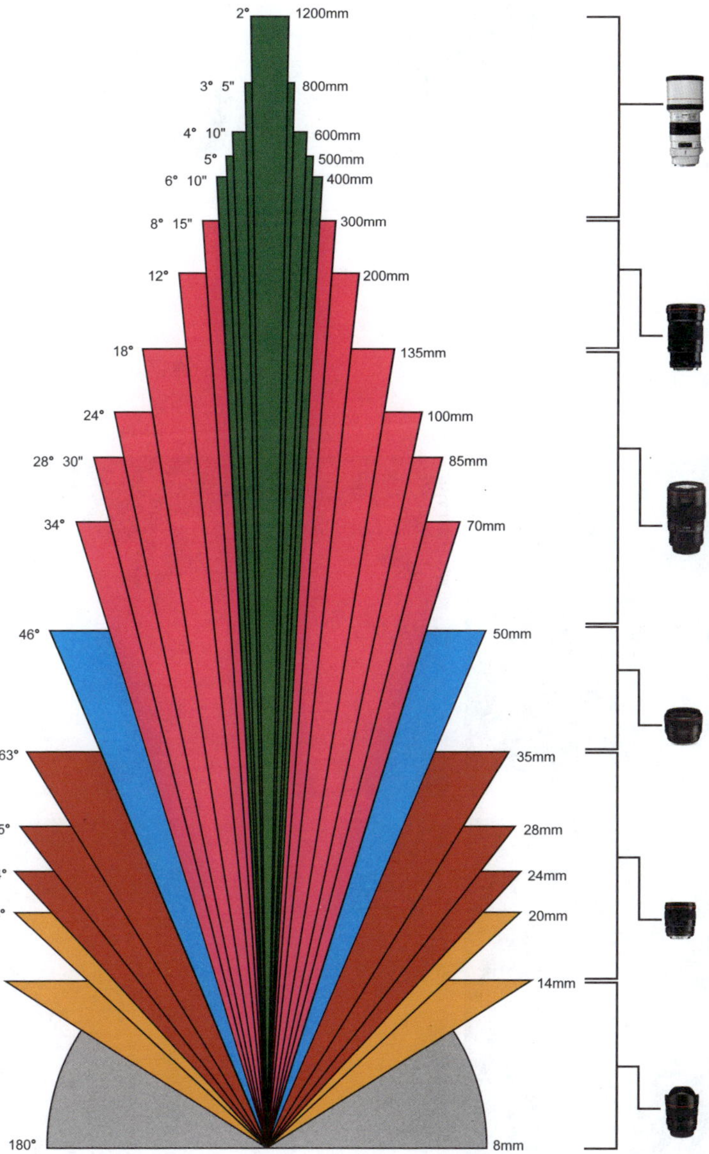

超长焦 /300mm

长焦 /200mm

中焦 /100mm

标准 /50mm

广角 /35mm

超广角 /14mm

明白定焦镜头与变焦镜头的优劣

在选购镜头时，除了要考虑原厂、副厂、拍摄用途外，还涉及定焦与变焦镜头的选择。

如果用一句话来说明定焦与变焦的区别，那就是：“定焦取景基本靠走，变焦取景基本靠扭。”由此可见，两者之间最大的区别就是一个焦距固定，另一个焦距不固定。

下面通过表格来了解一下两者之间的区别。

定焦镜头	变焦镜头
 佳能 EF 85mm F1.2L Ⅱ USM	 EF-S 15-85mm F3.5-5.6 IS USM
恒定大光圈	浮动光圈居多，少数为恒定大光圈
最大光圈可达到 F1.8、F1.4、F1.2	少数镜头最大光圈能达到 F2.8
焦距不可调节，改变景别靠走	可以调节焦距，改变景别不用走
成像质量优异	大部分镜头成像质量不如定焦镜头
除了少数超大光圈镜头，其他定焦镜头售价都低于恒定光圈的变焦镜头	生产成本较高，镜头售价较高

○ 佳能 EF 50mm F1.2 L USM 定焦镜头

○ 佳能 EF 70-200mm F2.8 L Ⅱ IS USM 变焦镜头

○ 在这组照片中，摄影师只需选好合适的拍摄位置，就可利用变焦镜头拍摄出不同景别的人像作品

大倍率变焦镜头的优势

变焦范围大

大倍率变焦镜头是指那些拥有较大的变焦范围的镜头，通常都具有 5 倍、10 倍甚至更高的变焦倍率。

价格亲民

这类镜头的价格普遍不高，即便是原厂镜头，价格也相对较低，普通摄影爱好者也能够承受。

在各种环境下都可发挥作用

大倍率变焦镜头的大变焦范围，让用户在各种情况下都可以轻易完成拍摄。比如，在参加活动时，常常是在拥挤的人群中拍摄，此时可能根本无法动弹，或者在需要抓拍、抢拍时，如果镜头的焦距不合适，便很难拍摄到好的照片。而对于焦距范围较大的大倍率变焦镜头，则几乎不存在这样的问题，在拍摄时可以通过随意变焦，以各种景别对主体进行拍摄。

又如，在拍摄人像时，可以使用广角或中焦焦距拍摄人物的全身或半身像，在摄影师保持不动的情况下，只需改变镜头的焦距，就可以轻松地拍摄人物的脸部甚至眼睛的特写。

大倍率变焦镜头可以让摄影师在同一位置拍摄到不同景别的照片

大倍率变焦镜头的劣势

成像质量不佳

由于变焦倍率高、价格低廉等原因，大倍率变焦镜头的成像质量通常都处于中等水平。但如果在使用时避免使用最长与最短焦距，在光圈设置上避免使用最大光圈或最小光圈，就可以有效地改善画质，因为在使用最大和最小光圈拍摄时，成像质量下降、暗角及畸变等问题都会变得更为明显。

机械性能不佳

大倍率变焦镜头很少会采取防潮、防尘设计，尤其是在变焦时，通常会向前伸出一截或两截镜筒，这些位置不可避免地会有空隙，长时间使用难免会进灰，因此，在平时应特别注意尽量不要在潮湿、灰尘较大的环境中使用。

另外，对于会伸出镜筒的镜头，在使用一段时间后，也容易出现阻尼不足的问题，即当相机朝下时，镜筒可能自动滑出。因此，在日常使用时，应尽量避免用力、急速地拧动变焦环，以延长阻尼的使用寿命。当镜头提供变焦锁定开关时，还应该在不使用的时候锁上此开关，避免出现自动滑出的情况。

镜头上的变焦锁定开关，朝镜头前端一推是锁定，朝镜头后端一推是解锁

外出旅游时，带一支大倍率变焦镜头即可满足拍摄需求

恒定光圈镜头与浮动光圈镜头

恒定光圈镜头

恒定光圈，是指在镜头的任何焦段下都拥有相同的光圈。定焦镜头的焦距是固定的，光圈也是恒定的，因此恒定光圈对于变焦镜头的意义更为重要。如佳能 EF 24-70mm F2.8L USM 就拥有恒定 F2.8 的大光圈，可以在 24 ~ 70mm 范围内的任意一个焦距下拥有 F2.8 的大光圈，以保证充足的进光量，或者更好的虚化效果。

○ 恒定光圈镜头：佳能 EF 24-70mm F2.8 L USM

浮动光圈镜头

浮动光圈，是指光圈会随着焦距的变化而改变，例如佳能 EF-S 10-22mm F3.5-4.5 USM，当焦距为 10mm 时，最大光圈为 F3.5；而当焦距为 22mm 时，其最大光圈就自动变为了 F4.5。很显然，恒定光圈的镜头使用起来更方便，因为可以在任何一个焦段下获得最大光圈，但其价格也往往较高。而浮动光圈镜头的性价比较高则是其较大的优势。

○ 浮动光圈镜头：佳能 EF-S 10-22mm F3.5-4.5 USM

购买镜头时合理搭配的原则

在选购镜头时普通摄影爱好者应该特别注意各镜头的焦段搭配，尽量避免重合，甚至可以留出一定的“中空”。比如佳能“大三元”系列的3支镜头，即EF 16-35mm F2.8 L Ⅱ USM、EF 24-70mm F2.8L Ⅱ USM、EF 70-200mm F2.8 L IS Ⅱ USM镜头，覆盖了从广角到长焦最常用的焦段，且各镜头之间焦距的衔接极为紧密，能够满足专业摄影师的绝大部分拍摄需求。

广角焦段	中焦焦段	长焦焦段
 ○ EF 16-35mm F2.8 L Ⅱ USM	 ○ EF 24-70mm F2.8L Ⅱ USM	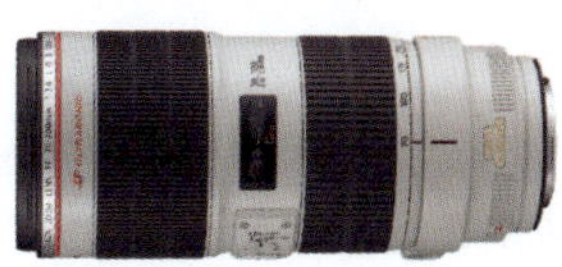 ○ EF 70-200mm F2.8 L IS Ⅱ USM

选择一支合适的广角镜头

佳能 EF 16-35mm F4 L IS USM

这款镜头是佳能“小三元”中的最新一款产品，跟“大三元”中的 EF 16-35mm F2.8 L Ⅱ USM 相比，只是小了一挡光圈而已，但价格更加合适。

这款镜头使用了两片超低色散镜片，能有效减少光线的色散，提高镜头的反差和分辨率；还使用了 3 片非球形镜片，大大降低了使用广角端拍摄时出现成像畸变的可能性。

它的成像质量非常优异，在大光圈下，画面边缘也能锐利成像，其对广角畸变的控制较强，镜头搭载了 IS 防抖功能，最大可获得约 4 级快门速度补偿，即使是在夜晚或室内等昏暗的场景下拍摄，也能轻易地获得清晰的照片。即使装在佳能 APS-C 画幅相机上，等效焦距也有 26~56mm，既能拍摄自然风光，又能满足其他日常拍摄的要求。

镜片结构	12 组 16 片
光圈叶片数	9
最大光圈	F4
最小光圈	F22
最近对焦距离（cm）	28
最大放大倍率	0.23
滤镜尺寸（mm）	77
规格（mm）	82.6 × 112.8
质量（g）	615
等效焦距（mm）	26~56

尼康AF-S 尼克尔14-24mm F2.8 G ED

尼康AF-S 尼克尔14-24mm F2.8 G ED具有优良的成像解析力，从官方资料上看，该镜头采用了两片超低色散镜片、3片非球面镜片，搭载在全画幅机身上，能够实现真正的超广角拍摄。作为定位于专业人士的高端镜头，这款镜头豪华的用料、扎实的做工以及出色的性能让很多玩家爱不释手。

虽然价格昂贵，但是该镜头的性能确实是不可否认的，安装在尼康自家的Nikon D850全画幅数码相机上，可以实现14mm的超广角拍摄，绝对是风光摄影的理想选择。此镜头最靠前的镜片呈现夸张的球形，采用了尼康独有的NC纳米结晶镀膜技术，因而能够有效降低内反射、像差等。

该镜头在各焦段的成像质量都相当不俗，无愧于镜皇的称号，虽然14mm超广角端的成像质量较为一般，但收缩光圈至F8左右或放大焦距至16mm时，其成像质量就变得很高了。

镜片结构	11 组 14 片
光圈叶片数	9
最大光圈	F2.8
最小光圈	F22
最近对焦距离（cm）	28
最大放大倍率	1 ： 6.7
滤镜尺寸（mm）	77
规格（mm）	98 × 131.5
重量（g）	1000

选择一支合适的中焦镜头

佳能 EF 85mm F1.8 USM

这是一款人像摄影专用镜头。佳能共发布了两款人像摄影专用镜头，另一款是 EF 85mm F1.2 L Ⅱ USM，但它的价格高达上万元，并不适合普通摄友使用。而 EF 85mm F1.8 USM 的价格只有两千多元，是非常超值的人像摄影镜头。

这款镜头的最大光圈达到了 F1.8，在室外拍摄人像时可以获得非常优异的焦外成像，这种散焦效果呈圆形，要比 EF 50mm F1.4 的六边形散焦更加漂亮。不过在使用 F1.8 最大光圈时会有轻微的紫边现象，把光圈缩小到 F2.8 之后，画质会十分优秀。

镜片结构	7 组 9 片
光圈叶片数	8
最大光圈	F1.8
最小光圈	F22
最近对焦距离（cm）	85
最大放大倍率	0.13
滤镜尺寸（mm）	58
规格（mm）	75×71.5
质量（g）	425
等效焦距（mm）	136

尼康AF-S 尼克尔 85mm F1.8 G

作为老一代D型镜头的升级产品，85mm F1.8 G在镜片结构方面采用了全新的9片9组设计，而且新加入了宁静超声波马达，因此在拍摄时不仅对焦快速、准确，而且声音极小。

由于此款镜头采用塑料镜身设计，使其净重量仅为350g，因此便携性得到了极大的提升。但这款镜头的卡口是金属的，因此关键部位的坚固程度还是能够令人放心的。

此款镜头的最大光圈为F1.8，即使使用大光圈进行拍摄，照片仍然能够拥有惊人的锐度。如果将光圈缩小到F5.6时，可以达到这款镜头分辨率的峰值，搭载在Nikon D850这款拥有超过3600万有效像素的机身上，能够充分发挥此镜头分辨率较高的特点。

整体来看，这款镜头的焦外柔滑过渡能力不错，适当收缩光圈到F2.8以后，画面中心的锐度上升明显，且其焦外的散焦表现令人满意，焦内、焦外能够达到很好的平衡。

因此，作为一款售价3200余元的中长焦定焦镜头，尼克尔AF-S 85mm F1.8 G镜头具有较高的性价比，如果希望拥有一款高素质人像镜头，可考虑这款镜头。

镜片结构	9 组 9 片
光圈叶片数	7
最大光圈	F1.8
最小光圈	F16
最近对焦距离（cm）	80
最大放大倍率	0.124
滤镜尺寸（mm）	67
规格（mm）	80×73
重量（g）	350

选择一支合适的长焦镜头

佳能 EF 70-200mm F2.8 L IS Ⅱ USM

这款“小白 IS”“爱死小白”的第二代产品，被人们亲昵地冠以“小白兔”的绰号。作为佳能 EOS 顶级 L 镜头的代表，它采用了 5 片超低色散镜片和 1 片萤石镜片的组合，对色像差进行了良好的补偿。在镜头对焦镜片组（第 2 组镜片）配置的超低色散镜片，可以对对焦时容易出现的倍率色像差进行补偿。采用优化的镜片结构及超级光谱镀膜，可以有效地抑制眩光与鬼影。全新的 IS 影像稳定器可带来相当于 4 级快门速度的手抖动补偿效果。

总的来说，这款镜头几乎囊括了佳能所有的高新技术，性能是绝对有保障的。

镜片结构	19 组 23 片
光圈叶片数	8
最大光圈	F2.8
最小光圈	F32
最近对焦距离（cm）	120
最大放大倍率	0.21
滤镜尺寸（mm）	77
规格（mm）	89×199
质量（g）	1490
等效焦距（mm）	112~320

尼康AF-S尼克尔70-200mm F2.8G ED VR Ⅱ

这款镜头在设计上采用了尼康顶级技术：内对焦和内变焦设计，全程不变的镜身长度让用户在使用过程中有着极佳的感受，与其优异性能相对应的是，这款镜头的售价也超过了1.3万元。

在成像方面，“小竹炮”二代更是不负众望，全焦段各光圈下的解像力和锐度都有全面的提高，而且拥有更加真实自然的色彩、柔和的焦外虚化、锐利的焦点成像、超低色散，中心和边缘的像差也有所减小。该镜头作为该焦段的顶级产品，加入了尼康目前所有的新技术，其中包括使用了多达7片超低色散镜片、纳米结晶涂层、为相机震动提供相当于提高4挡快门速度补偿的尼康减震系统（VR Ⅱ），以及超声波马达（SWM）。因此，可以说“小竹炮”二代在性能上较前代有了较大提升。

如果觉得价格太高，也可以选择AF-S 尼克尔 VR 70-300mm F4.5-5.6 G IF-ED，或AF-S 尼克尔 70-200mm F2.8 G ED VR，即一代产品。

镜片结构	16 组 21 片
光圈叶片数	9
最大光圈	F2.8
最小光圈	F22
最近对焦距离（cm）	140
最大放大倍率	1 ：8.3
滤镜尺寸（mm）	77
规格（mm）	87×205.5
重量（g）	1530

选择一支合适的微距镜头

佳能 EF 100mm F2.8 L IS USM

在微距摄影中，100mm 左右焦距的 F2.8 专业微距镜头，被人们称为“百微”，也是各镜头厂商的必争之地。

从尼康的 105mm F2.8 镜头加入 VR 防抖功能开始，各“百微”镜头也纷纷升级各自的防抖功能。佳能这款镜头就是典型的代表之一，其双重 IS 影像稳定器能够在通常的拍摄距离下实现相当于 4 级快门速度的手抖动补偿效果；当放大倍率为 0.5 时，能够获得相当于 3 级快门速度的手动补偿效果；当放大倍率为 1 时，能够获得相当于 2 级快门速度的手抖动补偿效果，为手持微距拍摄提供了更大的保障。

这款镜头包含 1 片对色像差有良好补偿效果的超低色散镜片，优化的镜片位置和镀膜可以有效抑制鬼影和眩光的产生。为了能够保证得到漂亮的虚化效果，镜头采用了圆形光圈，这便为塑造唯美的画面效果创造了良好的条件。

镜片结构	12 组 15 片
光圈叶片数	9
最大光圈	F2.8
最小光圈	F32
最近对焦距离（cm）	30
最大放大倍率	1
滤镜尺寸（mm）	67
规格（mm）	77.7×123
质量（g）	625
等效焦距（mm）	160

尼康AF-S VR 尼克尔105mm F2.8 G IF-ED

作为1993年12月推出的Ai AF 105mm F2.8 Micro（后来尼康曾推出这款镜头的D版，可为机身的高级测光功能提供焦点、距离数据，主要用于改善闪光摄影效果）的换代产品，这款新镜头从外形到内部结构都进行了改进，其手感更加扎实，并且由于搭载了VR防抖系统，其重量也由旧款的555g大幅提升到750g。这款镜头具有恒定镜筒长度，同时还新增了“N”字符号，表示应用了“Nano Crystal Coating”新技术。

作为表现细节的微距镜头，其画质是人们更为关注的要素，其实不用担心，这款镜头具有非常优秀的画面表现能力，甚至超过了“大三元”系列镜头，只是在使用最大光圈拍摄时，边缘位置会略有一点暗角，但收缩一挡光圈后，暗角现象会基本消失。

镜片结构	12 组 14 片
光圈叶片数	9
最大光圈	F2.8
最小光圈	F32
最近对焦距离（cm）	31
最大放大倍率	1 ：1
滤镜尺寸（mm）	62
规格（mm）	83×116
重量（g）	750

第5章

滤镜及脚架等附件的使用技巧

滤镜的“方圆”之争

摄影初学者在网上商城选购滤镜时，看到滤镜有方形和圆形两种，便不知道该如何选择。通过本节内容，在了解方形滤镜与圆形滤镜的区别后，摄影爱好者便可以根据自身需求做出选择。

○ 圆形与方形的中灰渐变镜

滤镜	圆形		方形
UV 镜 保护镜 偏振镜	这3种滤镜都是圆形的，不存在方形与圆形的选择问题		—
中灰镜	优点	可以直接安装在镜头上，方便携带及安装遮光罩	不用担心镜头口径问题，在任何镜头上都可以用
	缺点	需要匹配镜头口径，并不能通用于任何镜头	需要安装在滤镜支架上使用，因此不能在镜头上安装遮光罩了；携带不太方便
渐变镜	优点	可以直接安装在镜头上，使用起来比较方便	可以根据构图的需要调整渐变的位置
	缺点	渐变位置是不可调节的，只能拍摄天空约占画面50%的照片	需要买一个支架装在镜头前面才可以把滤镜装上

选择滤镜要对口

有些摄影爱好者拍摄风光的机会比较少，在器材投资方面，并没有选购一套滤镜的打算，因此，如果偶然有几天要外出旅游拍一些风光照片，会借用朋友的滤镜，或者在网上租一套滤镜。此时，需要格外注意镜头口径的问题。因为有的滤镜并不能通用于所有镜头，不同的镜头拥有不同的口径，滤镜也相应地分为各种尺寸，一定要注意了解自己所使用的镜头口径，避免滤镜拿回去以后过大或过小，无法安装到镜头上。

例如，EF-S 18-55mm F3.5-5.6 IS STM 镜头的口径是 58mm，EF-S 18-135mm F3.5-5.6 IS STM 镜头的口径为 67mm，而专业级的镜头，如佳能的“小白兔” EF 70-200mm F2.8L IS Ⅱ USM 镜头的口径则为 77mm。

在选择方形渐变镜时，也需要注意镜头口径的大小。如果当前镜头安装滤镜的尺寸是 82mm，那么可选择方形的镜片，以方便调节。

UV 镜

UV 镜也叫“紫外线滤镜”，是滤镜的一种，主要是针对胶片相机设计的，用于防止紫外线对曝光的影响，提高成像质量和影像的清晰度。现在的数码相机已经不存在这种问题了，但由于其价格低廉，已成为摄影师用来保护数码相机镜头的工具。因此，强烈建议摄友在购买镜头的同时，也购买一款 UV 镜，以更好地保护镜头不受灰尘、手印及油渍的侵扰。

除了购买原厂的 UV 镜，肯高、HOYO、大自然及 B+W 等厂商生产的 UV 镜也不错，性价比很高。

B+W 77mm XS-PRO MRC UV 镜

保护镜

如前所述，在数码摄影时代，UV 镜的作用主要是保护镜头。开发这种 UV 镜可以兼顾数码相机与胶片相机，但考虑到胶片相机逐步退出了主流民用摄影市场，各大滤镜厂商在开发 UV 镜时已经不再考虑胶片相机。因此，这种 UV 镜演变成了专门用于保护镜头的一种滤镜——保护镜。这种滤镜的功能只有一个，就是保护昂贵的镜头。

与 UV 镜一样，口径越大，保护镜价格越贵，通光性越好，保护镜价格也越高。

肯高保护镜

保护镜不会影响画面的画质，透过它拍摄出来的风景照片层次很细腻，颜色很鲜艳

偏振镜

如果希望拍摄到具有浓郁色彩的画面、清澈见底的水面，或者想透过玻璃拍好物品等，一个好的偏振镜是必不可少的。

肯高 67mm C-PL（W）偏振镜

偏振镜也叫偏光镜或 PL 镜，可分为线偏和圆偏两种，主要用于消除或减少物体表面的反光。数码相机应选择有“CPL”标志的圆偏振镜，因为在数码单反相机上使用线偏振镜容易影响测光和对焦。

在使用偏振镜时，可以旋转其调节环以选择不同的强度，在取景器中可以看到一些色彩上的变化。同时需要注意的是，偏振镜会阻碍光线进入，大约相当于减少两挡光圈的进光量，故在使用偏振镜时，需要降低约两挡快门速度，这样才能拍出与未使用偏振镜时相同曝光量的照片。

用偏振镜提高色彩饱和度

如果拍摄环境的光线比较杂乱，会对景物的颜色还原产生很大的影响。环境光和天空光在物体上形成的反光，会使景物的颜色看起来不够鲜艳。使用偏振镜进行拍摄，可以消除杂光中的偏振光，减少杂散光对物体颜色还原的影响，从而提高物体色彩的偏振镜饱和度，使景物的颜色显得更加鲜艳。

在镜头前加装偏振镜进行拍摄，可以改变画面的灰暗色彩，增强色彩的饱和度

用偏振镜压暗蓝天

晴朗天空中的散射光是偏振光，利用偏振镜可以减少偏振光，使蓝天变得更蓝、更暗。加装偏振镜后拍摄的蓝天比只使用蓝色渐变镜拍摄的蓝天要更加真实，因为使用偏振镜拍摄，既能压暗天空，又不会影响其余景物的色彩还原。

用偏振镜抑制非金属表面的反光

使用偏振镜拍摄的另一个好处是，可以抑制被摄体表面的反光。在拍摄水面、玻璃表面时，经常会遇到反光的情况，使用偏振镜则可以削弱水面、玻璃及其他非金属物体表面的反光。

随着转动偏振镜，水面上的倒映物慢慢消失不见

中灰镜

认识中灰镜

中灰镜又被称为 ND（Neutral Density）镜，是一种不带任何色彩成分的灰色滤镜。当将其安装在镜头前面时，可以减少镜头的进光量，从而降低快门速度。

中灰镜分为不同的级数，如 ND6（也称为 ND0.6）、ND8（0.9）、ND16（1.2）、ND32（1.5）、ND64（1.8）、ND128（2.1）、ND256（2.4）、ND512（2.7）、ND1000（3.0）。

不同级数对应不同的阻光挡位。例如，ND6（0.6）可降低 2 挡曝光，ND8（0.9）可降低 3 挡曝光。其他级数对应的曝光降低挡位分别为 ND16（1.2）4 挡、ND32（1.5）5 挡、ND64（1.8）6 挡、ND128（2.1）7 挡、ND256（2.4）8 挡、ND512（2.7）9 挡、ND1000（3.0）10 挡。

常见的中灰镜是ND8（0.9）、ND64（1.8）、ND1000（3.0），分别对应降低3挡、6挡、10挡曝光。

安装了多片中灰镜的相机

通过使用中灰镜降低快门速度，拍摄出水流连成丝线状的效果

下面用一个小实例来说明中灰镜的具体作用。

我们都知道，使用较低的快门速度可以拍出如丝般的溪流、飞逝的流云效果，但在实际拍摄时，经常遇到的一个难题就是，由于天气晴朗、光线充足等原因，导致即使用了最小的光圈、最低的感光度，也仍然无法达到较低的快门速度，更不用说使用更低的快门速度拍出水流如丝般的梦幻效果。

此时就可以使用中灰镜来减少进光量。例如，在晴朗的天气条件下使用 F16 的光圈拍摄瀑布时，得到的快门速度为 1/16s，但使用这样的快门速度拍摄无法使水流产生很好的虚化效果。此时，可以安装 ND4 型号的中灰镜，或者安装两块 ND2 型号的中灰镜，使镜头的进光量减少，从而降低快门速度至 1/4s，即可得到预期的效果。在购买 ND 镜时要关注三个要点，第一是形状，第二是尺寸，第三是材质。

中灰镜的形状

中灰镜有方形与圆形两种。

圆镜属于便携类型，而方镜则更专业。因为方镜在偏色、锐度及成像的处理上远比圆镜要好。圆镜在叠加的时候容易出现暗角，使用方镜可以避免在同时使用多块滤镜的时候出现暗角。

此外，一套方镜可以通用于口径在82mm以下的所有镜头，而不同口径的镜头需要不同的圆镜。虽然使用方镜时还需要购买支架，单块的方镜价格也比较高，但如果需要的镜头比较多时，还是方镜更为经济实惠。

圆形中灰镜

方形中灰镜

中灰镜的尺寸

方形中灰镜的尺寸通常为100mm×100mm，但如果镜头的口径大于82mm，例如，佳能11-24mm、尼康14-24mm这类“灯泡镜头”，对应的中灰镜的尺寸也要大一些，应该使用150mm×150mm甚至更大尺寸的中灰镜。另外，不同尺寸的中灰镜对应的支架型号也不一样，在购买时也要特别注意。

	70mm方镜系统	100mm方镜系统	150mm方镜系统
方镜系统			
使用镜头	镜头口径≤58mm	镜头口径≤82mm	镜头口径≤82mm/超广角
支架型号	HS-M1方镜支架系统	HS-V3方镜支架系统 HS-V2方镜支架系统	佳能14mm/F2.8L定焦专用 佳能TS-E17mm移轴专用 尼康14-24mm超广角使用 腾龙15-30mm超广角专用 蔡司T*15mm超广角专用

中灰镜的材质

现在能够买到的中灰镜有玻璃与树脂两种材质。

玻璃材质的中灰镜在使用寿命上远远高于树脂材质的中灰镜。树脂其实就是一种塑料，通过化学浸泡置换出不同减光效果的挡位，这种材质长时间在户外风吹日晒的环境下，很快就会偏色，如果照片出现严重的偏色，后期很难校正回来。

玻璃材质的中灰镜使用的是镀膜技术，质量过关的玻璃材质的中灰镜使用几年也不会变色，当然价格也比树脂型中灰镜高。

产品名称	双面光学纳镀膜	树脂渐变方片	玻璃夹膜胶合	ND玻璃胶合	单面光学镀膜GND
渐变工艺	双面精密抛光 双面光学镀膜	染色	两片透明玻璃胶合染色树脂方片双面抛光	胶合后抛光	抛光后单面镀膜
材质	H-K9L光学玻璃	CR39树脂	玻璃+CR39树脂	中灰玻璃+ 透明玻璃	单片式透明 玻璃B270
偏色	可忽略	需实测	需实测	可忽略	可忽略
清晰	是	否	—	—	—
双面减反膜	有	无	无	无	无
双面防水膜	有	无	无	无	无
防静电吸尘	强	弱	中等	中等	中等
抗刮伤	强	弱	中等	中等	中等
抗有机溶剂	强	弱	强	强	强
老化和褪色	无	有	可能有	无	无
耐高温	强	弱	中等	中等	强
LOGO掉漆	NO/激光蚀刻	YES/丝印	YES/丝印	YES/丝印	YES/丝印
抗摔性	一般	强	一般	一般	一般

中灰镜的基本使用步骤

在添加中灰镜后，根据减光级数不同，画面亮度会出现一定的变化。此时再进行对焦及曝光参数的调整则会出现诸多问题，因此，只有按照一定的步骤进行操作，才能让拍摄顺利进行。

中灰镜的基本使用步骤如下。

1.使用自动对焦模式进行对焦，在准确合焦后，将对焦模式设为手动对焦。

2.建议使用光圈优先曝光模式，将ISO设置为100，通过调整光圈来控制景深，并拍摄亮度正常的画面。

3.将此时的曝光参数（光圈、快门和感光度）记录下来。

4.将曝光模式设置为M挡，并输入已经记录的在不加中灰镜时可以得到正常画面亮度的曝光参数。

5.安装中灰镜。

6.计算安装中灰镜后的快门速度并进行设置。快门速度设置完毕后，即可按下快门进行拍摄。

计算安装中灰镜后的快门速度

在安装中灰镜时，需要对安装它之后的快门速度进行计算，下面介绍计算方法。

1.自行计算安装中灰镜后的快门速度。

不同型号的中灰镜可以降低不同挡数的光线。如果降低N挡光线，那么曝光量就会减少为$1/2^N$。所以，为了让照片在安装中灰镜之后与安装中灰镜之前能获得相同的曝光，安装中灰镜之后，其快门速度应延长为未安装时的2^N。

例如，在安装减光镜之前，使画面亮度正常的曝光时间为1/125s，那么在安装ND64（减光6挡）之后，其他曝光参数不动，将快门速度延长为$1/125 \times 2^6 \approx 1/2$s即可。

2.通过后期App计算安装中灰镜后的快门速度。

无论是在苹果手机的App Store中，还是在安卓手机的各大应用市场中，均能搜到多款计算安装中灰镜后所用快门速度的App，此处以Long Exposure Calculator为例介绍计算方法。

① 打开Long Exposure Calculator App。

② 在第一栏中选择所用的中灰镜。

③ 在第二栏中选择未安装中灰镜时，让画面亮度正常所用的快门速度。

④ 在最后一栏中则会显示不改变光圈和快门速度的情况下，加装中灰镜后能让画面亮度正常的快门速度。

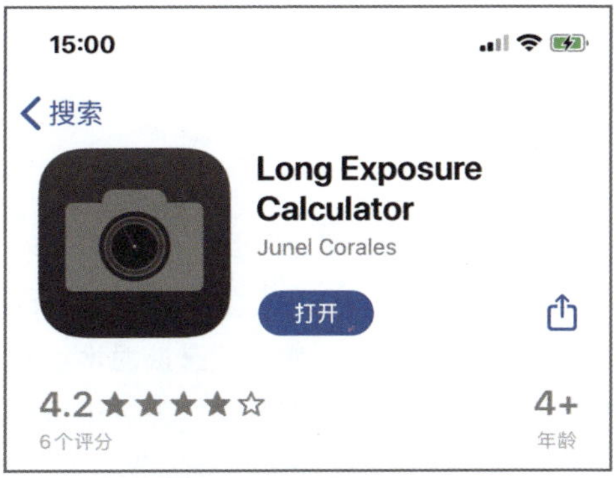

Long Exposure Calculator App

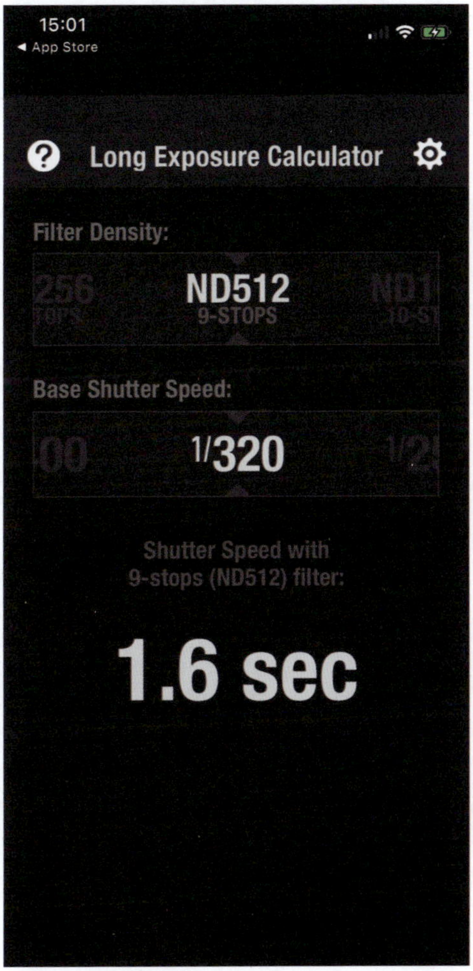

快门速度计算界面

中灰渐变镜

认识渐变镜

在慢门摄影中，当在日出、日落等明暗反差较大的环境下，拍摄慢速水流效果的画面时，如果不安装中灰渐变镜，直接对地面景物进行长时间曝光，按地面景物的亮度进行测光并进行曝光，天空就会失去所有细节。

要解决这个问题，最好的选择就是用中灰渐变镜来平衡天空与地面的亮度。

渐变镜又被称为GND（Gradient Neutral Density）镜，是一种一半透光、一半阻光的滤镜，在色彩上也有很多选择，如蓝色和茶色等。在所有的渐变镜中，最常用的是中性灰色的渐变镜。

拍摄时，将中灰渐变镜上较暗的一侧安排在画面中天空的部分。深色端有较强的阻光效果，因此可以减少进入相机的光线，从而保证在相同的曝光时间内，画面上较亮的区域进光量少，与较暗的区域在总体曝光量上趋于相同，使天空层次更丰富，而地面的景观也不至于黑成一团。

1.3s 的长时间曝光使海岸礁石拥有丰富的细节，中灰渐变镜则保证天空不会过曝，并且得到了海面雾化的效果

中灰渐变镜的形状

中灰渐变镜有圆形与方形两种。圆形中灰渐变镜是直接安装在镜头上的，使用起来比较方便，但由于渐变是不可调节的，因此只能拍摄天空约占画面50%的照片。与使用方形中灰镜一样，使用方形中灰渐变镜时，也需要在镜头前面装一个支架，以便把滤镜装上。其优点是，可以根据构图的需要调整渐变位置，而且可以根据需要叠加使用多个中灰渐变镜。

不同形状的中灰渐变镜

安装多片中灰渐变镜的效果

中灰渐变镜的挡位

中灰渐变镜分为GND0.3、GND0.6、GND0.9、GND1.2等不同的挡位，分别代表深色端和透明端的挡位相差1挡、2挡、3挡及4挡。

方形中灰渐变镜的安装方式

在托架上安装方形中灰渐变镜后的相机

硬渐变与软渐变

根据中灰渐变镜的渐变类型，可以分为软渐变（GND）与硬渐变（H-GND）两种。

软渐变镜40%为全透明，中间35%为渐变过渡，顶部的25%区域颜色最深，当拍摄的场景中天空与地面过渡部分不规则，比如有山脉或建筑、树木时使用。

硬渐变的镜片，一半透明，一半为中灰色，两者之间有少许过渡区域，常用于拍摄海平面、地平面与天空分界线等非常明显的场景。

软中灰渐变镜

如何选择中灰渐变镜挡位

在使用中灰渐变镜拍摄时，先分别对画面亮处（即需要使用中灰渐变镜深色端覆盖的区域）和要保留细节处测光（即渐变镜透明端覆盖的区域），计算出这两个区域曝光相差的等级，如果两者相差 1 挡，就选择 0.3 的镜片；如果两者相差 2 挡，就选择 0.6 的镜片，依次类推。

硬中灰渐变镜

反向渐变镜

虽然标准的中灰渐变镜非常好用，但并不代表适用于所有的情况。

例如，在拍摄太阳角度较低的日出、日落时，画面中前景会很暗，但靠近太阳的地平线处却非常亮。标准渐变镜只能压暗天空或前景的亮度，不适用这样的场景。而反向渐变镜与标准的中灰渐变镜不同，反向渐变镜是一种特殊的硬边灰渐变镜，其颜色最深的部分在镜片的中央，越向上颜色越淡。

所以，在镜头前安装反向渐变镜进行拍摄，可得到从中间位置开始向画面上方亮度逐步减弱的效果。完成拍摄后，太阳所处位置减光幅度最大，因此有较好的细节，同时画面的上方也能够表现出理想的细节。

○ 太阳是整个环境中最亮的部分，为了不损失过多的细节，在镜头前安装了反向渐变镜，压暗位于画面中间位置的太阳部分，得到整体细节都较丰富的画面

○ 反向渐变镜

如何搭配选购中灰渐变镜

如果购买一片，建议选 GND0.6 或 GND0.9。

如果购买两片，建议选 GND0.6 与 GND0.9 两片组合，可以通过组合使用覆盖 2~5 挡曝光。

如果购买三片，可选择软 GND0.6+ 软 GND0.9+ 硬 GND0.9。

如果购买四片，建议选择 GND0.6+ 软 GND0.9+ 硬 GND0.9+GND0.9 反向渐变，硬边渐变镜用于海边拍摄，反向渐变镜用于日出日落拍摄。

用三脚架与独脚架保持拍摄的稳定性

脚架类型及各自的特点

在拍摄微距、长时间曝光题材或使用长焦镜头拍摄动物时，脚架是必备的摄影配件之一，使用它可以让相机更稳定，即使在长时间曝光的情况下，也能够拍摄到清晰的照片。

对比项目		说　明
 铝合金	 碳素纤维	铝合金脚架的较便宜，但较重，不便携带 碳素纤维脚架的档次要比铝合金脚架高，便携性、抗震性、稳定性都很好，但是价格很高
 三脚	 独脚	三脚架稳定性好，在配合快门线、遥控器的情况下，可实现完全脱机拍摄 独脚架的稳定性要弱于三脚架，在使用时需要摄影师来控制独脚架的稳定性。但由于其体积和重量只有三脚架的 1/3，因此携带十分方便
 三节	 四节	三节脚管的三脚架稳定性高，但略显笨重，携带稍微不便 四节脚管的三脚架能收纳得更短，携带更为方便。但是在脚管全部打开时，由于尾端的脚管比较细，稳定性不如三节脚管的三脚架好
 三维云台	 球形云台	三维云台的承重能力强、构图十分精准，缺点是占用的空间较大，在携带时稍显不便 球形云台体积较小，只要旋转按钮，就可以让相机迅速转到所需要的角度，操作起来十分便利

分散脚架的承重

在海滩、沙漠、雪地拍摄时，由于沙子或雪比较柔软，三脚架的支架会不断地陷入其中，即使是质量很好的三脚架，也很难保持拍摄的稳定性。

尽管陷进足够深的地方也能有一定的稳定性，但是沙子、雪会覆盖整个支架，容易造成脚架的关节处损坏。

在这种情况下，就需要一些物体来分散三脚架的重量，一些厂家生产了“雪靴”，安装在三脚架上可以防止脚架陷入雪或沙子中。如果没有“雪靴”，也可以自制三脚架的“靴子”，比如平坦的石块、旧碗碟或屋顶的砖瓦等。

○ 扁平状的“雪靴”可以防止脚架陷入沙地或雪地

用快门线与遥控器控制拍摄

快门线的使用方法

在拍摄长时间曝光的题材时，如夜景、慢速流水、车流，如果希望获得极为清晰的照片，只有三脚架支撑相机是不够的，因为直接用手去按快门按钮拍摄，会造成画面模糊。这时，快门线便派上用场了。使用快门线就是为了尽量避免直接按下机身快门按钮时可能产生的震动，以保证拍摄时相机保持稳定，从而获得更为清晰的画面。

将快门线与相机连接后，可以半按快门线上的快门按钮进行对焦，完全按下快门进行拍摄。但由于不用触碰机身，因此在拍摄时可以避免相机的抖动。佳能 EOS 5D Mark Ⅳ相机可以使用 RS-80N3 型号的快门线，尼康 D850 相机可以使用 MC-30A 快门线。

○ RS-80N3 快门线

○ MC-30A 快门线

使用定时自拍避免机震

使用手机拍摄时，通过看液晶显示屏中显示的画面，便可以很方便地进行自拍。

佳能和尼康相机也都提供了自拍模式，在自拍模式下，当摄影师按下快门按钮后，自拍定时指示灯会闪烁并且发出提示音，然后相机分别于 2s 或 10s 后自动拍摄。由于在 2s 自拍模式下，快门会摄影师在按下快门 2s 后，才开始释放并曝光，因此可以将由于手部动作造成的震动降至最低，从而得到清晰的照片。

自拍模式适用于自拍或合影，摄影师可以预先取好景，并设定好对焦，然后按下快门按钮，在 10s 内跑到自拍处或合影处，摆好姿势等待拍摄便可。

定时自拍还可以在没有三脚架或快门线的情况下，用于拍摄长时间曝光的题材，如星空、夜景、雾化的水流和车流等题材。

○ 当在没有三脚架的情况下想拍雾化的水流照片时，可以将相机的驱动模式设置为 2 秒自拍模式，然后将相机放置在稳定的地方进行拍摄，也是可以获得清晰画面的

遥控器的作用

在自拍或拍集体照时，如果不想在自拍模式下跑来跑去地拍摄，可以使用遥控器拍摄。

佳能 RC-6 遥控器

如何进行遥控拍摄

使用遥控器可以在距离相机最远约 5m 的地方进行遥控拍摄，也可进行延时拍摄。下面以佳能 5D Mark Ⅳ 相机为例讲解遥控拍摄的流程。

❶ 将电源开关置于 ON 位置。

❷ 半按快门对被摄对象进行预先对焦。

❸ 将镜头的对焦模式开关置于 MF 位置，采用手动对焦；也可以将对焦模式开关调到 AF 位置，采用自动对焦。

❹ 按下 DRIVE 按钮选择自拍模式，转动速控转盘选择 10 秒自拍 / 遥控或 2 秒自拍 / 遥控。

❺ 将遥控器朝向相机的遥控感应器并按下传输按钮，自拍指示灯点亮并拍摄照片。

除了使用遥控器拍摄，当使用具有无线功能的相机时，如 90D、6D Mark Ⅱ、5D Mark Ⅳ 等相机，可以通过 Wi-Fi 功能将相机与智能手机连接起来，然后打开手机上的 EOS Remote 软件（需提前下载安装），点击“遥控拍摄”选项，便可以在手机屏幕上实时显示画面，此拍摄方法更为方便。

佳能 TC-80N3 定时遥控器

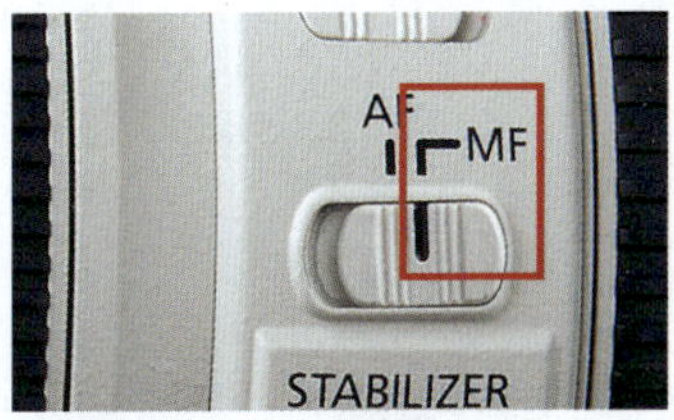

将镜头上的对焦模式开关调到 MF 位置，即可切换至手动对焦模式

用遥控器拍摄，可以很方便地和朋友合影

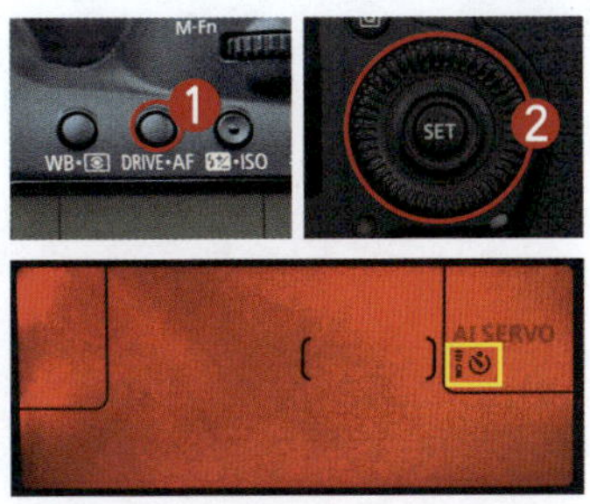

按住 DRIVE 按钮，然后转动速控转盘选择 10 秒自拍 / 遥控或 2 秒自拍 / 遥控

第6章

拍视频要理解的术语及必备附件

理解分辨率、制式、帧频、码率的含义

理解视频分辨率并进行合理设置

视频分辨率指每一个画面中所显示的像素数量，通常以水平像素数量与垂直像素数量的乘积或垂直像素数量表示。视频分辨率数值越大，画面就越精细，画质就越好。

佳能的每一代旗舰机型在视频功能上均有所增强，以佳能 EOS 5D Mark Ⅳ 为例，其在视频方面可以拍摄分辨率为 4096×2160 的影院级 4K 视频，相比中低端机型，比如佳能 90D，可以录制具有更加震撼视觉效果的视频画面。

需要额外注意的是，若要享受高分辨率带来的精细画质，除了需要设置相机录制高分辨率的视频，还需要观看视频的设备具有该分辨率画面的播放能力。

比如，使用佳能 5D Mark Ⅳ 录制了一段 4K（分辨率为 4096×2160）视频，但观看这段视频的电视、平板或手机只支持全高清（分辨率为 1920×1080）播放，那么呈现出来的视频画质就只能达到全高清，而到不了 4K 的水平。

因此，建议各位在拍摄视频之前先确定输出端的分辨率上限，然后再确定相机视频的分辨率设置，从而避免因文件过大对存储和后期等操作造成不必要的负担。

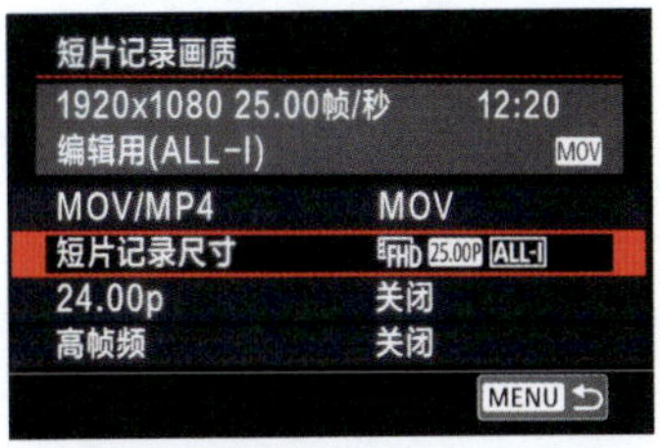

❶ 在**短片记录画质**菜单中选择**短片记录尺寸**选项

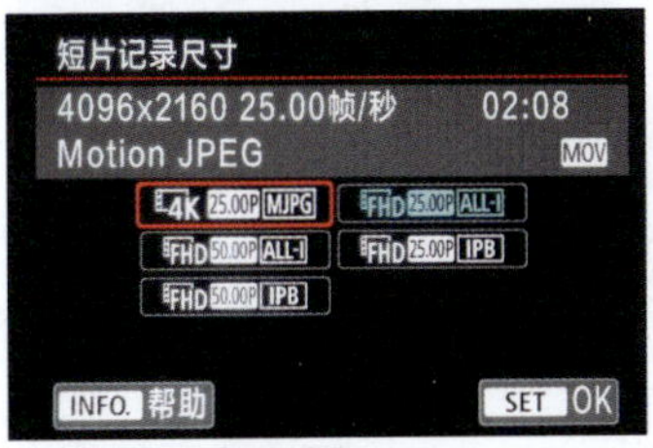

❷ 选择带 4K 图标的选项，然后点击 SET OK 图标确定

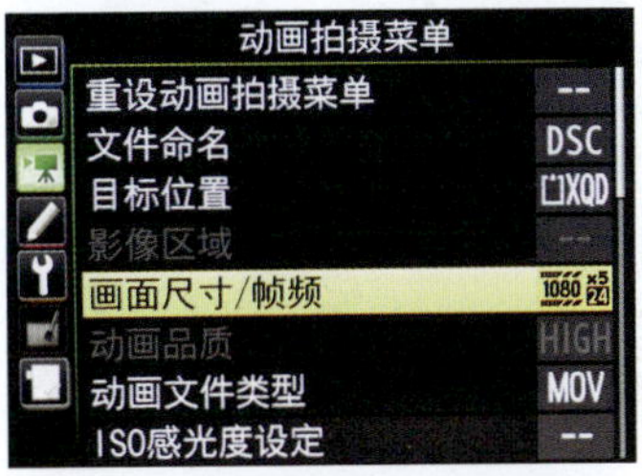

❶ 选择**动画拍摄菜单**中的**画面尺寸/帧频**选项

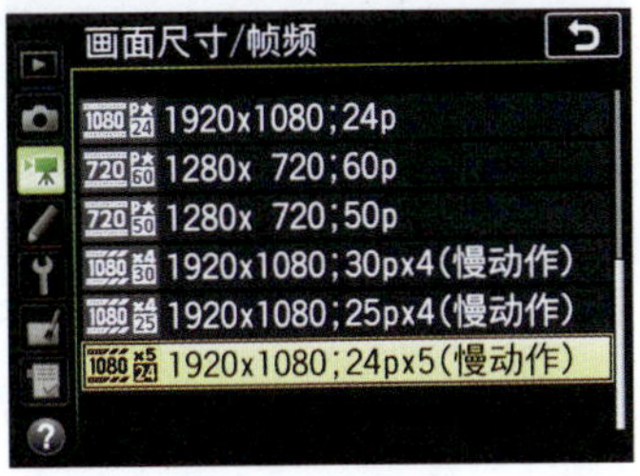

❷ 点击选择所需的选项

设定视频制式

不同国家、地区的电视台所播放视频的帧频是有统一规定的，称为电视制式。全球分为两种电视制式，分别为北美、日本、韩国、墨西哥等国家使用的 NTSC 制式和中国、欧洲各国、俄罗斯、澳大利亚等国家使用的 PAL 制式。

选择不同的视频制式后，可选择的帧频会有所变化。比如在佳能 5D Mark Ⅳ中，选择 NTSC 制式后，可选择的帧频为 119.9P、59.94P 和 29.97P；选择 PAL 制式后，可选择的帧频为 100P、50P、25P。

需要注意的是，只有当所拍视频需要在电视台播放时，才会对视频制式有严格要求。如果只是自己拍摄上传至视频平台，选择任意视频制式均可正常播放。

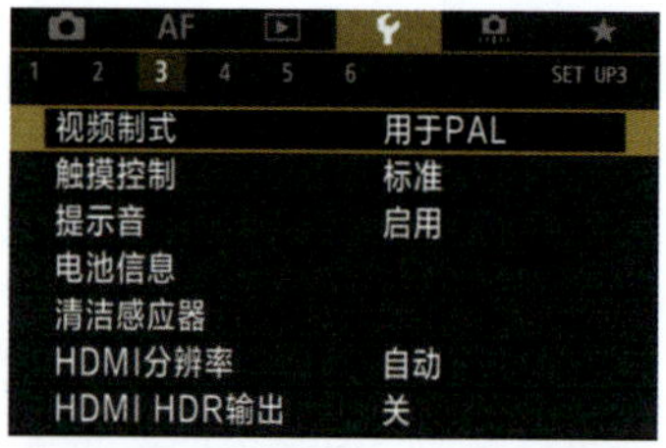

❶ 在**设置菜单3**中选择**视频制式**选项

❷ 选择所需的选项

理解帧频并进行合理的设置

无论选择哪种视频制式，均有多种帧频供选择。帧频是指一个视频里每秒展示出来的画面数（fps），在佳能和尼康相机中用单位 P 表示。例如，一般电影以每秒 24 张画面的速度播放，即一秒钟内在屏幕上连续显示出 24 张静止画面，其帧频为 24P。由于视觉暂留效应，电影中的人像呈现出动态效果。

很显然，每秒显示的画面数多，视觉动态效果就流畅；反之，如果画面数少，观看时就有卡顿的感觉。因此，在录制景物高速运动的视频时，建议设置为较高的帧频，从而尽量让每一个动作都更清晰、流畅；在录制访谈、会议等视频时，则使用较低的帧频录制即可。

当然，如果录制条件允许，建议以高帧数录制，这样可以在后期处理时拥有更多处理的可能性，比如得到慢镜头效果。

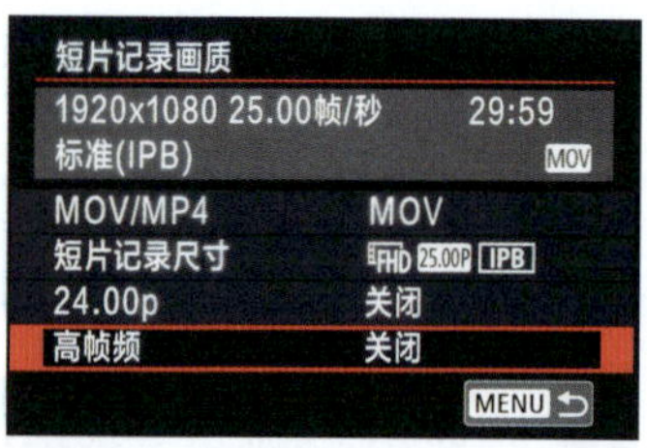

❶ 在**短片记录画质**菜单中选择**高帧频**选项

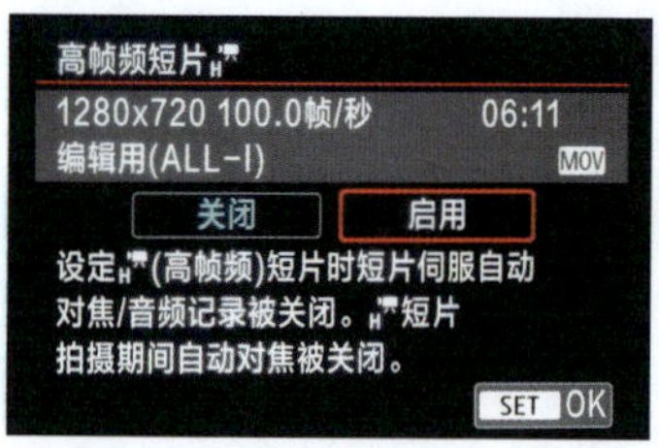

❷ 选择**启用**选项，然后点击 SET OK 图标确定

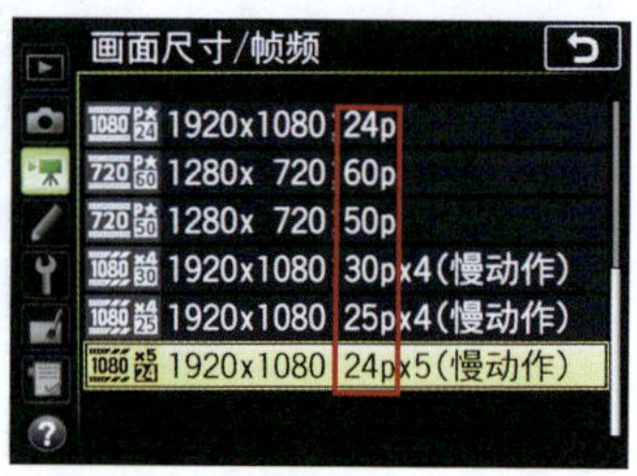

○ 尼康相机的**画面尺寸 / 帧频**菜单选项中的 P 即表示帧频

理解码率的含义

码率又称比特率，指每秒传送的比特（bit）数，单位为 bps（Bit Per Second）。码率越高，每秒传送的数据就越多，画质就越清晰，但相应地，对存储卡的写入速度要求也更高。

在佳能相机中，虽然无法直接设置码率，但却可以对压缩方式进行选择。MJPG、ALL-Ⅰ、IPB和IPB 这4种压缩方式的压缩率逐渐提高，而压制出的视频码率则依次降低。

其中，可以得到最高码率的MJPG压缩模式，根据不同的机型，其码率也有差异。比如，在选择MJPG压缩模式后，佳能5D Mark Ⅳ得到的码率则为500Mbps。

在尼康相机中，也无法直接设置码率，但可以通过“动画品质”菜单，选择“高品质”或“标准”，所选设置可以决定可达到的码率。

值得一提的是，如果要录制码率超过400Mbps的视频，需要使用UHS-Ⅱ存储卡，也就是写入速度最少应该达到100MB/s，否则无法正常拍摄。而且如果码率过高，视频尺寸也会变大。

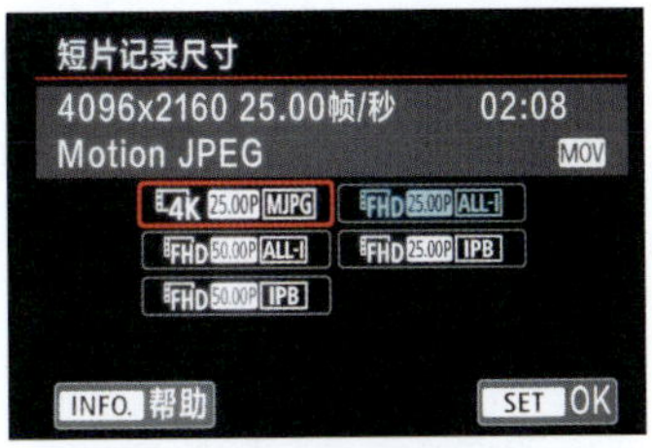

○ 在**短片记录尺寸**菜单中可以选择不同的压缩方式，以此控制码率

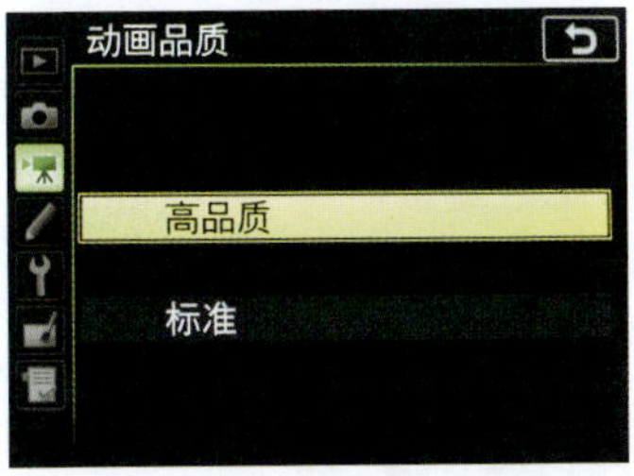

○ 在动画拍摄菜单中选择**动画品质**选项，然后选择**高品质**或**标准**选项

理解色深并明白其意义

色深作为一个色彩的专有名词，在拍摄照片、录制视频，以及买显示器的时候都会接触到，比如8bit、10bit、12bit等。这个参数其实表示记录或显示的照片、视频的颜色数量。如何理解这个参数？理解这个参数又有何意义？下文将进行详细讲解。

理解色深的含义

1.理解色深要先理解RGB

在理解色深之前，先要理解RGB。RGB即三原色，分别为红（R）、绿（G）、蓝（B）。我们现在从显示器或电视上看到的任何一种色彩，都是通过红、绿、蓝这三种色彩进行混合而得到的。

但在混合过程中，当红、绿、蓝这三种色彩的深浅不同时，得到的色彩也不同。

比如，面前有一个调色盘，里面先放上绿色的颜料，当分别混合深一点的红色和浅一点的红色时，得到的色彩肯定不同的。那么，当手中有十种不同深浅的红色和一种绿色时，就能调配出十种色彩。这样，颜色的深浅就与呈现的色彩数量产生了关系。

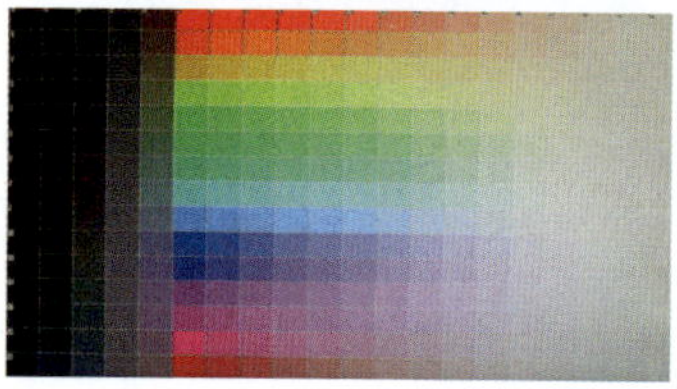

2.理解灰阶

上文所说的色彩的深浅，用专业的说法，其实就是灰阶。不同的灰阶是以亮度作为区分的，比如右上图所示的就是16个灰阶。

而当颜色具有不同的亮度时，也就是具有不同灰阶的时候，表现出来的其实就是深浅不同的色彩，如右下图所示。

3.理解色深

做好了铺垫，色深就比较好理解了。首先色深的单位是bit，1bit代表具有2个灰阶，也就是一种颜色具有2种不同的深浅；2bit代表具有4个灰阶，也就是一种颜色具有4种不同的深浅色；3bit代表8种……

所以*N* bit就代表一种颜色包含2^n种不同深浅的颜色。

那么所谓的色深为8bit，就可以理解为，有2^8，也就是256种深浅不同的红色、256种深浅不同的绿色和256种深浅不同的蓝色。

这些颜色总共能混合出 256×256×256=16777216 种色彩。

因此，以佳能5D Mark Ⅳ为例，其拍摄的视频色彩深度为8bit，就是指可以记录16777216种色彩的意思。所以说色深是表示色彩数量的一个概念。

	R	G	B	色彩数量
8bit	256	256	256	1677 万
10bit	1024	1024	1024	10.7 亿
12bit	4096	4096	4096	680 亿

理解色深的意义

1.在后期处理中设置高色深值

即便视频或图片最后需要保存为低色深文件，但既然高色深代表着数量更多、更细腻的色彩，那么在后期，为了对画面色彩进行更精细的调整，建议将色深设置为较高的值，然后在最终保存时再降低色深。

这种操作方法的优势有两点，一是可以最大化地利用佳能相机录制丰富的色彩细节；二是在后期对色彩进行处理时，可以得到更细腻的色彩过渡。

建议各位在后期处理时将色彩空间设置为 ProPhoto RGB，将色彩深度设置为 16 位 / 通道。然后在导出时保存为色深 8 位 / 通道的图片或视频，以尽可能得到更高画质的图像或视频。

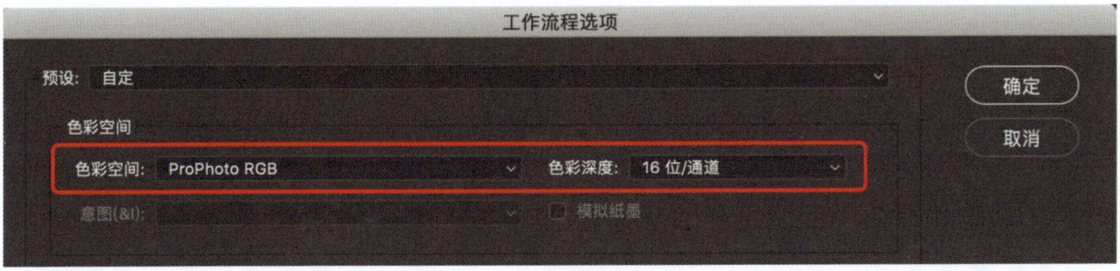

○ 在后期处理软件中设置较高的色深（色彩深度）值和色彩空间

2.有目的地搭建视频录制与显示平台

理解色深主要是让我们知道从图像采集到解码再到显示，只有均达到同一色深标准才能够真正体会到高色深带来的细腻色彩。

目前，大部分佳能相机均支持 8bit 色深采集，但个别机型，比如佳能 R5，已经支持机内录制 10bit 色深视频。

以使用佳能 5D Mark Ⅳ为例，在购买录机实现 10bit 色深录制后，为了能够完成更高色深视频的后期处理及显示，需要提高用来解码的显卡性能，并搭配色深达到 10bit 的显示器，来显示出所有 5D Mark Ⅳ记录下的色彩。

当从录制到处理再到输出的整个环节均符合 10bit 色深标准后，人们才能真正享受到色深提升的好处。

○ 想体会到高色深的优势，就要搭建符合高色深要求的录制、处理和显示平台

理解色度采样

相信各位一定在视频录制参数中看到过“采样422”“采样420”等描述，那么这里的“采样422”和“采样420”有什么含义呢？

1.认识YUV格式

事实上，无论是420还是422，均为色度采样的简写，其正常写法应该是YUV4∶2∶0和YUV4∶2∶2。YUV格式，也被称为YCbCr，是为了替代RGB格式而存在的，其目的在于兼容黑白电视和彩色电视。因为Y表示亮度，U和V表示色差。这样当黑白电视使用该信号时，则只读取Y数值，也就是亮度数值；而当彩色电视接收到YUV信号时，则可以将其转换为RGB信号，再显示颜色。

2.理解色度采样数值

接下来介绍YUV格式中三个数字的含义。

通俗地讲，第一个数字4，即代表亮度采样的像素数量；第二个数字代表了第一行进行色度采样的像素数量；第三个数字代表了第二行进行色度采样的像素数量。

这样算下来，在同一个画面中，422的采样就比444的采样少了50%的色度信息，而420与422相比，又少了50%的色度信息。那么，有些摄友可能会问：“为何不能让所有视频均录制4∶4∶4色度采样呢？”

这主要是因为，人们经过研究发现，人眼对明暗比对色彩更敏感，所以在保证色彩正常显示的前提下，不需要每一个像素均进行色度采样，从而降低信息存储的压力。

因此在通常情况下，用420拍摄也能获得不错的画面，但是在二级调色和抠像的时候，因为许多像素没有自己的色度值，所以后期处理的空间也就相对较小了。

通过降低色度采样来减少存储压力，或者降低发送视频信号带宽，对于降低视频输出的成本是有利的，但较少的色彩信息对于视频后期处理来说是不利的。因此在选择视频录制设备时，应尽量选择色度采样数值较高的设备。

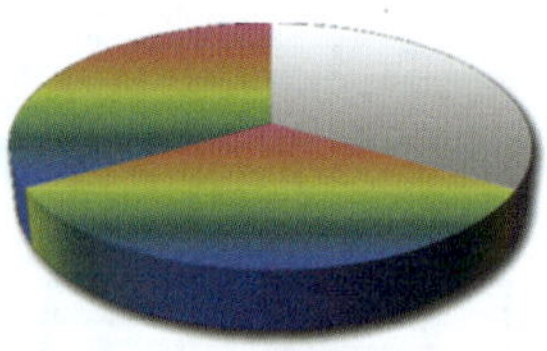

YUV4∶4∶4色度采样示例图

YUV4∶2∶2色度采样示例图

左图为4∶2∶2色度采样效果，右图为4∶2∶0色度采样效果。在色彩显示上，能看出些许差异

视频拍摄稳定设备

手持式稳定器

在手持相机的情况下拍摄视频，往往会产生明显的抖动。这时就需要使用可以让画面更稳定的器材，比如手持稳定器。

这种稳定器的操作无须练习，只需选择相应的模式，就可以拍出比较稳定的画面，而且体积小、重量轻，非常适合业余视频爱好者使用。

在拍摄过程中，稳定器会不断自动调整，从而抵消掉手抖或在移动时造成的相机震动。

由于此类稳定器是电动的，所以在搭配上手机 App 后，可以实现一键拍摄全景、延时、慢门轨迹等特殊功能。

手持式稳定器

小斯坦尼康

斯坦尼康（Steadicam），即摄像机稳定器，由美国人盖瑞特·布朗（Garrett Brown）发明，自20世纪70年代开始逐渐为业内人士所普遍使用。

这种稳定器属于专业摄像的稳定设备，主要用于手持移动录制。虽然同样可以手持，但它的体积和重量都比较大，适用于专业摄像机，并且是以穿戴式手持设备的形式设计出来的，所以对普通摄影爱好者来说，斯坦尼康显然并不适用。

因此，为了在体积、重量和稳定效果之间找到一个平衡点，小斯坦尼康便问世了。

在大斯坦尼康的基础上，人们对这款稳定设备的体积和重量进行了压缩，从而无须穿戴，只需手持即可使用。

由于其依然具有不错的稳定效果，所以即便是专业的视频制作工作室，在拍摄一些不是很重要的素材时也会使用它。

但需要强调的是，无论是斯坦尼康，还是小斯坦尼康，采用的都是纯物理减震原理，所以需要一定的练习才能实现良好的减震效果，因此只建议追求专业级摄像人员使用。

小斯坦尼康

单反肩托架

单反肩托架是一个相比小巧便携的稳定器而言更专业的稳定设备。

肩托架并没有稳定器那么多的智能化功能，它结构简单，没有任何电子元件，在各种环境下均可以使用，并且只要掌握一定的方法，在稳定性上也能更胜一筹。毕竟通过肩部受力，能够大大降低手抖和走动过程中造成的画面抖动。

不仅仅是单反肩托架，在利用其他稳定器拍摄时，如果掌握一定的拍摄技巧，同样可以增强画面的稳定性。

单反肩托架

摄像专用三脚架

与便携的摄影三脚架相比，摄像三脚架为了更好的稳定性而牺牲了便携性。

一般来讲，摄影三脚架在3个方向上各有1根脚管，也就是三脚管。而摄像三脚架在3个方向上最少各有3根脚管，也就是共有9根脚管，再加上底部的脚管连接设计，其稳定性要高于摄影三脚架。另外，脚管数量越多的摄像专用三脚架，其最大高度也更高。

为了在摄像时能够实现在单一方向上精确、稳定地转换视角，摄像三脚架一般使用带摇杆的三维云台。

摄像专用三脚架

滑轨

相比稳定器，利用滑轨移动相机录制视频可以获得更稳定、更流畅的镜头表现。利用滑轨进行移镜、推镜等运镜时，可以呈现出电影级的效果，所以滑轨是更专业的视频录制设备。

另外，如果希望在录制延时视频时呈现一定的运镜效果，准备一个电动滑轨是十分必要的。因为电动滑轨可以实现微小的、匀速的持续移动，从而在短距离的移动过程中，拍摄下多张延时素材，这样通过后期合成，就可以得到连贯的、顺畅的、带有运镜效果的延时摄影画面。

滑轨

视频拍摄存储设备

如果您的相机本身支持4K视频录制，但却无法正常拍摄，造成这种情况的原因往往是存储卡没有达到要求。另外，本节还将介绍一种新兴的文件存储方式，使海量视频文件的存储、管理和分享更容易。

SD 存储卡

如今的中高端佳能单反相机、微单相机，大部分都支持录制4K视频。由于在录制4K视频的过程中，每秒都需要存入大量信息，因此要求存储卡具有较高的写入速度。

SD 存储卡

通常来讲，U3速度等级的SD存储卡（存储卡上有U3标记），其写入速度基本在75MB/s以上，可以满足码率低于200Mbps的4K视频的录制。

如果要录制码率达到 400Mbps 的视频，则需要购买写入速度达到 100MB/s 以上的 UHS- Ⅱ存储卡。UHS（Ultra High Speed）是指超高速接口，而不同的速度级别以 UHS- Ⅰ、UHS- Ⅱ、UHS- Ⅲ标记，其中速度最快的 UHS- Ⅲ，读写速度最低也能达到 150MB/s。

CF 存储卡

除了 SD 卡，佳能的部分中高端相机还支持使用 CF 卡。CF 卡的写入速度普遍比较高，但由于卡面上往往只标注读取速度，并且没有速度等级标记，所以建议各位在购买前咨询客服，确认写入速度是否高于 75MB/s。如果高于 75MB/s，即可胜任 4K 视频的拍摄。

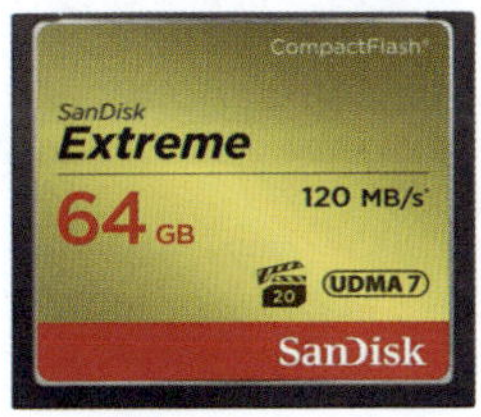

CF 存储卡

需要注意的是，在录制 4K 30P 视频时，一张 64GB 的存储卡大概能录 15 分钟左右。所以各位也要考虑到录制时长，购买能够满足拍摄要求的存储卡。

NAS 网络存储服务器

由于 4K 视频文件较大，经常进行视频录制的人员，往往需要购买多块硬盘进行存储。这样对于寻找个别视频、管理和访问文件都不方便。而 NAS 网络存储服务器则让人们可以 24 小时随时访问大尺寸的 4K 文件，并且同时支持手机端和计算机端。在建立多个账户并设定权限的情况下，还可以让多人同时使用，并且保证个人隐私，为文件的共享和访问带来了便利。

NAS

一听“服务器”，各位可能觉得离自己非常遥远，其实目前市场上已经有了很成熟的产品。比如，西部数据或群晖都有多种型号的 NAS 网络存储服务器供选择，并且保证用户可以轻松上手。

视频拍摄采音设备

在室外或不够安静的室内录制视频时，单纯地通过相机自带的麦克风和声音设置往往无法得到满意的采音效果，这时就需要使用外接麦克风来提高视频中的音质。

无线领夹麦克风

无线领夹麦克风也被称为“小蜜蜂”。其优点在于小巧便携，并且可以在不面对镜头，或者在运动过程中进行收音；缺点是当需要对多人采音时，则需要准备多个发射端，相对来说比较麻烦。另外，在录制采访视频时，也可以将“小蜜蜂”发射端拿在手里，当作“话筒”使用。

便携的“小蜜蜂”

枪式指向性麦克风

枪式指向性麦克风通常安装在佳能相机的热靴上。录制一些面对镜头说话的视频，比如讲解类、采访类视频时，可以着重采集话筒前方的语音，避免周围环境带来的噪声。同时，枪式麦克风不用佩戴在身上，可以让被摄者的仪表更自然、大方。

枪式指向性麦克风

记得为麦克风戴上防风罩

为避免户外录制视频时出现风噪声，建议各位为麦克风戴上防风罩。防风罩主要分为毛套防风罩和海绵防风罩，其中海绵防风罩也被称为防喷罩。

一般来说，户外拍摄建议使用毛套防风罩，其效果比海绵防风罩更好。

而在室内录制时，使用海绵防风罩即可，不仅能起到去除杂音的作用，还可以防止唾液喷入麦克风，这也是海绵防风罩又被称为防喷罩的原因。

毛套防风罩

海绵防风罩

视频拍摄灯光设备

在室内录制视频，利用自然光照明时，如果录制时间稍长，光线就会发生变化。比如，下午 2 点到 5 点，光线的强度和色温都在不断降低，导致画面出现由亮到暗、由色彩正常到色彩偏暖的变化，从而很难拍出画面影调、色彩一致的视频。如果采用室内一般灯光进行拍摄，灯光亮度又不够，打光效果也无法控制。所以，要想录制出效果更好的视频，一些比较专业的室内灯光是必不可少的。

简单实用的平板 LED 灯

一般来讲，在拍摄视频时往往需要比较柔和的灯光，让画面中不会出现明显的阴影，并且呈现柔和的明暗过渡。在不增加其他配件的情况下，平板LED灯本身就能通过大面积的灯珠打出比较柔和的光。

当然，也可以为平板LED灯增加色片、柔光板等配件，让光质和光源色产生变化。

○ 平板 LED 灯

更多可能的 COB 影视灯

这种灯的形状与影室闪光灯非常像，同样带有灯罩卡口，这样使得影室闪光灯可用的配件在COB影视灯上也可使用，让灯光更可控。

常用的配件有雷达罩、柔光箱、标准罩和束光筒等，可以打出或柔和或硬朗的光线。

因此，丰富的配件和光效是更多的人选择COB影视灯的原因。有时候人们也会把COB影视灯当作主灯，把平板LED灯当作辅助灯进行组合打光。

○ COB 影视灯搭配柔光箱

短视频博主最爱的 LED 环形灯

如果不懂布光，或者不希望在布光上花费太多时间，只需在前面放一盏LED环形灯，就可以均匀地打亮面部并形成眼神光了。

当然，LED环形灯也可以配合其他灯光使用，让面部光影更为均匀。

○ 环形灯

简单实用的三点布光法

三点布光法是拍摄短视频、微电影的常用布光方法。“三点”分别为位于主体侧前方的主光，以及另一侧的辅光和侧逆位的轮廓光。

这种布光方法既可以打亮主体，将主体与背景分离，还能够营造一定的层次感、造型感。

一般情况下，相对辅光，主光的光质要硬一些，从而让主体形成一定的阴影，增加影调的层次感。既可以使用标准罩或蜂巢来营造硬光，也可以通过相对较远的灯位来提高光线的方向性。也正是这个原因，在三点布光法中，主光的距离往往比辅光要远一些。辅光作为补充光线，其强度应该比主光弱，主要用来形成较为平缓的明暗对比。

在三点布光法中，也可以不要轮廓光，而用背景光来代替，从而降低人物与背景的对比，让画面整体更明亮，影调也更自然。如果想通过色彩营造独特的画面氛围，还可以为背景光加上不同颜色的色片。

用氛围灯让视频更美观

前面讲解的灯光基本上只有将场景照亮的作用，但如果想让场景更美观，那么还需要购置氛围灯，从而为视频画面增加不同颜色的灯光效果。

例如，在右图所示的场景中，笔者的身后使用了两盏氛围灯，一盏能够自动改变颜色，另一盏是恒定的暖黄色。下面展示的 3 个主播背景，同样使用了不同的氛围灯。

要布置氛围灯可以直接在电商网站上以“氛围灯”为关键词进行搜索，找到不同类型的灯具，也可以用“智能 LED 灯带”为关键词进行搜索，购买可以布置成为任意形状的灯带。

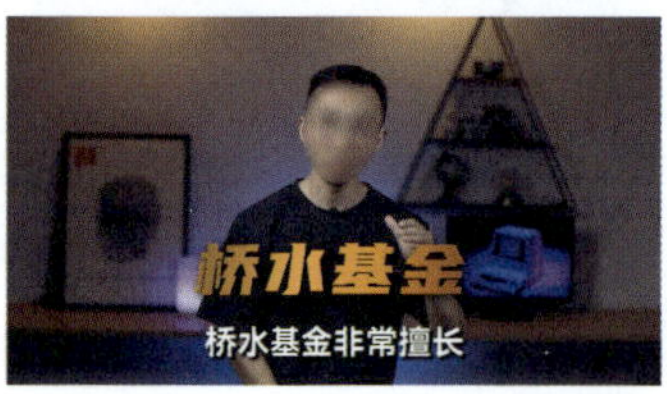

视频拍摄外采、监看设备

视频拍摄外采设备也被称为监视器、记录仪和录机等，它的作用主要有两点。

提升视频画质

使用监视器能拍摄更高质量的视频。例如，有些相机没有录制RAW视频的功能，但使用监视器后则可以录制。以佳能EOS R为例，在视频录制规格的官方描述中，明确指出了外部输出规格：裁剪4K UHD 30P 视频，10bit色彩深度，422采样，支持Clog，而机内录制仅能达到8bit色彩深度，420采样，且不支持Clog。

提升监看效果

监视器面积更大，可以代替相机上的小屏幕，使创作者能看到更为精细的画面。由于监视器的亮度普遍更高，所以即便在户外的强光下，也可以清晰地看到录制效果。

有些相机的液晶屏没有翻转功能，或者可以翻转但程度有限。使用有翻转功能的外接监视器，可以方便创作者以多个角度监看视频拍摄画面。

利用监视器还可以直接将佳能相机以Clog曲线录制的画面转换为HDR效果，让创作者直接看到最终的模拟效果。

有些监视器不仅支持触屏操作，还有完善的辅助构图、曝光、焦点控制工具，可以弥补相机的功能短板。

外采设备

用竖拍快装板拍摄竖画幅视频

当前，许多视频平台以竖画幅视频为主，即便是剧情类视频，也有相当一部分不再使用横画幅，以适应竖屏手机的观看方式。

要更好地拍摄竖画幅视频，在使用前文讲述的三脚架的基础上，还需要使用竖拍快装板（又称为L形快装板），以便使相机竖立旋转。

用外接电源进行长时间录制

在进行持续的长时间视频录制时，一块电池的电量很有可能不够用。而如果更换电池，则势必会导致拍摄中断。为了解决这个问题，各位可以使用外接电源进行连续录制。

由于外接电源可以使用充电宝进行供电，因此只需购买一块大容量的充电宝，就可以大大延长视频录制的时间。

另外，如果在室内以固定机位进行录制，还可以选择直接连接插座的外接电源进行供电，从而完全避免在长时间拍摄过程中出现电量不足的问题。

可直连插座的外接电源

可连接移动电源的外接电源

通过外接电源让充电宝给相机供电

通过提词器让语言更流畅

提词器是一个通过高亮度的显示器显示文稿内容，并将显示器显示的内容反射到相机镜头前一块呈45°角的专用镀膜玻璃上，把台词反射出来的设备。它可以让演讲者在看演讲词时，依旧保持很自然的对着镜头说话的感觉。

由于提词器需要经过镜面反射，所以除了硬件设备，还需要使用软件来将正常的文字进行方向上的变换，从而在提词器上显示出正常的文稿。

通过提词器软件，字体的大小、颜色、文字滚动速度均可以按照演讲人的需求改变。值得一提的是，如果是一个团队进行视频录制，可以派专人控制提词器，从而确保提词速度可以根据演讲人语速的变化而变化。

如果更看重便携性，也可以把手机当作显示器的简易提词器。

当使用这种提词器配合单反相机拍摄时，要注意支架的稳定性，必要时需要在支架前方进行配重，以免因为单反相机太重，而支架又比较单薄导致设备损坏。

专业提词器

简易提词器

利用运动相机拍摄第一视角视频

在拍摄台球、美食、手工等视频时，往往需要一些第一视角的视频画面。此时可以使用运动相机来拍摄，并在后期剪辑时，将这些视频与使用相机拍摄的视频组接起来。

运动相机的特点是体积小、便携、隐蔽、易安装、防抖性能高、防水、防震，可以夹在胸口、戴在头上或绑在身体某一个位置，因此可以胜任如骑行、跑步、冲浪、自驾和游泳等多种拍摄场景。

可供大家选择的运动相机包括大疆、GoPro和Insta 360等品牌。

第一视角拍摄的视频

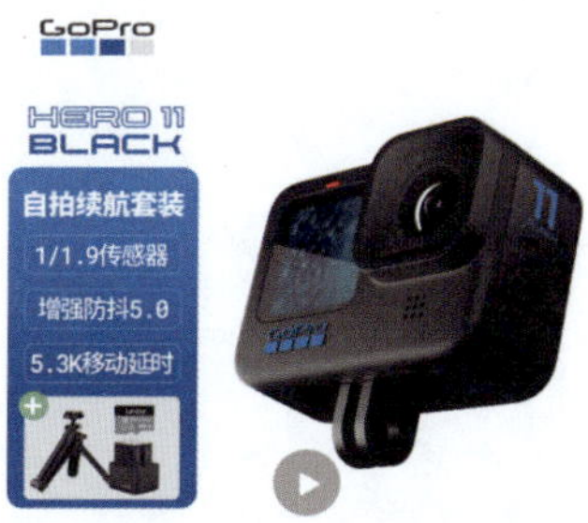

GoPro

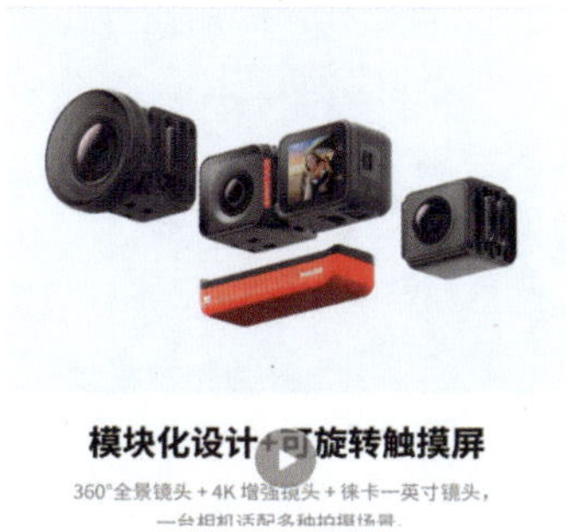

Insta 360

大疆

使用相机兔笼让视频拍摄更灵活方便

兔笼有三个作用，第一是保护相机；第二是让创作者能够给相机添加各种附件，如脚架、云台、跟焦器、监视器支架、麦克风支架、闪光灯支架、转接环支架、上提手柄、侧握手柄和遮光罩等，并有效地固定这些附件；第三是让创作者在使用手持相机时可以更稳定地进行拍摄。

可供大家选择的相机兔笼包括铁头、斯莫格和优篮子等品牌。

使用了兔笼的相机

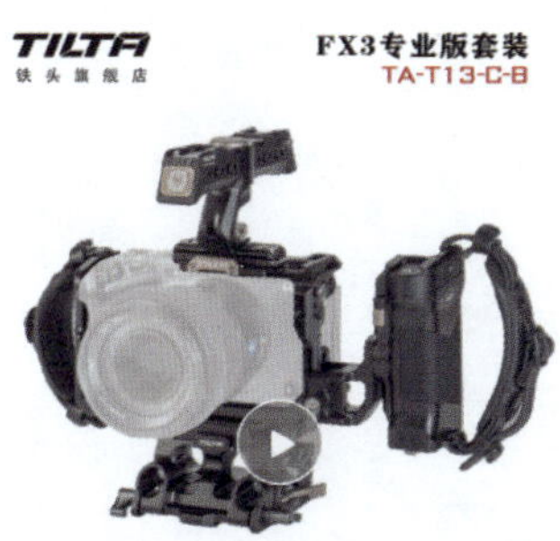

铁头

优篮子

斯莫格

第7章

录制常规、延时及慢动作视频的参数设置方法

使用佳能单反相机录制视频的简易流程

下面我们以 5D Mark Ⅳ相机为例，讲解拍摄视频短片的简单流程。

❶ 设置视频短片格式，并进入实时显示模式。

❷ 切换相机的曝光模式为TV或M挡（或其他模式），开启“短片伺服自动对焦”功能。

❸ 将“实时显示拍摄/短片拍摄”开关转至短片拍摄模式。

❹ 通过自动或手动的方式先对主体进行对焦。

❺ 按下START/STOP按钮，即可开始录制视频短片。录制完成后，再次按下START/STOP按钮。

○ 选择合适的曝光模式，并切换至短片拍摄模式

○ 在拍摄前，可以先进行对焦

○ 录制视频短片时，会在右上角显示一个红色的圆

使用尼康单反相机录制视频的简易流程

使用尼康单反相机拍摄短片的操作比较简单，但其中的一些细节仍值得注意。下面以Nikon D850为例，列出了一个短片拍摄的基本流程，供用户在拍摄短片时参考。

❶ 在相机背面的右下方将即时取景选择器旋转至视频即时取景位置。

❷ 按下Lv按钮，反光板将弹起，镜头视野将出现在相机显示屏中，且已修改了曝光效果。此时，在取景器中将无法看到拍摄对象。

❸ 在拍摄动画前，可以通过自动对焦或手动对焦的方式先对主体进行对焦，并选择AF区域模式。

❹ 按下视频录制按钮，即可开始录制视频。

❺ 录制完成后，再次按下视频录制按钮即可结束录制。

虽然上面的流程看上去很简单，但实际上在拍摄过程中，涉及若干知识点。比如，设置视频短片参数、设置视频拍摄模式、开启并正确设置实时显示模式、开启视频拍摄自动对焦模式、设置视频对焦模式、设置视频自动对焦灵敏感度、设置录音参数及设置时间码参数等，只有理解并正确设置这些参数，才能够录制出一段合格的视频。

下面笔者将通过若干节内容讲解上述知识点。

○ 将即时取景选择器旋转至视频即时取景位置，然后按下Lv按钮

○ 按下视频录制按钮开始录制视频

○ 录制视频时，会在画面的左上角显示一个红色的圆点及 REC 标志

视频格式与画质

跟设置照片的尺寸、画质一样，录制视频的时候也需要关注视频的相关参数。如果录制的视频只是家常普通记录短片，可能全高清分辨率就可以，但是如果作为商业短片，有时会需要录制高帧频的4K视频，所以在录制视频之前一定要设置好视频的参数。

设置视频格式与画质

在此通常需要设置视频格式、尺寸及帧频等选项，在后两页的表格中详细展示了佳能相机常见视频格式、尺寸及帧频参数的含义。下面以5D Mark Ⅳ相机为例，讲解操作方法，其他佳能相机的菜单位置及选项可能与此略有区别，但操作方法与选项意义相同。

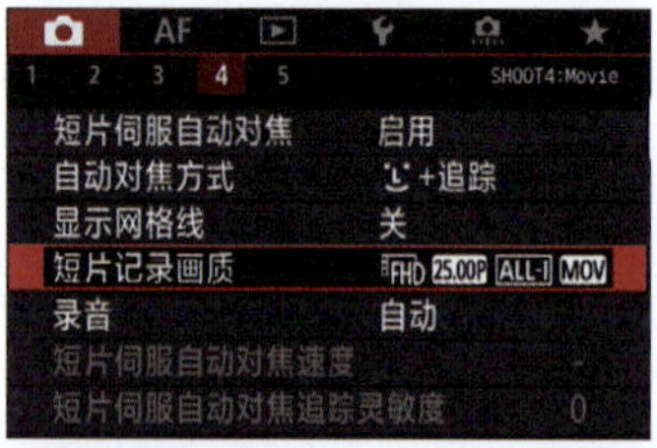

❶ 在**拍摄菜单4**中选择**短片记录画质**选项

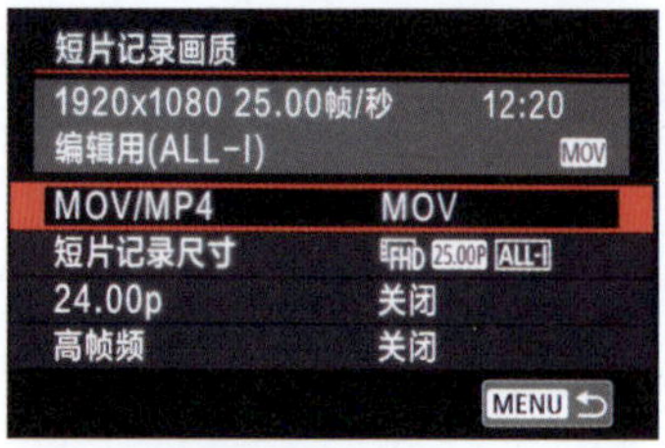

❷ 选择**MOV/MP4**选项

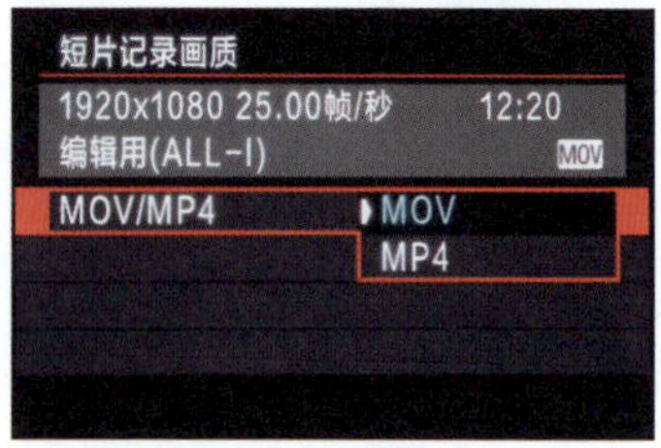

❸ 选择录制视频的格式

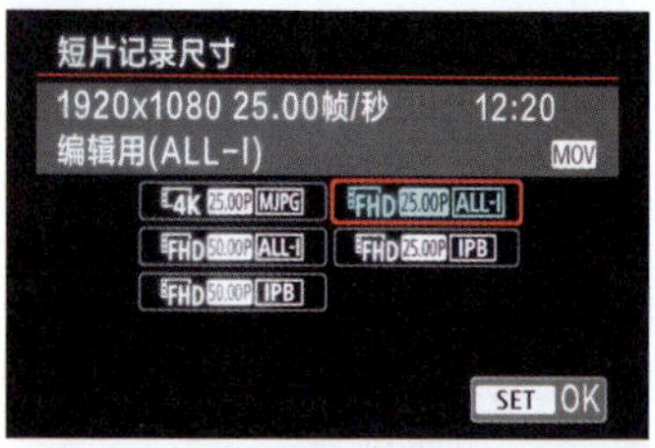

❹ 如果在步骤❷中选择了**短片记录尺寸**选项，则选择所需的短片记录尺寸选项，然后点击SET OK图标确定

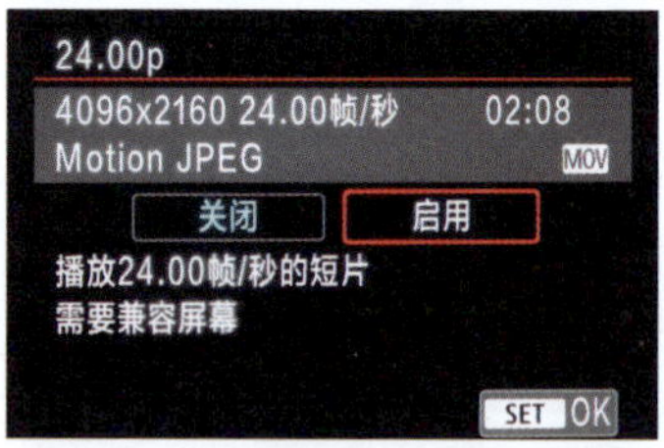

❺ 如果在步骤❷中选择了**24.00p**选项，选择**启用**或**关闭**选项，然后点击SET OK图标确定

尼康相机在“画面尺寸/帧频”菜单中可以选择短片的画面尺寸、帧频，选择不同的画面尺寸拍摄时，所获得的视频清晰度不同，占用的空间也不同。

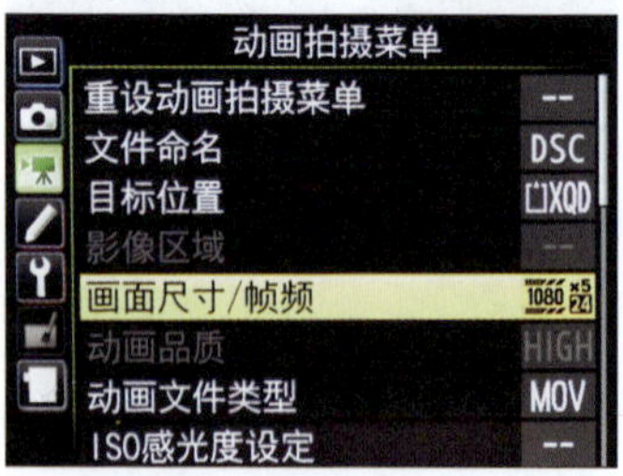

❶ 选择**动画拍摄菜单**中的**画面尺寸/帧频**选项

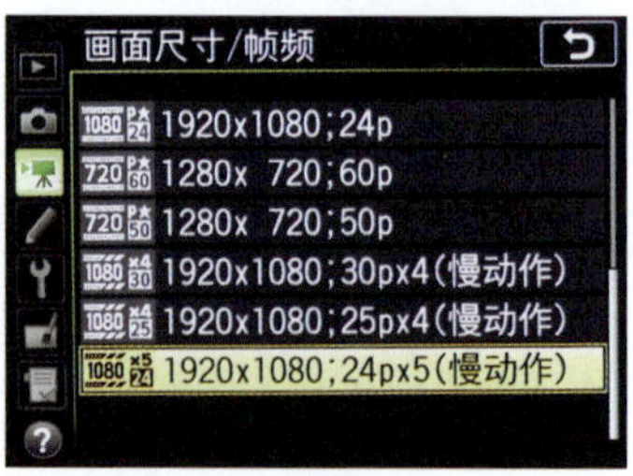

❷ 点击选择所需的选项

设置 4K 视频录制

在许多手机都可以录制4K视频的今天，4K基本是许多中高端相机的标配，以EOS 5D Mark Ⅳ为例，在4K视频录制模式下，用户可以录制最高帧频为30P、无压缩的超高清视频。

不过，EOS 5D Mark Ⅳ的 4K 视频录制模式采集的是图像传感器的中心像素区域，并非全部像素，所以在录制 4K 视频时，拍摄视角会变得狭窄，约等于 1.74 倍的镜头系数。这就提示我们，在选购以视频拍摄为主要卖点的相机时，画面是否有裁剪是一个值得比较的参数。

另外，在回放4K视频时，大部分相机允许用户从短片中截取静态画面作为一张新照片，因此，先录制4K视频，事后再抽帧成为照片，在纪实摄影中的应用逐渐开始广泛起来。

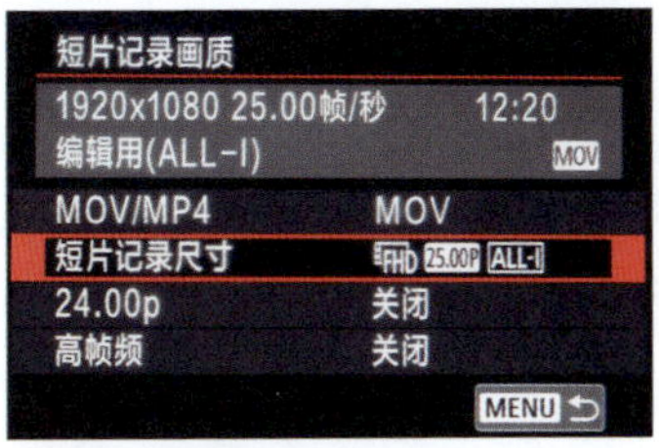

❶ 在**短片记录画质**菜单中选择**短片记录尺寸**选项

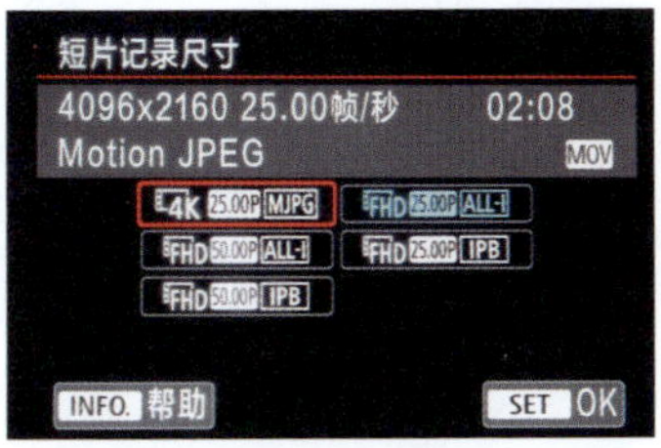

❷ 选择带4K图标的选项，然后点击SET OK图标确定

FHD/HD 画质视频的取景范围

4K 画质视频的取景范围

尼康D850相机支持录制4K超高清视频，提供有2160 30、2160 25、2160 24三个录制选项，即分别可以录制30P、25P、24P的3840×2160尺寸超高清4K视频。尼康D850支持的短片画面尺寸、帧频等相关参数见右表。

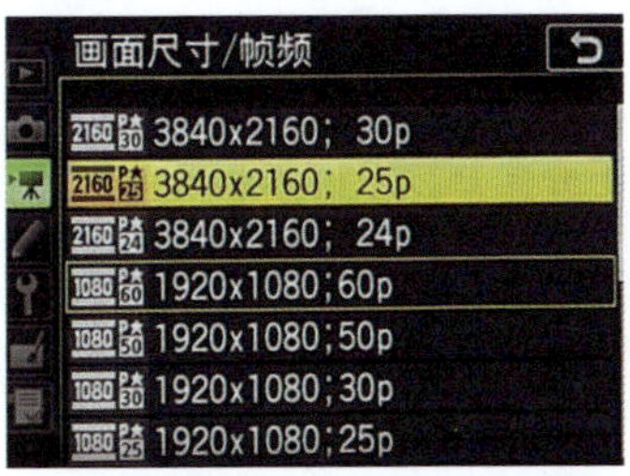

○ 选择动画拍摄菜单中的**画面尺寸/帧频**选项，然后点击选择3840×2160 选项

选项	可达到的比特率（高品质/标准）	可拍摄时间长度
3840×2160（4K UHD）；30p	144	约 29 分 59 秒
3840×2160（4K UHD）；25p		
3840×2160（4K UHD）；24p		
1920×1080；60p	48/24	
1920×1080；50p		
1920×1080；30p	24/12	
1920×1080；25p		
1920×1080；24p		
1280×720；60p		
1280×720；50p		
1920×1080；30p×4（慢动作）	36	录制：约 3 分钟 播放：约 12 分钟
1920×1080；25p×4（慢动作）		
1920×1080；24p×5（慢动作）	29	录制：约 3 分钟 播放：约 15 分钟

虽然不同的单反相机支持不同分辨率及压缩方式的视频格式，但各位读者可以通过下面的表格总体了解不同分辨率的具体尺寸及不同压缩方式的具体含义。

<table>
<tr><th colspan="5">短片记录画质选项说明表</th></tr>
<tr><td>MOV/MP4</td><td colspan="4">MOV 格式的视频文件适合在计算机上做后期编辑；MP4 格式的视频文件经过压缩变小，便于网络传输</td></tr>
<tr><td rowspan="9">短片记录尺寸</td><td colspan="4">图像大小</td></tr>
<tr><td>4K</td><td>FHD</td><td colspan="2">HD</td></tr>
<tr><td>4K 超高清画质。记录尺寸为 4096×2160，长宽比约为 17 ： 9</td><td>全高清画质。记录尺寸为 1920×1080，长宽比为 16 ： 9</td><td colspan="2">高清画质。记录尺寸为 1280×720，长宽比为 16 ： 9</td></tr>
<tr><td colspan="4">帧频（帧 / 秒）</td></tr>
<tr><td>119.9P 59.94P 29.97P</td><td>100.0P 25.00P 50.00P</td><td colspan="2">23.98P 24.00P</td></tr>
<tr><td>分别以 119.9 帧 / 秒、59.94 帧 / 秒、29.9 帧 / 秒的帧频率记录短片，适用于电视制式为 NTSC 的地区（北美、日本、韩国和墨西哥等）。119.9P在启用“高帧频”功能时有效</td><td>分别以 110 帧 / 秒、25 帧 / 秒、50 帧 / 秒的帧频率记录短片，适用于电视制式为 PAL 的地区（欧洲、俄罗斯、中国和澳大利亚等）。100.0P在启用“高帧频”功能时有效</td><td colspan="2">分别以 23.98 帧 / 秒和 24 帧 / 秒的帧频率记录短片，适用于电影。24.00P在启用“24.00P”功能时有效</td></tr>
<tr><td colspan="4">压缩方法</td></tr>
<tr><td>MJPG</td><td>ALL-I</td><td>IPB</td><td>IPB</td></tr>
<tr><td>当选择MOV格式时可选。不使用任何帧间压缩，一次压缩一个帧并进行记录，因此压缩率低，仅适用于 4K 画质的视频</td><td>当选择MOV格式时可选，一次压缩一个帧进行记录，便于在计算机上编辑</td><td>一次高效地压缩多个帧进行记录。由于文件尺寸比使用ALL-I时更小，在存储空间相同的情况下，可以录制更长时间的视频</td><td>当选择 MP4 格式时可选。由于短片以比使用IPB时更低的比特率进行记录，因而文件尺寸更小，并且可以与更多回放系统兼容</td></tr>
<tr><td>24.00P</td><td colspan="4">选择“启用”选项，将以 24.00 帧 / 秒的帧频录制 4K 超高清、全高清、高清画质的视频</td></tr>
<tr><td>高帧频</td><td colspan="4">选择“启用”选项，可以在高清画质下，以 119.9 帧 / 秒或 100.0 帧 / 秒的高帧频录制短片</td></tr>
</table>

根据存储卡及时长设置视频画质

与不同尺寸、压缩比的照片文件大小不同一样，在录制视频时，如果使用了不同的视频尺寸、帧频和压缩比，视频文件的大小也相去甚远。

因此，在拍摄视频之前一定要预估自己使用的存储卡可以记录的视频时长，以避免在录制视频时，由于要临时更换存储卡，而不得不中断视频录制的尴尬。

在下面的表格中，笔者以 EOS 5D Mark Ⅳ 为例，列出了不同视频尺寸、画质和压缩比，在不同容量的存储卡上，可以记录的总时长及该视频每分钟的文件大小。虽然表格中的数据对于佳能相机的其他型号可能并不准确，但也具有一定的参考意义 。

当录制的视频被保存为 MOV 格式时，请参考下面的表格。

短片记录画质		存储卡上可记录的总时间			文件尺寸
		8GB	32GB	128GB	
4K：4K					
29.97P 25.00P 24.00P 23.98P	MJPG	2分钟	8分钟	34分钟	3587MB/分钟
FHD：Full HD					
59.94P 50.00P	ALL-I	5分钟	23分钟	94分钟	1298MB/分钟
59.94P 50.00P	IPB	17分钟	69分钟	277分钟	440MB/分钟
29.97P 25.00P 24.00P 23.98P	ALL-I	11分钟	46分钟	186分钟	654MB/分钟
29.97P 25.00P 24.00P 23.98P	IPB	33分钟	135分钟	541分钟	225MB/分钟
HDR 短片拍摄		33分钟	135分钟	541分钟	225MB/分钟
HD：HD					
119.9P 100.0P	ALL-I	6分钟	26分钟	105分钟	1155MB/分钟

当录制的视频被保存为MP4格式时，请参考下面的表格。

短片记录画质		存储卡上可记录的总时间			文件尺寸
		8GB	32GB	128GB	
FHD：Full HD					
59.94P 50.00P	IPB	17分钟	70分钟	283分钟	431MB/分钟
29.97P 25.00P 24.00P 23.98P	IPB	35分钟	140分钟	563分钟	216MB/分钟
HDR 短片拍摄		35分钟	140分钟	563分钟	216MB/分钟
29.97P 25.00P	IPB	86分钟	347分钟	1391分钟	87MB/分钟

2.拍摄视频的最高快门速度

当需要提高快门速度降低画面亮度时，其实对快门速度的上限是没有硬性要求的。但若快门速度过高，由于每一个动作都会被清晰定格，会导致画面看起来很不自然，甚至会出现失真的情况。

造成这一结果是因为人的眼睛是有视觉时滞的，即当人们看到高速运动的景物时，景物会出现动态模糊的情况。而当使用过高的快门速度录制视频时，运动模糊效果消失了，取而代之的是清晰的影像。比如，在录制一些高速奔跑的景象时，由于双腿每次摆动的画面都是清晰的，就会看到很多只腿，从而会导致画面失真、不正常的情况出现。

因此，建议大家在录制视频时，快门速度最好不要高于最佳快门速度的两倍。

电影画面中的人物进行速度较快的移动时，画面中出现动态模糊效果是正常的

拍摄帧频视频时推荐的快门速度

上面对快门速度对视频的影响进行了理论性讲解，这些理论可以总结成为下面展示的一个比较简单的表格。

<table>
<tr><th rowspan="3">帧频</th><th colspan="3">快门速度</th></tr>
<tr><th rowspan="2">普通短片拍摄</th><th colspan="2">HDR 短片拍摄</th></tr>
<tr><th>P、Av、B、M 模式</th><th>Tv 模式</th></tr>
<tr><td>119.9P</td><td>1/4000~1/125</td><td colspan="2" rowspan="4">—</td></tr>
<tr><td>100.0P</td><td>1/4000~1/100</td></tr>
<tr><td>59.94P</td><td>1/4000~1/60</td></tr>
<tr><td>50.00P</td><td>1/4000~1/50</td></tr>
<tr><td>29.97P</td><td>1/4000~1/30</td><td>1/1000~1/60</td><td>1/4000~1/60</td></tr>
<tr><td>25.00P</td><td rowspan="3">1/4000~1/25</td><td>1/1000~1/50</td><td>1/4000~1/50</td></tr>
<tr><td>24.00P</td><td colspan="2" rowspan="2">—</td></tr>
<tr><td>23.98P</td></tr>
</table>

佳能相机开启视频拍摄自动对焦模式

佳能最近这几年发布的相机均具有视频自动对焦模式，即当视频中的对象移动时，相机能够自动对其进行跟焦，以确保被拍摄对象在视频中的影像是清晰的。

但此功能需要通过“短片伺服自动对焦”菜单来开启。下面以佳能 5D Mark Ⅳ为例，讲解其开启方法。

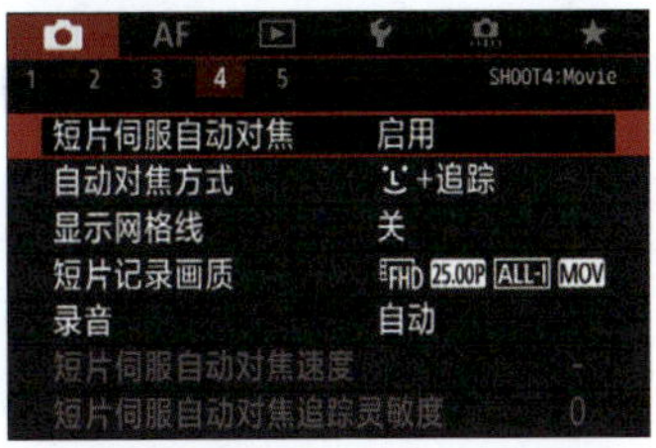

❶ 在**拍摄菜单4**中选择**短片伺服自动对焦**选项

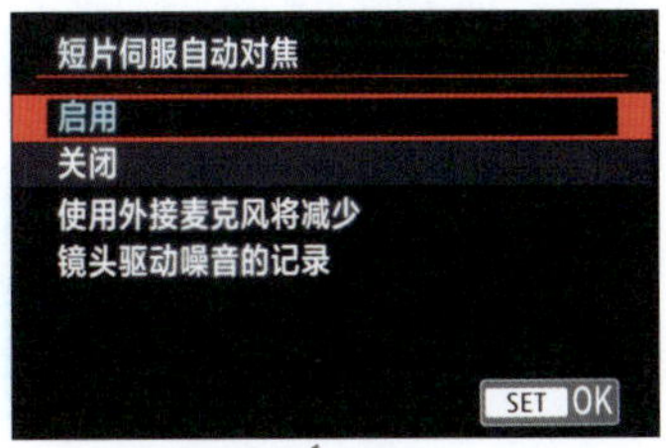

❷ 选择**启用**或**关闭**选项，然后点击 SET OK 图标确定

提示：该功能在搭配某些镜头使用时，发出的对焦声音有可能被采集到视频中。如果发生这种情况，建议外接指向性麦克风解决该问题。

将“短片伺服自动对焦”设为“启用”，即可使相机在拍摄视频期间，即使不半按快门，也能根据被摄对象的移动状态不断调整对焦，以保证始终对被摄对象进行对焦。

但在使用该功能时，相机的自动对焦系统会持续工作。当不需要跟焦被摄对象，或者将对焦点锁定在某个位置时，即可通过按下赋予了“暂停短片伺服自动对焦”功能的自定义按键来暂停该功能。

通过上面的图片可以看出，笔者拿着红色玩具小车以不规则的方式运动时，相机是能够准确跟焦的。

如果将“短片伺服自动对焦”设为“关闭”，那么只有通过半按快门、按下相机背面的 AF-ON 按钮或在屏幕上单击对象的时候，才能够进行对焦。

例如右图中，第 1 次对焦于左上方的安全路障，如果不再次单击其他位置，对焦点会一直锁定在左上方的安全路障，单击右下方的篮球焦点后，焦点会重新对焦在篮球上。

设置视频对焦模式

佳能相机选择对焦模式

使用佳能相机拍摄视频时，有两种对焦模式可选择，一种是ONE SHOT单次自动对焦，另一种是SERVO伺服自动对焦。

ONE SHOT单次自动对焦模式适合拍摄静止的被摄对象，当半按快门按钮时，相机只实现一次对焦，合焦后，自动对焦点将变为绿色。SERVO伺服自动对焦模式适合拍摄移动的被摄对象，只要保持半按快门按钮，相机就会对被摄对象持续对焦，合焦后，自动对焦点为蓝色。

在使用这种模式时，如果配合使用下方将要讲解的“ + 追踪”“自由移动AF( )”对焦方式，只要对焦框能跟踪并覆盖被摄对象，相机就能够持续对焦。

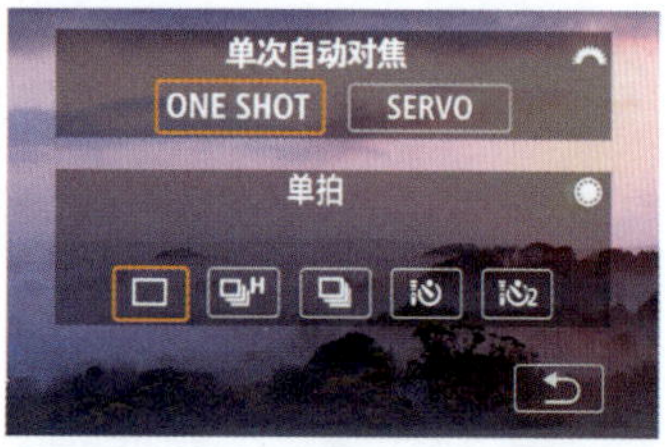

○ 设置自动对焦模式

尼康相机选择对焦模式

在拍摄视频时，尼康相机提供了两种自动对焦模式，即AF-S单次伺服自动对焦模式和AF-F全时伺服自动对焦模式。AF-S单次伺服自动对焦模式适用于拍摄静态对象，半按快门释放按钮可以锁定对焦。AF-F全时伺服自动对焦模式适用于拍摄动态的对象，或相机在不断地移动、变换取景位置等情况，此时，相机将连续进行自动对焦，半按快门按钮可以锁定当前的对焦位置。

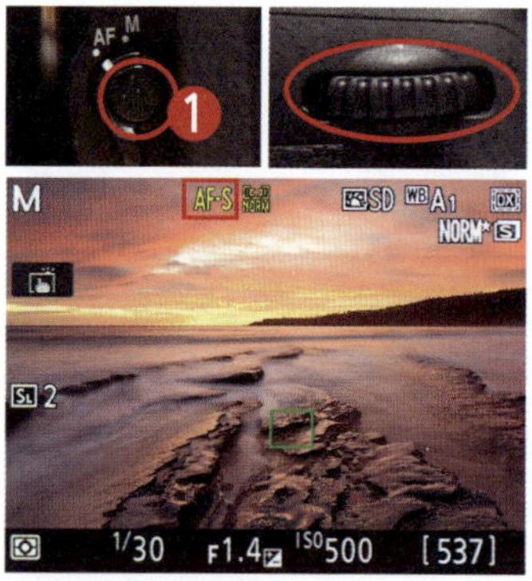

尼康 D850 相机设定方法： 将对焦模式选择器旋转至 AF 位置，按住 AF 模式按钮并转动主指令拨盘，即可在两种自动对焦模式之间切换

佳能相机选择自动对焦方式

除非以固定机位拍摄风光、建筑等静止的对象，否则，拍摄视频时的对焦模式都应该选择SERVO伺服自动对焦。此时，可以根据要选择的对象或对焦需求，选择三种不同的自动对焦方式。在实时取景状态下按下Q按钮，点击左上角的自动对焦方式图标，然后在屏幕下方点击所需选项。

○ 在速控屏幕中点击AF☺⁚⁚图标（☺+追踪）的状态

○ 在速控屏幕中点击AF( )图标（自由移动多点）的状态

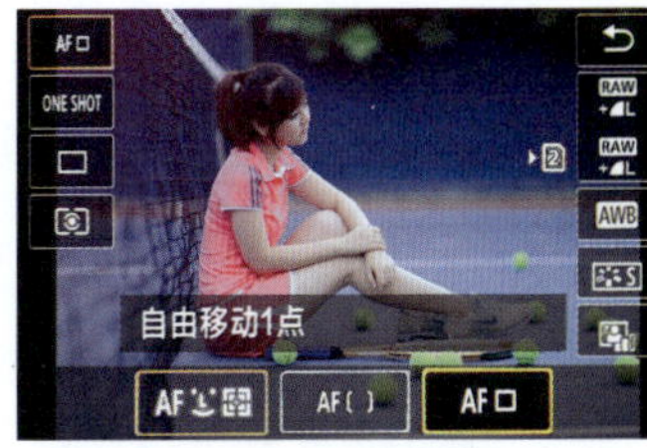

○ 在速控屏幕中点击AF □图标（自由移动 1 点）的状态

按下面展示的操作方法也可以切换不同的自动对焦模式，下面详解不同模式的含义。

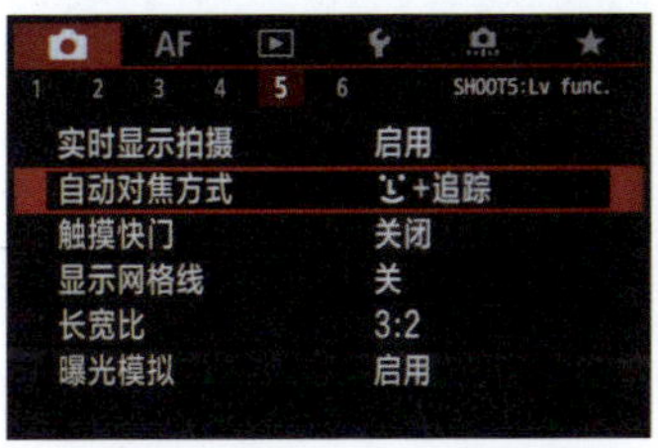

❶ 在**拍摄菜单5**中选择**自动对焦方式**选项

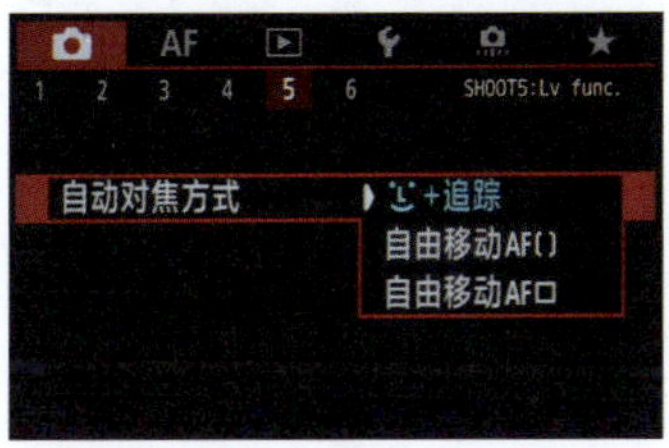

❷ 选择一种对焦模式

> 提示：由于Canon EOS 5D Mark Ⅳ的液晶监视器可以触摸操作，因此在选择对焦区域时，也可以直接点击液晶监视器屏幕选择对焦位置。

1. ☺ + 追踪

在此模式下，相机优先对被摄人物的脸部进行对焦，即使在拍摄过程中被摄人物的面部发生了移动，自动对焦点也会移动以追踪面部。当相机检测到人的面部时，会在要对焦的脸上出现⁚ ⁚自动对焦点。如果检测到多个面部，将显示‹ ›，使用多功能控制钮⁜将‹ ›框移动到目标面部上即可。如果没有检测到面部，相机会切换到自由移动多 1 点模式。

○ ☺+追踪模式的对焦示意

2. 自由移动 AF( )

在此模式下，相机可以采用两种模式对焦，一种是以最多 63 个自动对焦点对焦，这种对焦模式能够覆盖较大区域；另一种是将液晶监视器分割成为 9 个区域，摄影师可以使用多功能控制钮※选择某一个区域进行对焦，也可以直接在屏幕上通过点击不同的位置来进行对焦。默认情况下，相机自动选择前者。用户可以按下※或 SET 按钮，在这两种对焦模式间切换。

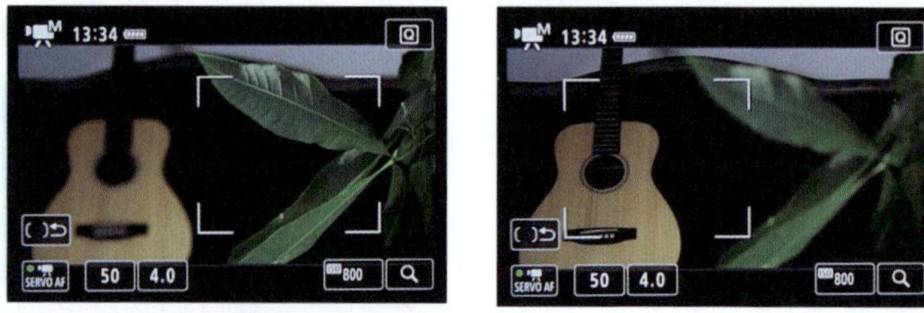

○ 自由移动 AF( )模式的对焦示意

3. 自由移动 AF □

在此模式下，液晶监视器上只显示一个自动对焦点，使用多功能控制钮※将该自动对焦点移至要对焦的位置，当自动对焦点对准被摄对象时半按快门即可。用户也可以直接在屏幕上通过点击不同的位置来进行对焦。如果自动对焦点变为绿色并发出提示音，表明合焦正确；如果没有合焦，则对焦点显示橙色。

○ 自由移动 AF □模式的对焦示意

尼康相机选择自动对焦区域模式

在即时取景状态下可选择以下5种自动对焦区域模式。无论使用哪种区域模式，都可以使用多重选择器移动对焦点的位置。

AF区域模式	功　能
脸部优先	相机自动侦测并对焦于面向相机的人物脸部，适用于人像拍摄。实测结果表明，该模式在对焦速度及成功率方面的性能还是非常高的
宽区域	适用于以手持方式拍摄风景和其他非人物对象
标准区域	此时的对焦点较小，适用于需要精确对焦画面中所选点的情况。使用该模式时推荐搭配使用三脚架
微点	使用较小对焦点精确对焦于较小的拍摄对象。除此之外，其他与标准区域相同
对象跟踪	可跟踪画面中移动的拍摄对象，将对焦点置于拍摄对象上并按下多重选择器中央按钮即可开始跟踪，对焦点将跟踪画面中移动的所选拍摄对象。要结束跟踪，再次按下多重选择器中央按钮即可

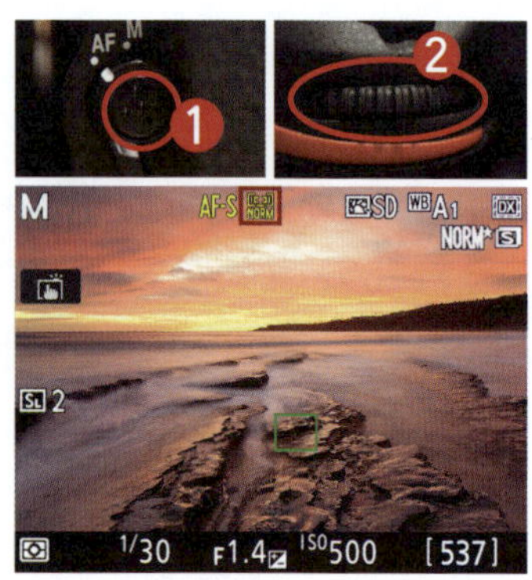

尼康 D850 相机设定方法：将对焦模式选择器旋转至 AF 位置，按下 AF 模式按钮并转动副指令拨盘即可在各种对焦区域模式间切换

佳能相机设置视频自动对焦灵敏度

短片伺服自动对焦追踪灵敏度

录制短片时，在使用了短片伺服自动对焦功能的情况下，可以在“短片伺服自动对焦追踪灵敏度”菜单中设置自动对焦追踪灵敏度。

对焦追踪灵敏度有 7 个等级，如果设置为偏向灵敏端的数值，那么当被摄对象偏离自动对焦点时，或者有障碍物从自动对焦点面前经过时，自动对焦点会对焦其他物体或障碍物。

而如果设置偏向锁定端的数值，则自动对焦点会锁定被摄对象，不会轻易对焦到别的位置或其他物体。

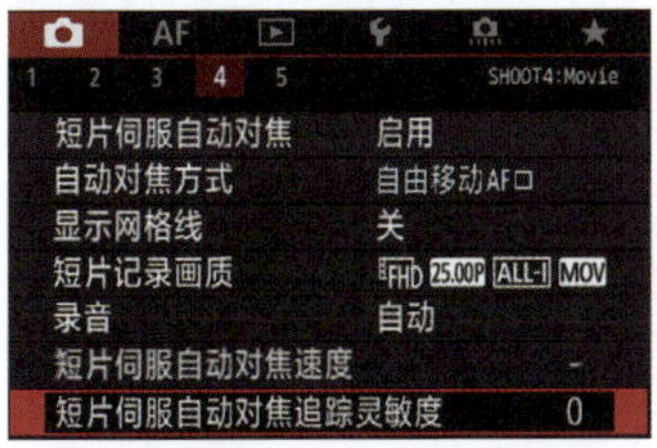

❶ 在**拍摄菜单4**中选择**短片伺服自动对焦追踪灵敏度**选项

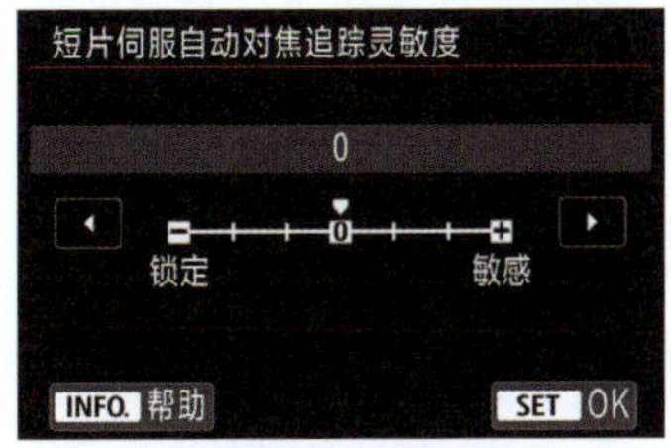

❷ 点击◀或▶图标选择所需的灵敏度等级，然后点击SET OK图标确定

■ 锁定（−3/−2/−1）：偏向锁定端，可以使相机在自动对焦点丢失原始被摄对象的情况下，也不太可能追踪其他被摄对象。设置的负数值越小，相机追踪其他被摄对象的概率越小。这样的设置，可以在摇摄期间或有障碍物经过自动对焦点时，防止自动对焦点立即追踪非被摄对象的其他物体。

■ 敏感（+1/+2/+3）：偏向敏感端，可以使相机在追踪覆盖自动对焦点的被摄对象时更敏感。设置的数值越高，则对焦越敏感。这样的设置适用于想要持续追踪与相机之间的距离发生变化的运动被摄对象，或者要快速对焦其他被摄对象的录制场景。

○ 摩托车手短暂地被其他的摄影师遮挡

例如，在上图中，摩托车手被其他的摄影师短暂地遮挡，此时如果对焦灵敏度过高，焦点就会落在其他摄影师身上，而无法跟随摩托车手，因此这个参数一定要根据当时的拍摄情况来灵活设置。

短片伺服自动对焦速度

当启用“短片伺服自动对焦”功能，并且自动对焦方式为“自由移动1点”时，可以在菜单中设定短片伺服自动对焦功能的对焦速度和应用条件。

■ 启用条件：选择“始终开启”选项，那么在“自动对焦速度”选项中的设置，将在拍摄短片之前和在拍摄短片期间都有效。选择“拍摄期间”选项，那么在“自动对焦速度”选项中的设置仅在拍摄短片期间生效。

■ 自动对焦速度：可以将自动对焦转变速度从标准速度调整为“慢”（七个等级之一）或“快”（两个等级之一），以获得所需的短片效果。

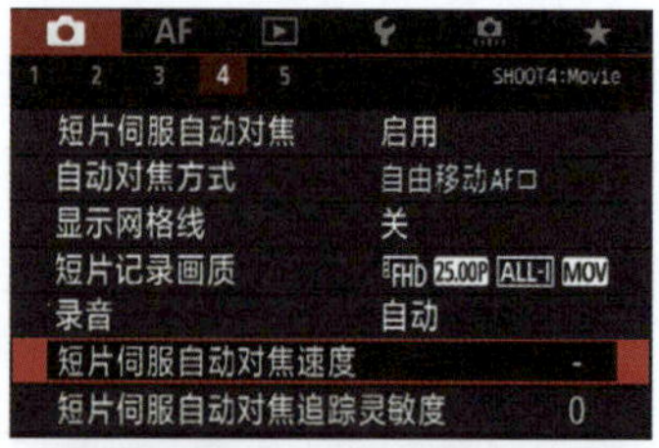

❶ 在**拍摄菜单 4** 中选择**短片伺服自动对焦速度**选项

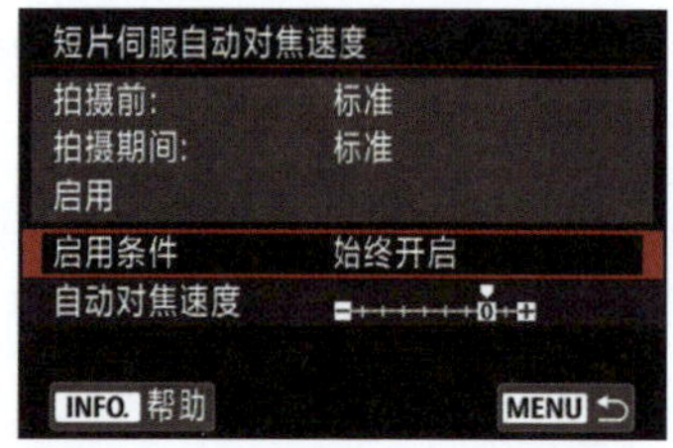

❷ 点击**启用条件**或**自动对焦速度**选项

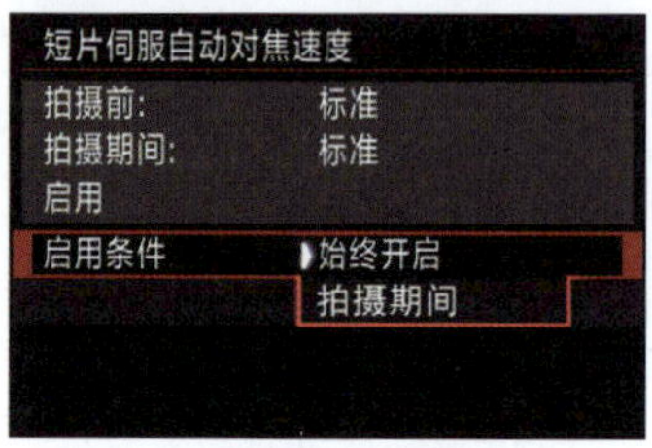

❸ 点击**始终开启**或**拍摄期间**选项

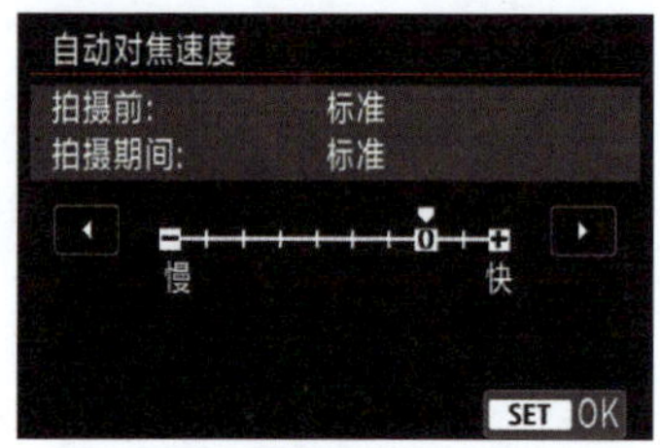

❹ 点击◀或▶图标切换对焦的速度，然后点击SET OK图标确定

提示：“自动对焦速度”并非越快越好。当需要变换对焦主体时，为了让焦点的转移更自然、更柔和，往往需要画面中出现由模糊到清晰的过程，此时就需要设置较慢的自动对焦速度来实现。

○ 拍摄有前景及背景的谈话场景时，当焦点从前景切换至背景，或者从背景切换至前景时，焦点的转换速度可以通过“短片伺服自动对焦速度”菜单进行控制

设置录音参数并监听现场音

使用相机内置的麦克风可录制单声道声音。通过将带有立体声微型插头（直径为 3.5mm）的外接麦克风连接至相机，则可以录制立体声。配合“录音”菜单中的参数设置，可以实现多样化的录音控制。

佳能相机设置录音 / 录音电平

选择“自动”选项，相机将会自动调节录音音量；选择“手动”选项，则可以在“录音电平”界面中将录音音量的电平调节为 64 个等级之一，此操作适用于高级用户；选择“关闭”选项，相机将不会记录声音。

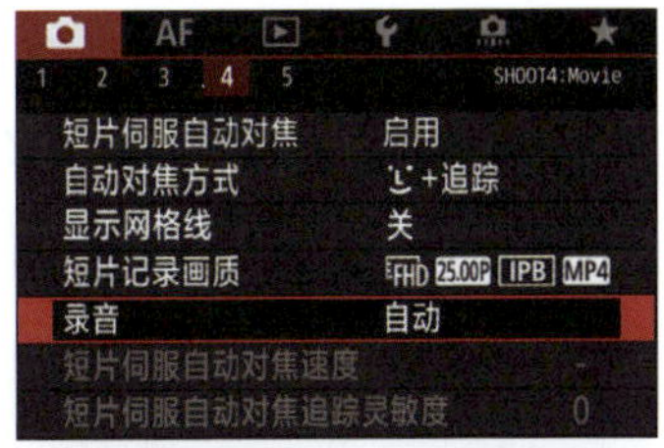

❶ 在**拍摄菜单4**中选择**录音**选项

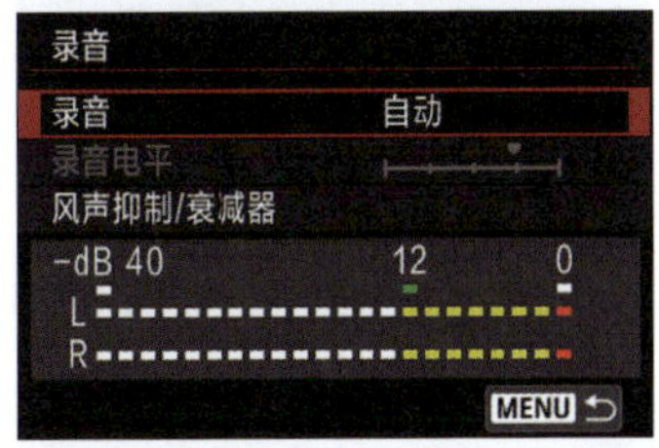

❷ 点击可选择不同的选项，即可进入修改参数界面

尼康相机设置麦克风灵敏度

使用相机内置麦克风可录制单声道声音，通过将带有立体声微型插头（ME-1）的外接麦克风连接至相机，则可以录制立体声，然后配合“麦克风”菜单中的参数设置，可以实现多样化的录音控制。

- 自动灵敏度。选择此选项，则相机会自动调整灵敏度。
- 手动灵敏度。选择此选项，可以手动调节麦克风的灵敏度。
- 麦克风关闭。选择此选项，则关闭麦克风。

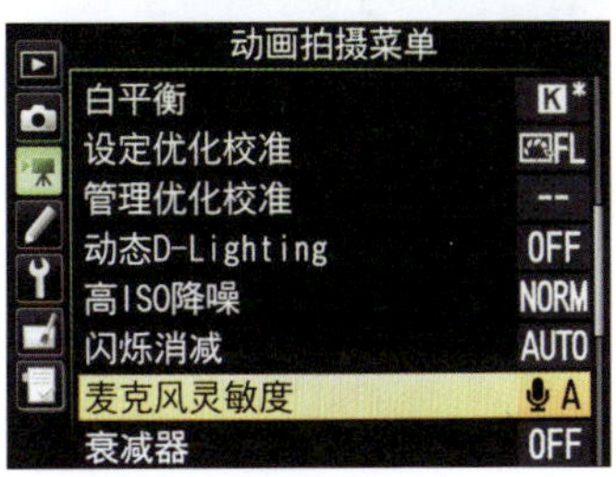

❶ 点击选择**动画拍摄菜单**中的**麦克风灵敏度**选项

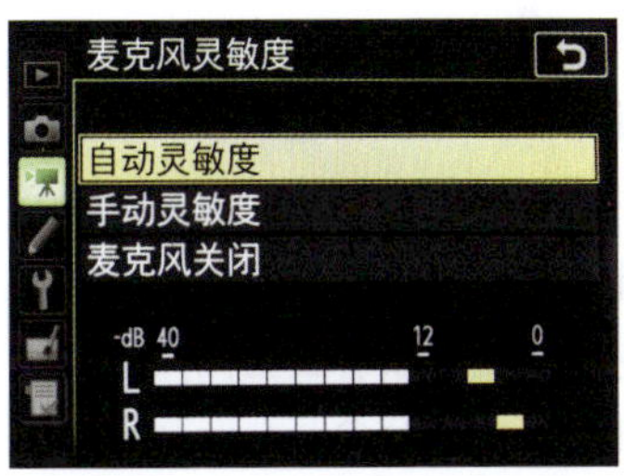

❷ 点击选择**自动灵敏度**选项，可由相机自动控制麦克风的录音灵敏度

录制表现花开花谢过程的延时短片

延时短片第一次以全民瞩目的形式被多数人认识，是2020年疫情防控期间的火神山医院建设工程，长达100多个小时不眠不休的建设过程，被压缩在两分钟视频中，不仅让亿万国人认识到我国强大的资源调动能力、工程建设能力，更起到了提振国民信心的作用。

虽然现在新款手机普遍具有拍摄延时视频的功能，但可控参数较少、画质不高，因此如果要拍摄更专业的延时短片，还是需要使用相机。

下面以佳能EOS 5D Mark Ⅳ为例，讲解如何利用“延时短片”功能拍摄一段无声的视频短片。

■间隔：可在“00:00:01”至“99:59:59”之间，设定拍摄每两张照片之间的间隔时间。例如，00:56:03即每隔56分3秒拍摄一张照片。

■张数：可在“0002”至“3600”之间设定拍摄张数。如果设定为3600，NTSC模式下生成的延时短片将约为2分钟，PAL模式下生成的延时短片将约为2分24秒。

完成设置后，相机会显示预计需要拍多长时间，以及当前制式下的放映时长。

如果录制的延时场景时间跨度较大，例如持续几天，则“间隔”值可以适当加大。

如果希望拍摄延时视频时景物变化细腻一些，则可以加大拍摄“张数”值。

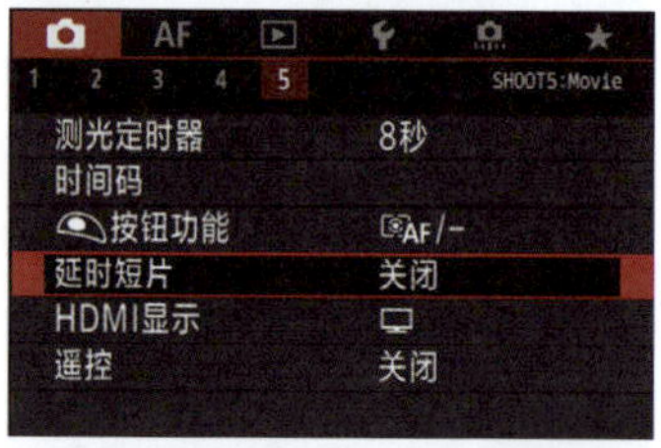

❶ 在**拍摄菜单5**中选择**延时短片**选项

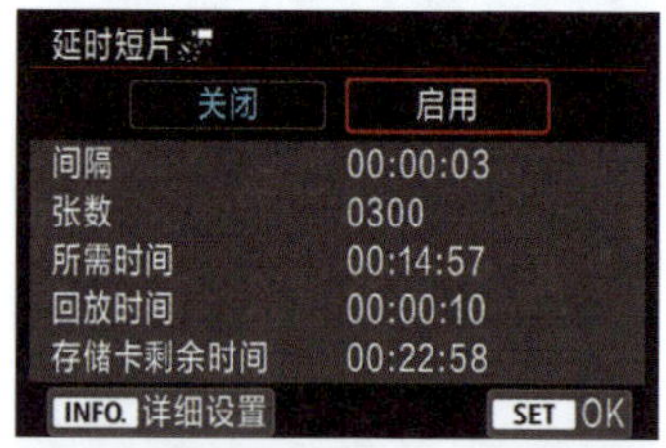

❷ 选择**启用**选项，再点击INFO. 详细设置图标进入调节间隔/张数设置界面

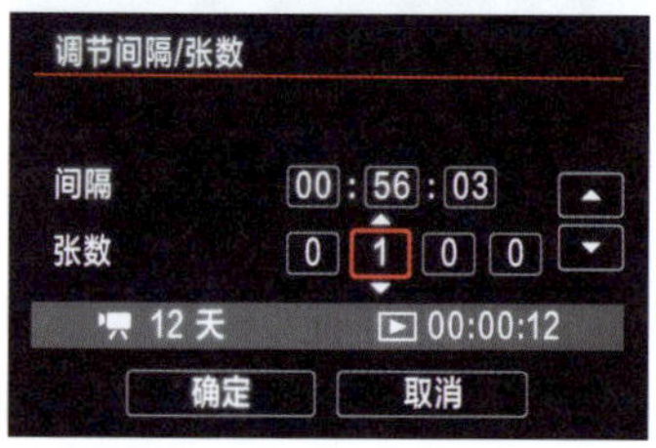

❸ 选择间隔或张数的数字框，然后点击▲或▼图标选择所需的间隔时间或张数

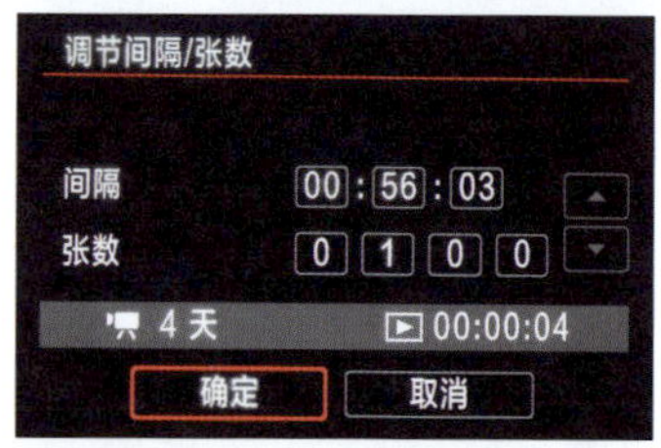

❹ 设置完成后，显示预计拍摄时长及放映时长，点击**确定**按钮

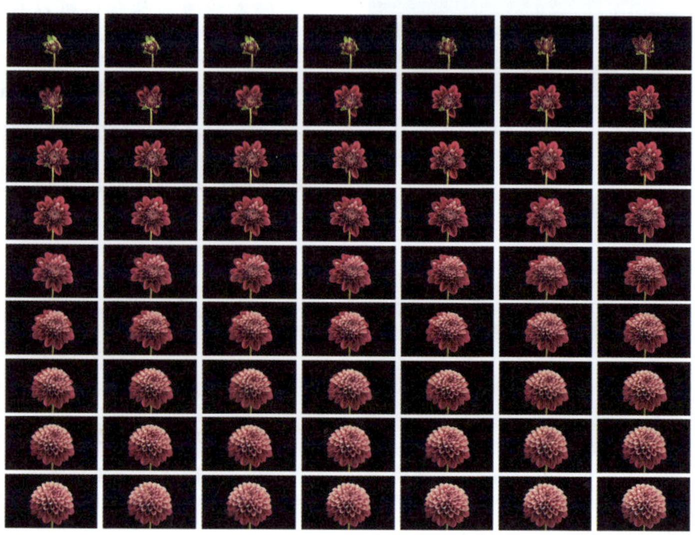

○ 这组图是从视频中截取的。利用“延时短片”功能，将鲜花绽放的过程在极短的时间内展示了出来，极具视觉震撼力

尼康相机通过其“定时动画”功能，实现了在预设时间间隔内自动拍摄照片的高效流程化操作。这一功能与“间隔拍摄”功能基本类似，不同之处在于，使用此功能可以在拍摄完成后直接生成一个无声的视频短片。

■开始：开始定时录制。选择此选项后将会在大约3秒后开始拍摄，并在选定的拍摄时间内以所选间隔时间持续进行。

■间隔时间：选择两次拍摄之间的间隔时间，时间设置为n分n秒。

■拍摄时间：选择定时动画的总拍摄时间，时间设置为n小时n分。

■曝光平滑：选择“开启”选项，可以在P、A、S曝光模式下使用曝光平滑过渡功能。如果想在M模式下使用曝光平滑功能，则需要开启自动ISO感光度功能。

■静音拍摄：选择“开启”选项，可以在拍摄过程中使用快门静音功能。

■影像区域：可以为定时动画选择一个影像区域。可选择的选项与动画拍摄菜单中的“影像区域”菜单项目相同。

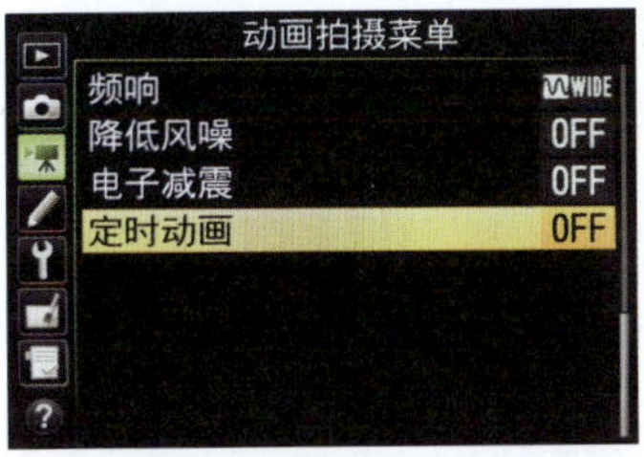

❶ 在**动画拍摄菜单**中选择**定时动画**选项

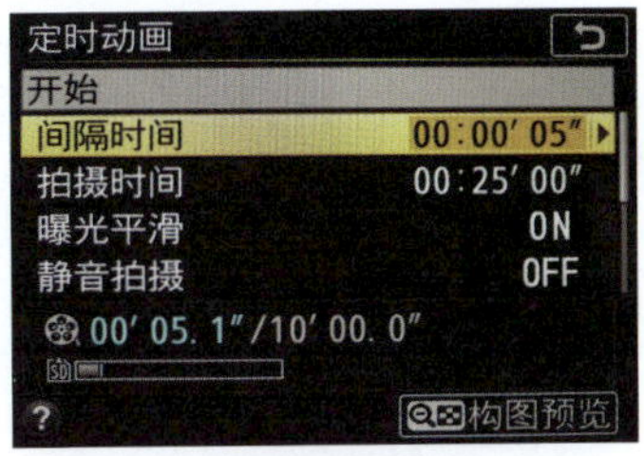

❷ 点击选择**间隔时间**选项

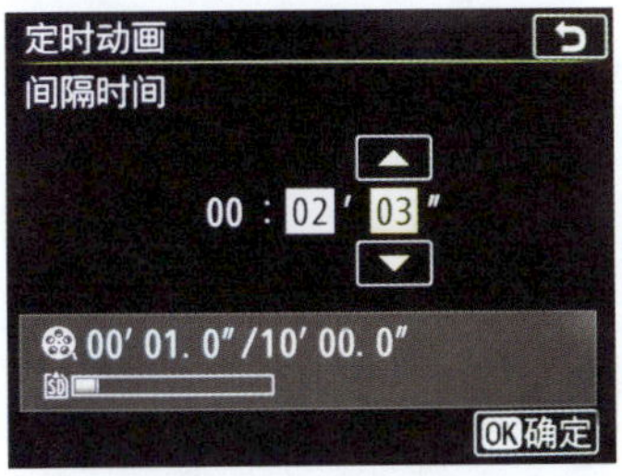

❸ 点击选择间隔的数字框，然后点击▲或▼图标选择所需的间隔时间。设置完成后，点击OK确定图标确定

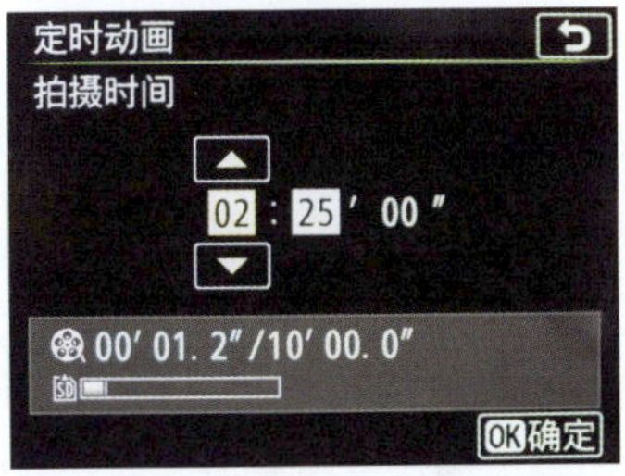

❹ 如果在步骤❷中选择了**拍摄时间**选项，点击选择时间数字框，然后点击▲或▼图标选择所需的拍摄时间。设置完成后，点击OK确定图标确定

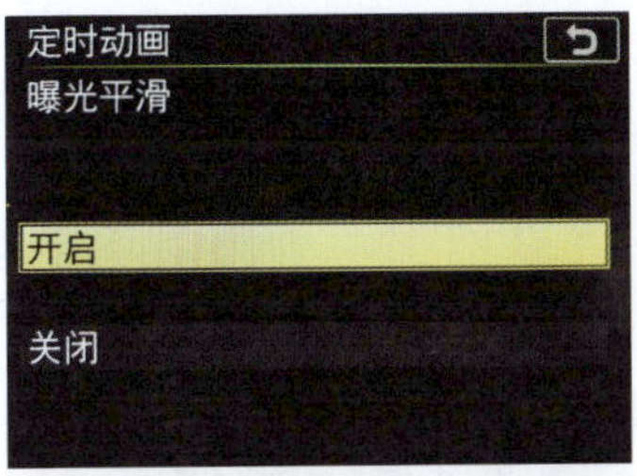

❺ 如果在步骤❷中选择了**曝光平滑**选项，点击可选择**开启**或**关闭**选项

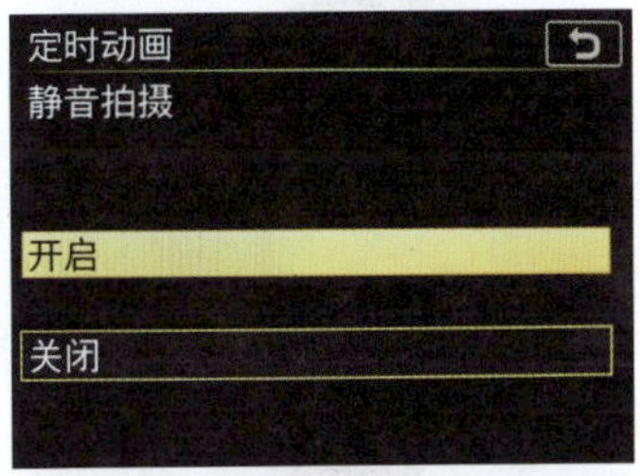

❻ 如果在步骤❷中选择了**静音拍摄**选项，点击可选择**开启**或**关闭**选项

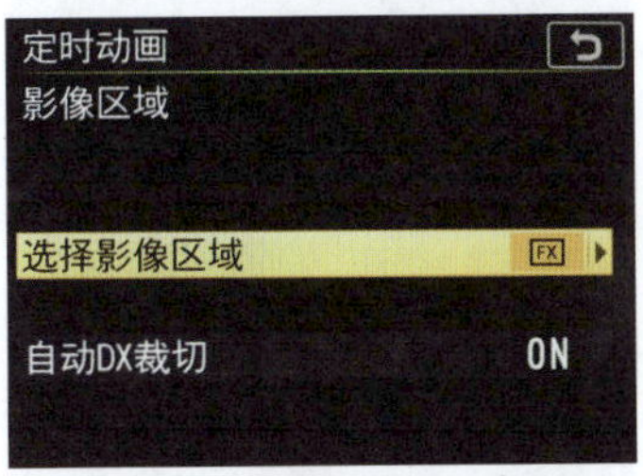

❼ 如果在步骤❷中选择了**影像区域**选项，点击选择所需的选项

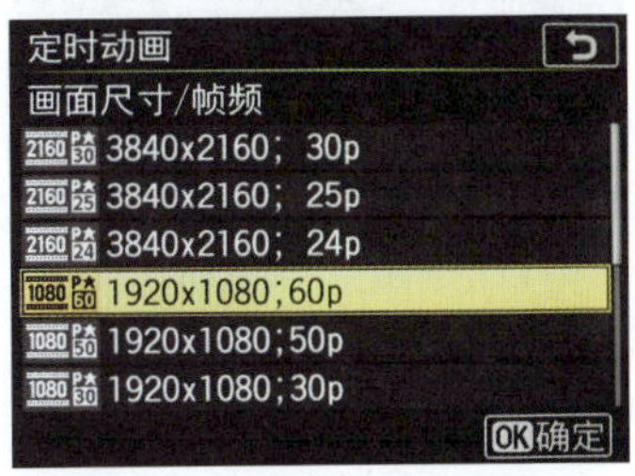

❽ 如果在步骤❷中选择了**画面尺寸/帧频**选项，点击选择所需的选项

■画面尺寸/帧频：可以为最终生成的动画选择画面尺寸和帧频。可选择的选项与动画拍摄菜单中的“画面尺寸/帧频”菜单项目相同。

■间隔优先：如果使用P和A挡曝光模式拍摄，可在此选项中设置是优先曝光时间还是优先间隔时间。选择“开启”可确保画面以所选间隔时间进行拍摄，选择“关闭”则可以确保画面正确曝光。

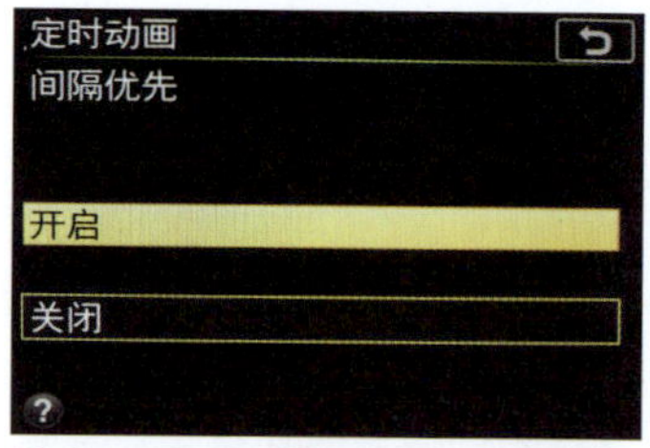

⑨ 如果在步骤②中选择了**间隔优先**选项，点击可选择**开启**或**关闭**选项

录制高帧频慢动作视频短片

让视频短片的视觉效果更丰富的方法之一，是调整视频的播放速度，使其加速或减速，形成快放或慢动作效果。视频加速的方法很简单，通过后期处理将1分钟的视频压缩在10秒内播放完毕即可，基本上后期视频处理软件均有此功能。

而要获得高质量慢动作视频效果，则需要在前期录制高帧频视频。例如，在默认情况下，如果以25帧/秒的帧频录制视频，1秒只能录制25帧画面，回放时也是1秒。

但如果以 100 帧 / 秒的帧频录制视频，1 秒则可以录制 100 帧画面，所以当以常规 25 帧 / 秒的速度播放视频时，1 秒内录制的动作则呈现为 4 秒，成为电影中常见的慢动作效果。这种视频效果特别适合表现一些重要的瞬间或高速运动的拍摄题材，如飞溅的浪花、腾空的摩托车和起飞的鸟儿等。

虽然现在也有一些不错的后期处理软件，可以通过软件插值，将 1 秒 25 帧的视频画面拆分开，并在每两帧画面之间生成若干帧过渡画面，从而模拟出慢动作效果，但最终成片的效果存在不够逼真、略显卡顿的现象，所以最好的方法仍然是前期拍摄。

下面以 EOS 5D Mark Ⅳ相机为例，讲解拍摄慢动作视频的方法，其他相机操作与此类似。

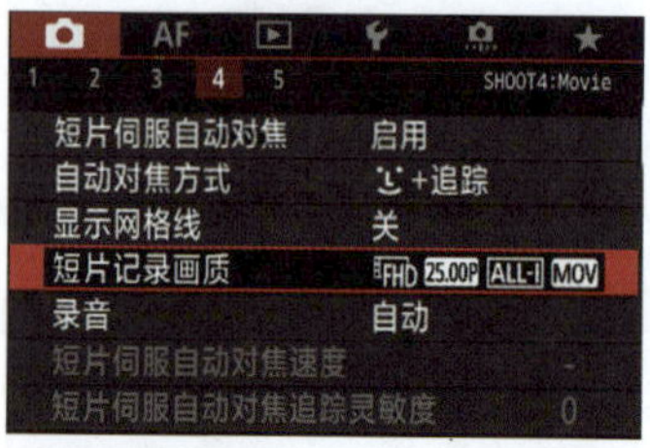

① 在**拍摄菜单4**中选择**短片记录画质**选项

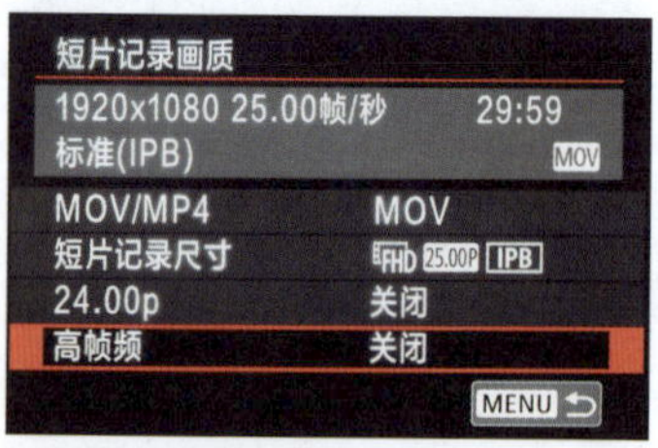

② 选择**高帧频**选项

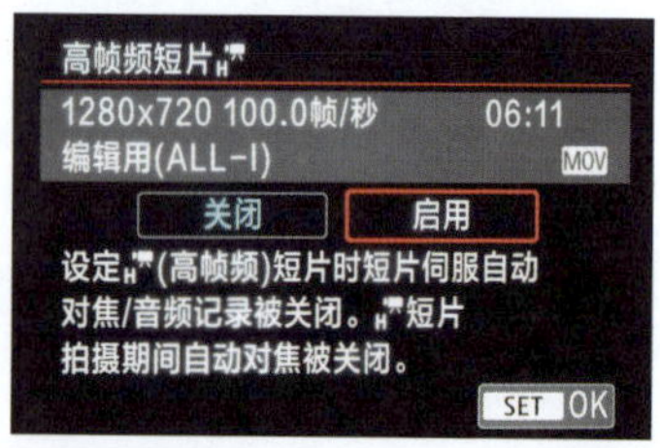

③ 选择**启用**选项，然后点击SET OK图标确定

提示：在高帧频录制模式下，无法使用短片伺服自动对焦模式。在拍摄期间，自动对焦也不会起作用，且无法记录声音。另外，要注意使用高速存储卡，以避免掉帧。

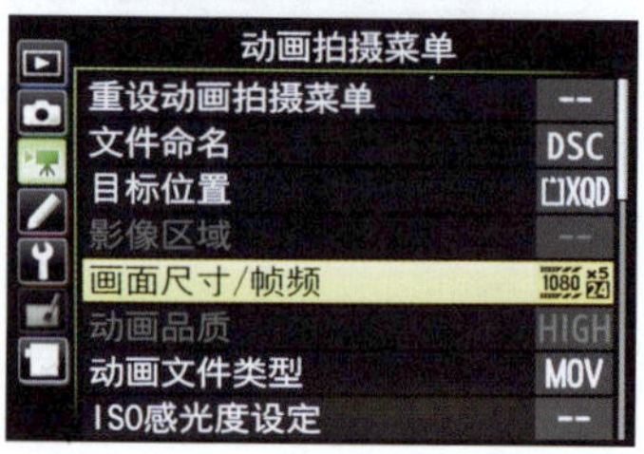

① 选择**动画拍摄**菜单中的**画面尺寸/帧频**选项

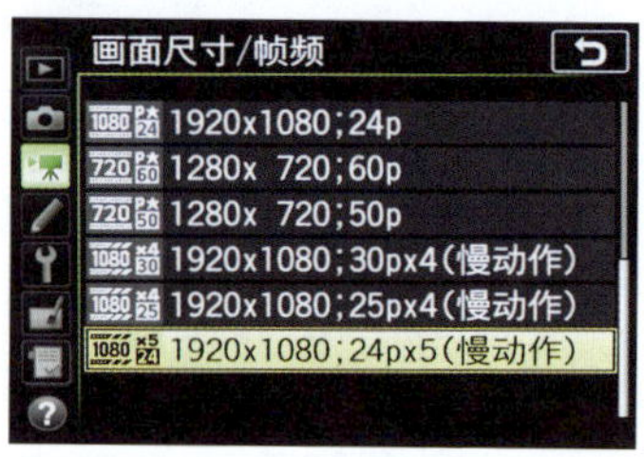

② 点击选择带“慢动作”字样的选项

第8章 人像摄影题材实战技法

没有大光圈，怎样玩虚化

众所周知，使用大光圈可以使背景虚化，除此之外，还可以用别的方法使背景获得完美的虚化，下面就介绍几个没有大光圈也能虚化的方法。

长焦镜头获得景深浅营造层次感

想要获得浅景深，除了大光圈以外，拍摄者还可以通过长焦镜头来获得。镜头的焦距越长，景深越浅；焦距越短，景深越深。根据这个规律，拍摄者在拍摄时可以使用长焦镜头来获得想要的浅景深效果。拍摄人像时，如果长焦镜头配合大光圈使用，效果会更好，不但可以得到较浅的景深，还可以虚化掉不利于画面的元素，使画面虚实对比更强烈，使被摄者更加突出。

使用长焦镜头拍摄可以使画面背景虚化，将人物安排在画面三分线上，可以使主体突出

靠近模特拍出虚化背景

想要获得浅景深，让背景得到虚化，最简单的方法就是在模特和背景距离保持不变的情况下，让相机靠近模特。这样可以轻易获得浅景深的效果，人物较突出，背景也得到了自然虚化。

但需要注意在实际拍摄的过程中，有些模特会因为离镜头太近，而感觉很不自在，故表情和姿势都会不自然，这样拍摄出的照片很难获得理想的效果。这时候，摄影师需要与模特进行沟通和交流，使模特放松，在模特慢慢放松的时候，迅速按下快门。

通过两张画面的对比可以看出，距离模特较远的画面，背景虚化不是很明显，而靠近模特拍摄的画面，背景虚化效果非常明显

模特远离背景拍出虚化的背景

在相机位置不变的情况下，安排模特与背景保持一定的距离，也一样可以获得完美的浅景深效果。简单来说，模特离背景越远，就越容易形成浅景深，从而获得更大的虚化效果。

模特与环境有很好的互动，但由于离背景过近，所以背景虚化不是很理想

模特与背景保持一定距离后，画面中的背景虚化很显著，很好地突出了主体人物

选择合适的背景

选用了错误的背景也是造成无法虚化的原因之一，例如背景是蓝天或白色的墙壁等，即使使用上述 3 种方法也不可能实现漂亮的虚化效果；而选择绿色树木、花草、游乐园等有色彩的景物作为背景时，使用上述 3 种方法后虚化效果便可轻松实现。

平视拍摄时，以被照亮的道路作为背景，虚化效果不明显

换个角度拍摄，以绿树作为背景，得到了漂亮虚化背景

利用前景加强画面的空间感和透视感

在拍摄人像时，可以利用前景成像大、色调深的特点，与远处景物形成体量的大小对比或者色调的深浅对比，强化画面的空间感，这实际上也是透视原理在摄影中的具体应用，而且由透视原理可以推断出，前景与人物在画面中所占的面积比例相差越大，则画面的空间感越强。

○ 前景中大片的油菜花与远景中正在亲吻的恋人形成呼应，表现出对生活的美好愿望

俯视拍摄人像

俯视角度拍摄，通常会将被摄人物与其周围环境同时纳入到画面中来，交代一定的环境信息，加之近大远小的透视关系，能够使画面中呈现出较不错的空间层次。这种角度拍摄人物时，人物的身体将被压缩，出现上大下小的变形效果，头部被夸大，身体部分被缩小，人物从而会表现得更加可爱、俏皮。如果拍摄时面部与相机的角度小于90°，则能够轻松拍摄出小脸美女照片，而眼睛也会显得比平常看上去更大。

俯视也是常见的“睡美人”拍摄角度，拍摄时要注意使画面向高调靠近。但选择俯视角度时要适度，过度的俯视效果会使被摄人物产生严重形变。

○ 画面采用俯视角度，很好地突出了女孩的面部神情，大大的眼睛充满神韵，看起来可爱至极

人物视线方向留白延伸画面空间感

拍摄人像时，在画面中进行适当留白会增加画面的流通性与宽松感，一般常用的留白是在人物视线方向的留白，这样可以使人物视线方向的空间得以延伸，让观者对人物视线方向的内容产生遐想，不至于让画面产生拥挤、堵塞的感觉。

○ 摄影师使用大光圈拍摄的人像作品，画面色调柔美，背景虚化，同时人物视线方向的留白也让画面的空间感得到了延伸，从而给人留下了想象的空间

利用环境留白渲染画面气氛

摄影是一种减法艺术，画面的空白区域越大、越多，通常主体也会越突出，因此无论是拍摄风光还是人像都可以通过恰当地留白来突出被拍摄的主体。如果要以留白的手法来表现人像，通常应该以较大的光圈、较长的焦距，使模特的背景得到充分的虚化，并在构图时刻意压缩人像在画面中所占的比例。

○ 使用横画幅拍摄的这张人像作品，天空作为留白则让人物表现得更舒展

斜线构图

斜线构图在人像摄影中经常被用到。当人物的身姿或肢体动作以斜线的方式出现在画面中，并占据画面足够的空间时，就形成了斜线构图方式。斜线构图所产生的拉伸效果，对于表现女性修长的身材或者对拍摄对象身材方面的缺陷进行美化具有非常不错的效果。

○ 模特的臀部与撑起的上半身形成S形，很好地凸显了模特的身材，倾斜相机使模特在画面中以斜线出现，可避免画面呆板，给人以惬意、舒适的感觉

S形构图

在拍摄女性人像时，可采用S形构图来表现女性独有的柔美及性感的特质，此站姿的要点是身体重心放在左脚上，抬起的手臂要一高一低，错落有致，这样才不会影响身体曲线的展现。具体在拍摄时身体弯曲的线条朝哪一个方向及弯曲的力度大小都是有讲究的（弯曲的力度越大，表现出来的力量也就越大）。所以，在人像摄影中，用来表现身体曲线的S形线条的弯曲程度都不会太大，否则被摄对象要很用力，会影响到其他部位的表现。

○ S形构图通常采用竖幅的方式，从人物侧面表现女性性感、妩媚的气质

7 步拍出逆光小清新人像

小清新人像以高雅、唯美为特点，表现出了一些年轻人的审美情趣，而成为热门人像摄影风格。当小清新碰上逆光，会让画面显得更加唯美，不少户外婚纱照及写真都是这类风格。

逆光小清新人像的主要拍摄要点有：1. 模特的造型、服装搭配；2. 拍摄环境的选择；3. 拍摄时机的选择；4. 准确测光。掌握这几个要点就能够轻松拍好逆光小清新人像，下面详细讲解。

1. 选择淡雅服装

选择颜色淡雅、质地轻薄带点层次的服饰，同时还要注意鞋子、项链、帽子配饰的搭配。模特妆容以淡妆为宜，发型则以表现出清纯、活力的一面为主，总之，以能展现少女风为原则。

2. 选择合适的拍摄地点

可以选择如公园花丛、树林、草地、海边等较清新、自然的环境作为拍摄地点。在拍摄

85mm F2.2 1/320s ISO100

以绿草地为背景，侧逆光拍摄，照在模特身上，形成唯美的轮廓光，模特坐在草地上，撩起一缕头头轻轻地吹，画面非常简洁、自然

50mm F2.8 1/1250s ISO200

模特身着白裙子，与侧逆光形成的暖色色调非常的和谐

时可以利用花朵、树叶、水的色彩，来营造小清新感。

3. 如何选择拍摄时机

一般逆光拍小清新人像的最佳时间，夏天为下午四点半到六点半，冬天为下午三点半到五点，这个时间段的光线比较柔和，能够拍出干净柔和的画面。同时还要注意空气的通透度，如果是雾蒙蒙的，则拍摄出来的效果不佳。

4. 构图

在构图时注意选择简洁的背景，背景中不要出现杂乱的物体，并且背景颜色也不要太多，不然会显得太乱。

树林、花丛既可以用作背景，也可以用作前景，通过虚化来增加画面的唯美感。

5. 设置曝光参数

将拍摄模式设置为光圈优先模式，设置光圈值 F1.8~F4，以获得虚化的背景。感光度设置在 ISO100~ISO200，以获得高质量的画面。

选择光圈优先模式

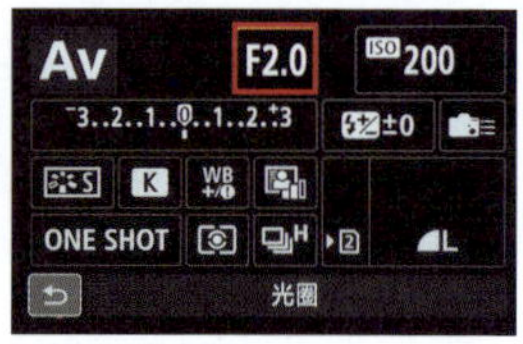

设置光圈值

以树林为拍摄地点，再配合花环、花束等元素，使画面呈现出清新、自然的效果

6. 对人物补光及测光

逆光拍摄时，人物会显得较暗，此时需要使用银色反光板摆在人物的斜上方对人脸进行补光（如果是暖色的夕阳光，则使用金色反光板），以降低人脸与背景光的反差比。

将测光模式设置为中央重点平均测光模式，靠近模特或使用镜头拉近，以脸部皮肤为测光区域半按快门进行测光，得到数据后按下曝光锁定按钮来锁定曝光。

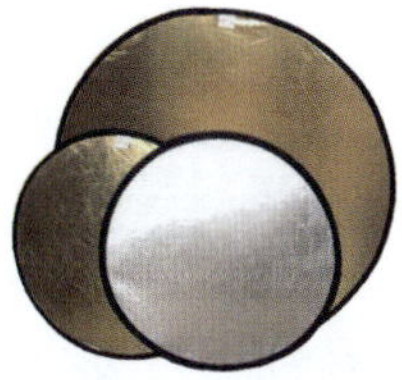

金色和银色反光板

7. 重新构图并拍摄

在保持按下曝光锁定按钮的状态下，通过改变拍摄距离或焦距重新构图，并对人物半按快门对焦，对焦成功后按下快门进行拍摄。

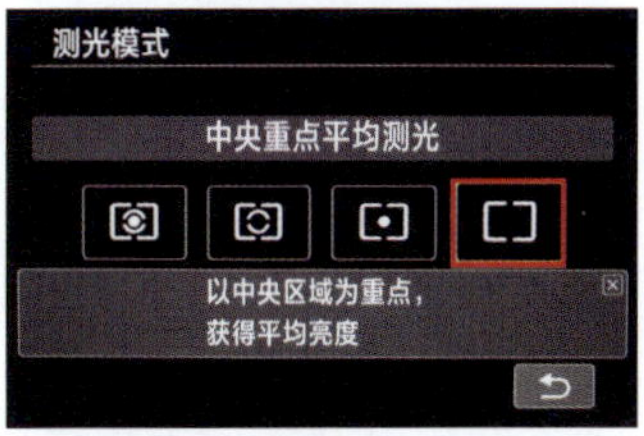

选择中央重点平均测光模式

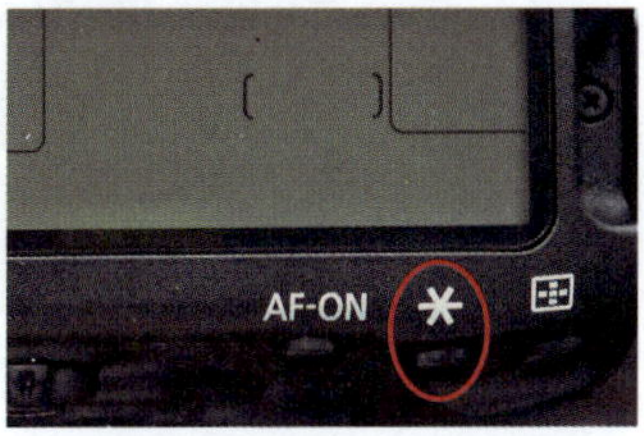

按下曝光锁定按钮锁定曝光

提示：建议使用RAW格式存储照片，这样即使在曝光方面有点不理想，也可以很方便地通过后期优化。

以绿草地为背景侧逆光拍摄，照在模特身上，形成唯美的轮廓光，模特身着青春感强烈的碎花裙，简简单单的摆姿，让画面更为自然

6 步拍好阴天环境人像

阴天环境下的光线比较暗，容易导致人物缺乏立体感，这也是很多摄影爱好者对之望而却步的主要原因。但从另一个角度来说，阴天环境下的光线非常柔和，一些本来会产生强烈反差的景物，此时在色彩及影调方面也会变得丰富起来。我们可以将阴天视为阳光下的阴影区域，只不过环境要更暗一些，但采取一些解决措施还是能够拍出好作品的。

1. 使用大光圈拍摄

由于环境光线较暗，需要使用大光圈值拍摄以保证曝光量，推荐使用光圈优先模式，设置光圈值 F1.8~F4（根据镜头所能达到的光圈值而设）。

2. 注意安全快门和防抖

如果已经使用了镜头的最大光圈值，仍然达不到安全快门的要求，此时可以适当调高 ISO 感光度数值，可以设置 ISO200~ISO500，如果镜头支持，还可以打开防抖功能。必要时可以使用三脚架保持相机稳定。

○ 选择光圈优先模式

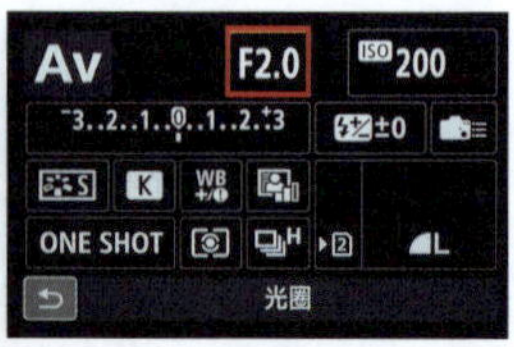

○ 设置光圈值

○ 设置 ISO 感光度

○ 开启防抖功能

○ 在阴天柔和的光线下拍摄时，利用反光板补光，使模特的皮肤显现得非常娇嫩，画面更显清爽

提示：如果在拍摄时实在无法把握曝光参数，那么宁可让照片略有些欠曝，也不要曝光过度。因为在阴天情况下，光线的对比不是很强烈，略微的欠曝不会有“死黑”的情况，我们可以通过后期处理进行恢复（会产生噪点）。

3. 恰当构图以回避瑕疵

阴天时的天空通常比较昏暗、平淡，因此在拍摄时，应注意尽量避开天空，以免拍出一片灰暗的图像或曝光过度的纯白图像，影响画面质量。

拍摄第一张时，由于地面与天空的明暗差距大，因此画面中天空的部分苍白一片。拍摄第二张时降低了拍摄角度，避开了天空，仅以地面为背景，得到整体层次细腻的画面

4. 巧妙安排模特着装与拍摄场景

阴天时环境比较灰暗，因此最好让模特穿上色彩比较鲜艳的衣服。拍摄时，应选择相对较暗的背景，这样会使模特的皮肤显得更白嫩。

在绿草的衬托下，身着玫红色花裙子的女孩显得更加娇俏动人

5. 用曝光补偿提高亮度

无论是否打开闪光灯，都可以尝试增加曝光补偿，以增强照片的亮度。

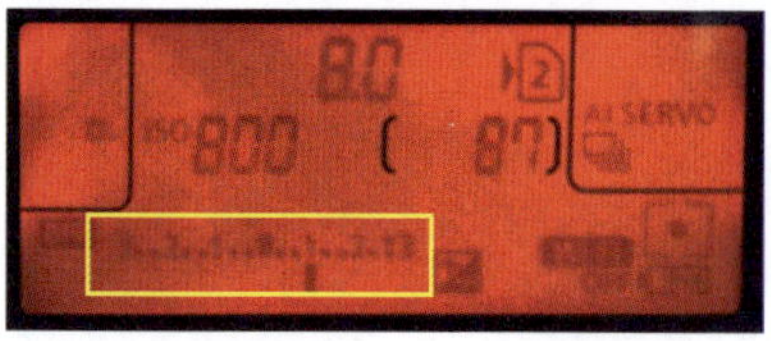

设置曝光补偿

由于阴天的光线较暗，因此在拍摄时增加了曝光补偿，得到的画面中女孩的皮肤看起来更加白皙、细腻

6. 切忌曝光过度

如果画面曝光过度，在层次本来就不是很明显的情况下，可能会产生完全的“死白”，这样的区域在后期处理中也无法恢复。

在拍摄时稍微“欠曝”一点，可以通过后期调整提亮画面，这样能减少细节损失

7 步拍出动感的跳跃人像

单纯地与景点或同伴合影，已经显得不够新颖了，年轻人更喜欢创新的拍摄形式，跳跃照就是其中之一。在拍摄跳起来的照片时，如果看到别人的画面都很精彩，而自己的照片感觉跳得很低，甚至像“贴”在地面上一样，不要怪自己或同伴不是弹跳高手，其实这是拍摄角度的问题，只要改变拍摄的角度，马上能够拍出一张“跳跃云端”的画面。

1. 选择合适的拍摄角度

拍摄时摄影师要比跳跃者的角度要低一点，这样才会显得跳跃者跳得很高。

千万注意不可以以俯视角度拍摄，这样即使被拍摄者跳得很高，拍摄出来的效果也像没跳起来一样。

2. 模特注意事项

被拍摄者在跳跃前，应该稍微侧一下身体，以 45° 角度面对相机，在跳跃时，小腿应该向后收起来，这样相比小腿直直地跳，感觉上会跳得高一点。当然，也可以自由发挥跳跃的姿势，总体原则以腿部向上或水平方向伸展为宜。

3. 构图

构图时，画面中最好不出现地面，这样可以让观者猜不出距离地面究竟有多高，会带来一种跳得很高的错觉。

需要注意的是，不管是横构图还是竖构图，都要在画面的上方、左右留出一定的空间，否则模特起跳后，有可能身体会跃出画面。

以俯视角度拍摄，可以看出跳跃效果不佳

拍摄者躺在地上，以超低角度拍摄

构图时预留的空间不够，导致模特的手出去画面之外了

4. 设置连拍模式

跳起来的过程只有1~2秒钟，须采用连拍模式拍摄。将相机的驱动模式设置为连拍。

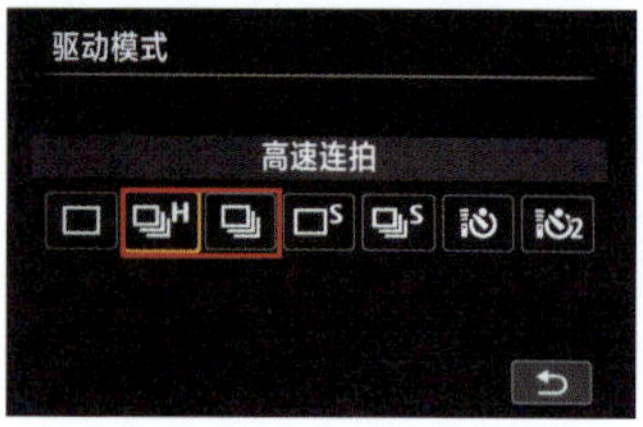

Canon EOS 5D Mark Ⅳ相机的两种连拍模式

5. 设置拍摄模式和感光度

由于跳跃时人物处于运动状态下，所以适合使用快门优先模式拍摄。为了保证人物动作被拍摄清晰，快门速度最低要设置到1/500s，越高的快门速度效果越好。感光度则要根据测光来决定，在光线充足的情况下ISO100~ISO200即可。如果测光后快门速度达不到1/500s，则要增加ISO感光度值，直至达到所需的快门速度为止。

6. 设置对焦模式和测光模式

如果使用佳能相机，应将对焦模式设置为人工智能伺服自动对焦（AI SERVO）；自动对焦区域模式设置为自动选择模式即可。

在光线均匀的情况下，将测光模式设置为评价测光，如果是拍摄剪影类的跳跃照，则设置为点测光。

7. 拍摄

拍摄者对场景构图后，让模特就位，在模特静止的状态下，半按快门进行一次对焦，然后喊：一、二、三跳，在“跳”字出口的瞬间，模特要起跳，拍摄者则按下快门不放进行连续拍摄。完成后回看照片，查看照片的对焦、取景、姿势及表情是否达到预想的效果，如果效果不佳，可以再重拍，直至满意为止。

模特手持雨伞起跳，仿佛人被伞带着飞起来一样，画面非常有趣

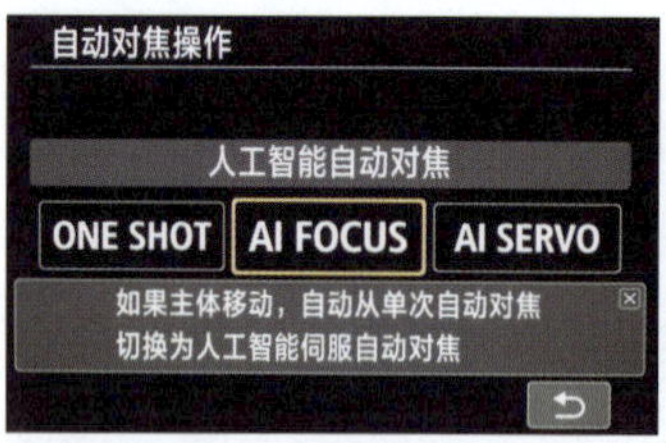

设置自动对焦模式

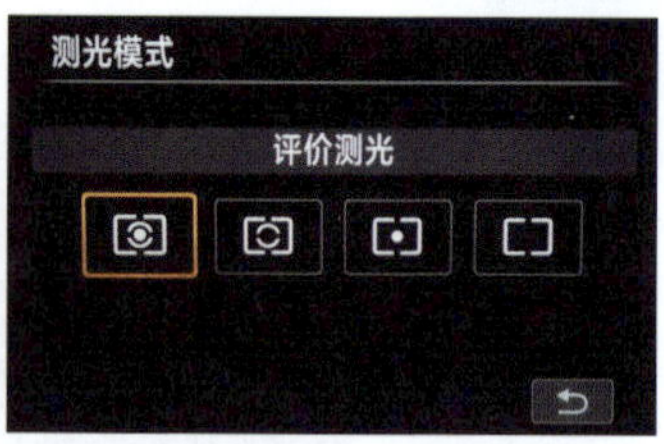

设置测光模式

6 步在日落时拍好人像

不少摄影爱好者都喜欢在日落时分拍摄人像，但却很少有人能够拍好。日落时分拍摄人像主要是拍成两种效果，一种是人像剪影的画面效果，另一种是人物与天空都曝光合适的画面效果，下面介绍详细的拍摄步骤。

1. 选择纯净的拍摄位置

拍摄日落人像照片，应选择空旷无杂物的环境，取景时避免天空或画面中出现杂物，这一点对于拍摄剪影人像效果尤为重要。

2. 设置小光圈拍摄

将相机的拍摄模式设置为光圈优先模式，并设置光圈值为 F5.6~F10 的中、小光圈值。

3. 设置低感光度值

日落时天空中的光线强度足够满足画面曝光需求，因此感光度要设置在 ISO100~ISO200，以获得高质量的画面。

选择光圈优先模式

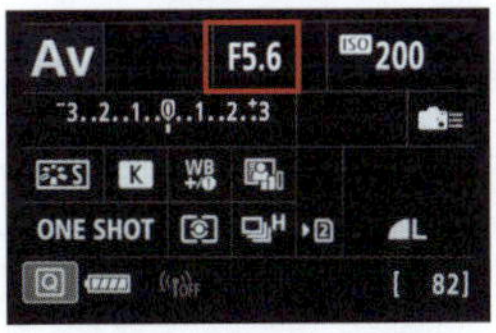

设置光圈值

4. 设置点测光模式

不管是拍摄剪影人像效果，还是人景都曝光合适的画面，都是使用点测光模式进行测光。以相机的点测光圈对准夕阳旁边的天空测光（拍摄人景都曝光合适的画面，需要在关闭闪光灯的情况下测光），然后按下曝光锁按钮锁定画面曝光。

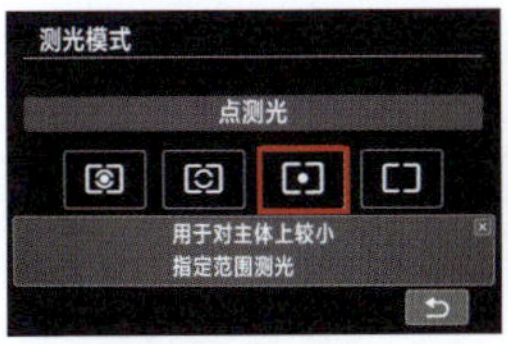

选择点测光模式

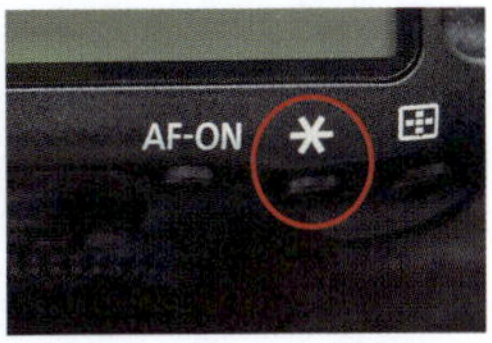

按下曝光锁定按钮锁定曝光

针对天空进行测光，将前景的情侣处理成剪影效果，在简洁的天空衬托下，情侣非常突出

5. 重新构图并拍摄

如果是拍摄人物剪影效果，可以在保持按下曝光锁定按钮的状态下，通过改变焦距或拍摄距离重新构图，并对人物半按快门对焦，对焦成功后按下快门进行拍摄。

6. 对人物补光并拍摄

如果是拍摄人物和景物都曝光合适的画面效果，在测光并按下曝光锁定按钮后，重新构图并打开外置闪光灯，设置为高速同步闪光模式，半按快门对焦，完全按下快门进行补光拍摄。

提示：步骤6中，需要使用支持闪光同步功能的外置闪光灯拍摄，因为对天空测光所得的快门速度必然会高于相机内置闪光灯或普通闪光灯的同步速度。

如果购有外置闪光灯柔光罩，可在拍摄时将柔光罩安装上，以柔化闪光效果。

绚丽的火烧云与女孩桀骜的气质很相符

9 步拍好夜景人像

也许不少摄影初学者在提到夜景人像的拍摄时，首先想到的就是使用闪光灯。夜景人像的确是要使用闪光灯，但也不仅仅是使用闪光灯如此简单，要拍好夜景人像还得掌握一定的技巧。

1. 拍摄器材与注意事项

拍摄夜景人像照片，在器材方面可以按照下面所讲的进行准备。

（1）镜头。适合使用大光圈定焦镜头拍摄，大光圈镜头的进光量多，在手持拍摄时，比较容易达到安全快门速度。另外，大光圈镜头能够拍出唯美虚化背景效果。

（2）三脚架。由于快门速度较慢，必须使用三脚架稳定相机拍摄。

（3）快门线或遥控器。建议使用快门线或遥控器来进行放快门拍摄，避免手指按下快门按钮时相机震动而出现画面模糊现象。

（4）外置闪光灯。能够对画面进行补光拍摄，相比内置闪光灯，可以更灵活的布光。

（5）柔光罩。将柔光罩安装在外置闪光灯上，可以让闪光光线变得柔和，以拍出柔和的人像照片。

（6）模特服饰方面，应避免穿着深色的服装，不然模特容易与环境融为一体，使画面效果不佳。

佳能大光圈定焦镜头

安装上外置闪光灯后示例

外置闪光灯的柔光罩

虽然使用大光圈将背景虚化，可以很好地突出人物主体，但由于人物穿的是黑色服装，很容易融进暗夜里

使用闪光灯拍摄夜景人像时，设置了较低的快门速度，得到的画面中背景变亮，看起来更美观

2. 选择适合的拍摄地点

适合选择环境较亮的地方，这样拍摄出来的夜景人像的夜景氛围会比较明显。

如果拍摄环境光补光的夜景人像照片，则应选择有路灯、大型的广告灯箱、商场橱窗等地点，通过靠近这些物体发出的光亮来对模特脸部补光。

3. 使用大光圈拍摄

将拍摄模式设置为光圈优先模式，并设置光圈值为 F1.2~F4 的大光圈，以虚化背景，这样夜幕下的灯光可以形成唯美的光斑效果。

4. 设置感光度数值

利用环境灯光对模特补光的话，通常需要提高感光度数值，来使画面获得标准曝光和达到安全快门。建议设置在 ISO400~ISO1600 之间（高感较好的相机可以适当提高感光度。此数值范围基于手持拍摄，使用三脚架拍摄时可适当降低）。

而如果是拍摄闪光夜景人像，将感光度设置在 ISO100~ISO200，以获得较慢的快门速度（如果测光后得到的快门速度低于 1s，则要提高感光度数值了）。

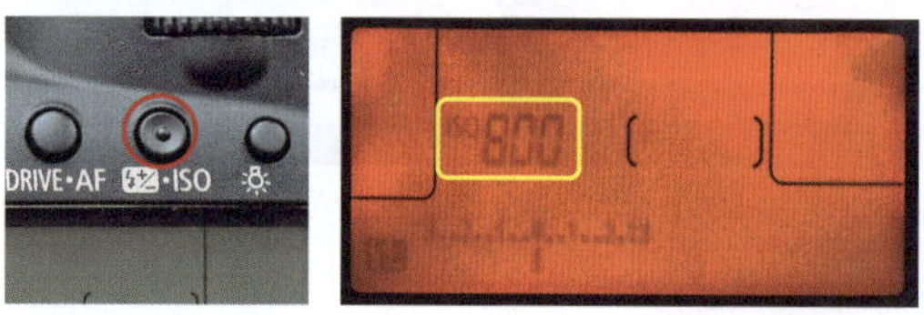

○ 设置感光度值

5. 设置测光模式

如果是拍摄环境光补光的夜景人像，适合使用中央重点平均测光模式，对人脸半按快门进行测光。

如果拍摄闪光夜景人像，则使用评价测光模式，对画面整体进行测光。

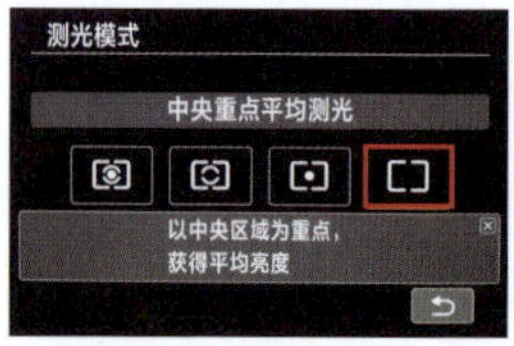

○ 选择中央重点平均测光模式

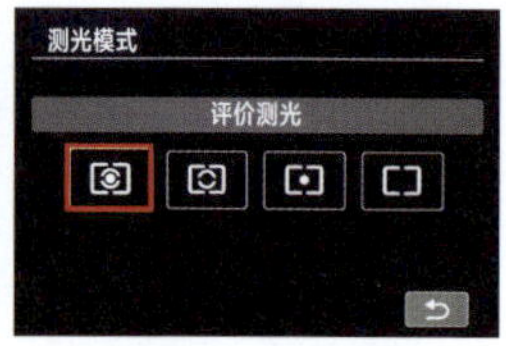

○ 选择评价测光模式

○ 使用中央重点测光模式对人脸进行测光，使人物面部得到准确曝光

6. 设置闪光同步模式

将相机的闪光模式设置为慢速闪光同步类的模式，以使人物与环境都得到合适的曝光（设置为前帘同步或后帘同步模式）。

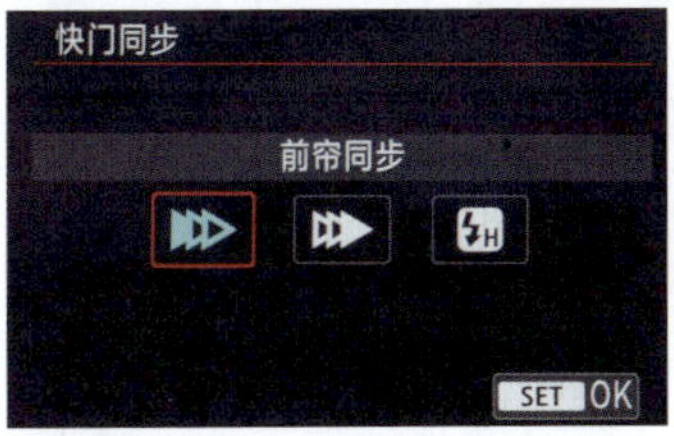

设置快门同步菜单界面

使用前帘同步闪光模式拍摄，运动中的人物前方出现重影，给观者一种后退的错觉

7. 设置闪光控制模式

如果是拍摄闪光夜景人像，则需要在闪光灯控制菜单中将闪光控制模式设置为 ETTL 选项。

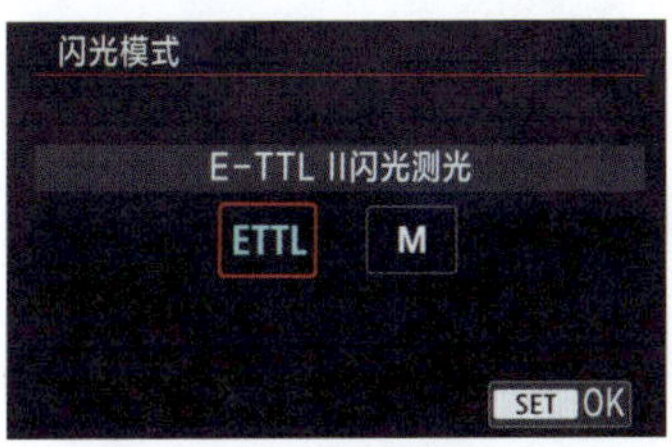

设置闪光模式菜单界面

使用后帘同步闪光模式拍摄，可以使背景模糊而人物清晰，由于运动生成的光线拖尾在实像后面，看上去更真实自然

8. 设置对焦和对焦区域模式

将对焦模式设置为单次自动对焦模式，自动对焦区域模式设置为单点，在拍摄时使用单个自动对焦点对人物眼睛进行对焦。

9. 设置曝光补偿或闪光补偿

设定好前面的一切参数后，可以试拍一张，然后查看曝光效果，通常是要再进行曝光补偿或闪光补偿操作的。

在拍摄环境光的夜景人像照片时，一般需要再适当增加 0.3~0.5EV 的曝光补偿。在拍摄闪光夜景人像照片时，由于是对画面整体测光的，通常会存在偏亮的情况，因此需要适当减少 0.3~0.5EV 的曝光补偿。

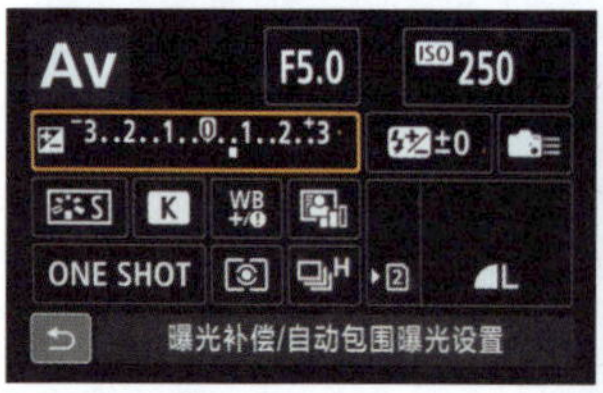

○ 设置曝光补偿

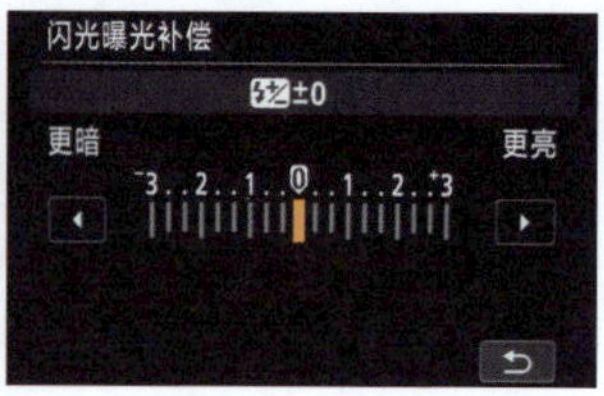

○ 设置闪光补偿

○ 利用路灯和 LED 小灯珠为模特进行补光

提示：前帘同步与后帘同步都属于慢速闪光同步的一种。前帘同步是指在相机快门刚开启的瞬间就开始闪光，这样会在主体的前面形成一片虚影，形成人物好像是后退的动感效果。

与前帘同步不同的是，使用后帘同步模式拍摄时，相机将先进行整体曝光，直至完成曝光前的一瞬间进行闪光。

所以，如果是拍摄静止不动的人像照片时，模特必须等曝光完成后才可以移动。

○ 利用公园草地中的地灯照亮模特，拍摄出唯美的夜景人像

5 步拍出趣味创意人像照

照片除了拍得美，还可以拍得有趣，这就要求摄影师对眼前事物有独到的观察能力，以便抓住在生活中出现的也许是转瞬即逝的趣味巧合，还要积极发挥想象力，发掘出更多的创意构图。

具体拍摄时，可以利用借位拍摄、改变拍摄方向和视角等手段，去发现、寻找极具创意趣味性的构图。

1. 拍摄参数设置

推荐使用光圈优先模式拍摄；光圈设置为 F5.6~F16 的中等光圈或小光圈，以使人物和被错位景物都拍摄清晰。感光度设置为 ISO100~ISO200。

2. 寻找角度

拍摄错位照片，找对角度是很重要的环节。在拍摄前，需要指挥被拍摄者走位，以便与被错位景物融合起来。当被拍摄者走位差不多的时候，由拍摄者来调整位置或角度，这样会更容易达到精确融合。

3. 设置测光模式

在光线均匀的情况下，使用评价测光模式即可。如果是拍摄如右图这样的效果，则设置为点测光模式。半按快门测光后，注意查看快门速度是否达到安全快门，如未达到，则要更改光圈或感光度值。

4. 设置对焦模式

如果是拍摄大景深效果的照片，对焦模式设置为单次自动对焦模式，自动对焦区域设置为自动选择模式即可。如果是拍摄利用透视关系形成的错位照片，如“手指拎起人物”这样的照片，则将自动对焦区域模式设置为单点，对想要清晰表现的主体进行对焦。

○ 设置自动对焦模式

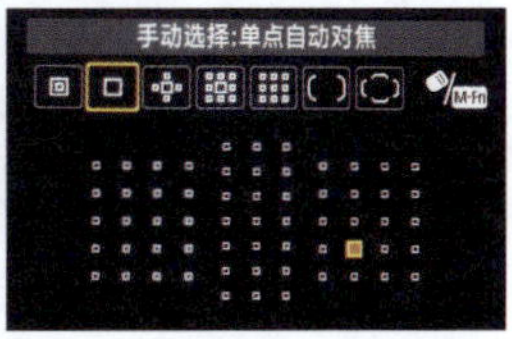

○ 设置自动对焦区域模式

5. 拍摄

一切设置好后，半按快门对画面对焦，对焦成功后，按下快门拍摄。

○ 男士单膝跪地，手捧太阳，仿佛要把太阳作为礼物送给女士的模样，逗得女士开心不已，画面十分生动、有趣

8 步拍好活泼儿童

对于儿童来说，适合进行拍摄的状态有可能稍纵即逝，摄影师必须提高单位时间内的拍摄效率，才可能从大量照片中选择优秀的照片。

因此，拍摄儿童最重要的原则是拍摄动作快、拍摄数量多、构图变化多样。

1. 拍摄注意事项

如果拍摄的是婴儿，应选择在室内光线充足的区域拍摄，如窗户前。如果室内光线偏暗，可以打开照明灯补光，切不可开启闪光灯拍摄，这样容易伤害到孩子的眼睛。

如果拍摄大一点的儿童，则拍摄地点室内外均可。在室外拍摄时，适合使用顺光或在散射光下拍摄。

2. 善用道具与玩具

道具可以增加画面的情节，并营造出生动、活泼的气氛。道具可以是一束鲜花，也可以是篮子、吉他、帽子等。

另一类常用道具就是玩具。当儿童看见自己感兴趣的玩具时，自然会流露出好玩的天性，在这种状态下，拍摄的效果比摆拍的效果要自然、生动。

3. 拍摄角度

以孩子齐眉高度平视拍摄为佳，这样拍摄出来的画面比较真实、自然。不建议使用俯视的角度拍摄，这样拍摄出来的画面中儿童会显得很矮，并且容易出现头大脚小的变形效果。

拍摄比较小的儿童时，一般利用自然光对其进行补光

以平视角度拍摄儿童，得到了自然的画面

4. 拍摄参数设置

推荐使用光圈优先模式，光圈可以根据拍摄意图灵活设置，参考范围为 F2.8~F5.6 之间，感光度设置为 ISO100~ISO200。

需要注意的是，设置曝光参数时要观察快门速度值，如果是拍摄相对安静的儿童时，快门速度应保持在 1/200s 左右，如果是拍摄运动幅度较大的儿童时，快门速度应保持在 1/500s 或以上。如果快门速度达不到，则要调整光圈或感光度值。

○ 选择光圈优先模式

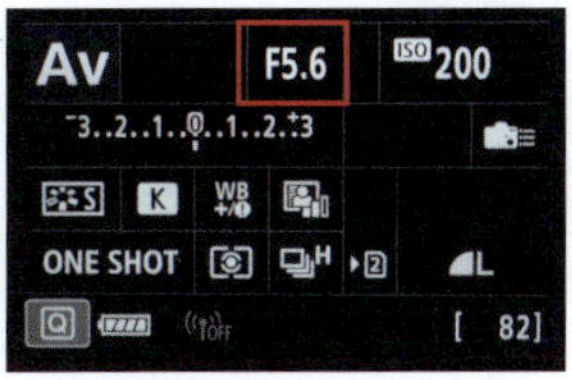

○ 设置光圈值

5. 设置对焦模式

儿童动静不定，因此适合将对焦模式设置为人工智能自动对焦（AI FOCUS）。

6. 设置驱动模式

儿童的动作与表现变化莫测，除了快门速度要保持较高的数值外，还需要将驱动模式设置为连拍模式，以便随时抓拍。

○ 设置自动对焦模式

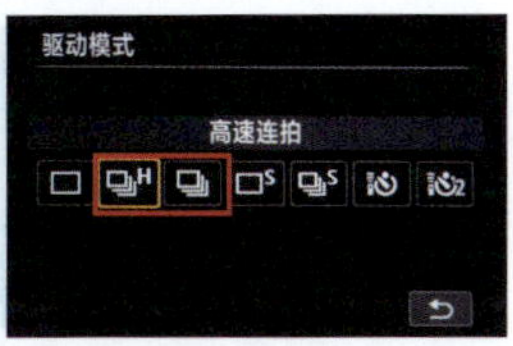

○ 设置连拍模式

7. 设置测光模式

推荐使用中央重点平均测光模式，半按快门对儿童脸部进行测光。确认曝光参数合适后按下曝光锁定按钮锁定曝光，然后只要在光线、画面明暗对比没有太大的变化下，保持按住曝光锁定按钮的状态，可以以同一组曝光参数拍摄多张照片。

8. 设置曝光补偿

在拍摄时，可以在正常的测光数值的基础上，适当增加 0.3~1挡的曝光补偿。这样拍摄出的画面显得更亮、更通透，儿童的皮肤也会更加粉嫩、细腻、白皙。

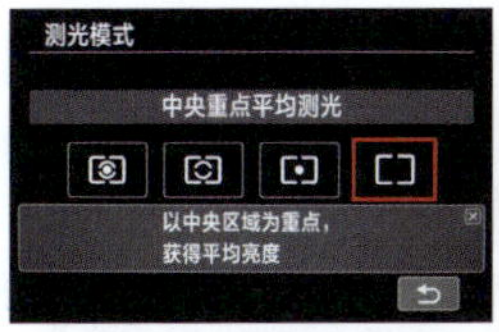

○ 选择中央重点平均测光模式

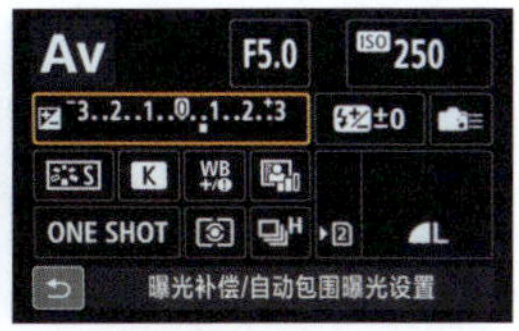

○ 设置曝光补偿

○ 利用玩具不仅可以吸引孩子的注意力，还可以用来美化画面

利用食物拍出可爱的吃相

美食对孩子们有着巨大的诱惑力，利用孩子们喜爱的美食可以很好地调动孩子们的兴趣，从而拍摄儿童趣味无穷的吃相。但需要注意的是，越小的孩子，其吃相越不好把控，摄影师要注意让引导员随时擦干净他们的嘴巴和脸蛋，尤其注意不要弄脏衣服。

宝宝吃苹果的样子非常可爱，使用连拍功能并提高感光度可以得到较快的快门速度，以便更好地进行抓拍

使画面有情节

以全景的景别拍摄儿童，可以将被摄对象以及周围环境清楚地纳入到画面中，对于呈现情节性表达的画面较为有利。按此景别拍摄时，最好使用变焦镜头，变焦镜头解决了我们在拍摄多动的儿童时，必须跟随其走来走去的难题，并且还可以最大限度地减少对被摄儿童的干扰，使其呈现出最为自然的一面。

利用连拍记录孩子在海边玩水的整个过程，画面看起来很有趣味性

特写表现孩子纯真的眼神

孩子们的眼神总是很纯真的，在拍摄儿童时应该将其作为重点来进行表现。在拍摄时应注意寻找眼神光，即眼睛上的高光反和光亮点，具有眼神光的眼睛看上去更有活力。如果光源亮度较高，在合适的角度就能够看到并拍到眼神光；如果光源较弱，可以使用反光板或柔光箱对眼睛进行补光，从而形成明亮的眼神光。

孩子毫无戒备，纯真的眼神在画面中非常醒目

全景表现儿童可爱的身形

拍摄儿童除了要表现其丰富的表情外，其多样的肢体语言也有着很大的可拍性，包括其有意识的指手画脚，也包括其无意识的肢体动作等。

摄影师还可以在儿童睡觉时对其娇小的肢体进行造型，凸显其可爱身形的同时，还可以组织出具有小品样式的画面以增强趣味性。

孩子娇小的肢体、可爱的神情、沉醉的睡态都非常惹人怜爱

画面简洁

在摄影构图时，简明是最基本的要求，能否传达出画面主题的表达意图是一个摄影作品成功与否的先决条件，而简约的构图则能够有效地突出被摄主体，从而强化主题。在采用简约构图方式拍摄人像时，摄影师除了可以利用长焦镜头或者较大光圈来得到景深较小、主体突出的画面效果外，在构图上还可以将干扰画面主体的背景排除在画面之外，以达到突出被摄人物的目的。

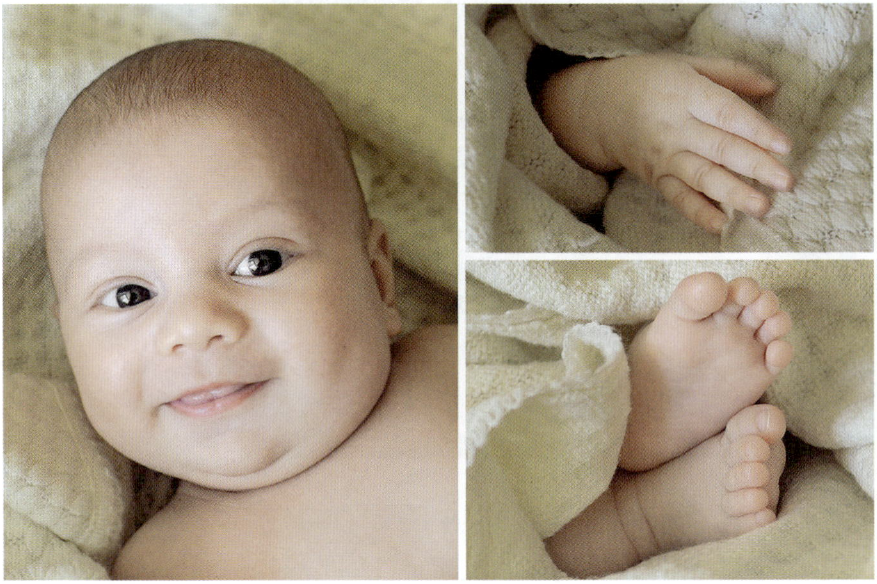

利用小景深突出表现孩子的脸或是局部，其娇嫩的样子都非常惹人怜爱

在为儿童拍照时，由于儿童活泼、好动，他们很少会乖乖地坐在指定的背景前让摄影师拍摄，在这种情况下就要求摄影师在构图前一定要做好预测。在拍摄时应结合运用有效虚化背景的镜头及相机的设置，将杂乱的环境有效弱化，通过简约的构图，将被摄儿童在杂乱的环境背景中有效地凸显出来。画面中的背景不要太复杂，否则会让背景抢了宝宝的风头。适时地拍摄一些表情丰富的特写或造型夸张的全景，都是不错的构图方法。

利用黄色的背景布衬托穿着红色瓢虫装的孩子，画面既明了又鲜艳

第9章

风光摄影题材实战技法

山景的拍摄技巧

逆光下 5 步拍出漂亮的山体轮廓线

逆光拍摄景物时，画面会形成很强烈的明暗对比，此时如果以天空为曝光依据，可以将山处理成剪影的形式，下面讲解一下详细拍摄步骤。

1. 构图和拍摄时机

既然是表现山体轮廓线，那在取景时就要注意选择比较有线条感的山体。通常山景的最佳拍摄时间是日出日落前后，在构图时可以取天空的彩霞来美化画面。

需要注意的是，应避免画面中纳入太阳，这样做的原因是：一、太阳周围光线太强，高光区域容易曝光过度，二、太阳如果占有比例过大，会抢走主体的风采。

2. 拍摄器材

适合使用广角镜头或长焦镜头拍摄，在使用长焦镜头拍摄时，需要使用三脚架或独脚架增强拍摄的稳定性。由于是逆光拍摄，因此镜头上最好安装遮光罩，以防止出现眩光。

3. 设置拍摄参数

将拍摄模式设置成为光圈优先模式，光圈值设置在 F8~F16 之间，感光度设置为 ISO100~ISO400，以保证画面的高质量。

○ 选择光圈优先模式

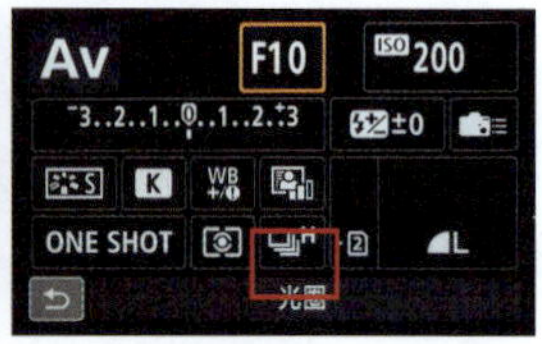

○ 设置光圈值

○ 在逆光光线下，呈剪影效果的山体线条明朗，其连绵起伏的形体给人一种艺术美感

4. 设置对焦与测光模式

将对焦模式设置为单次自动对焦模式，自动对焦区域模式设置为单点；测光模式设置为点测光模式，然后以相机的点测光圈（即取景器的中央），对准天空较亮的区域半按快门进行测光，确定所测得的曝光组合参数合适后，按下曝光锁定按钮锁定曝光。

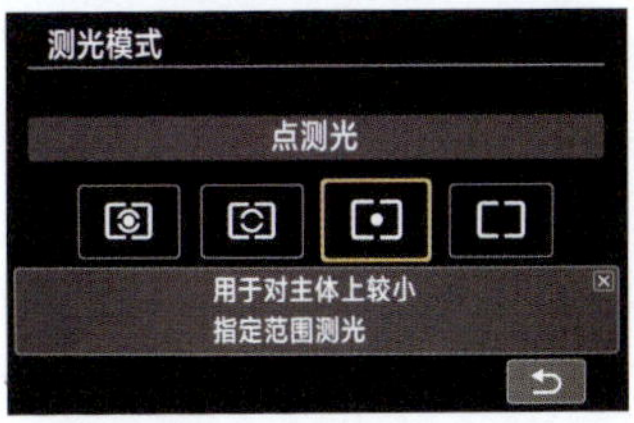

设置点测光模式

5. 对焦及拍摄

保持按下曝光锁定按钮的状态，使相机的对焦点对准山体与天空的接壤处，半按快门进行对焦，对焦成功后，按下快门进行拍摄。

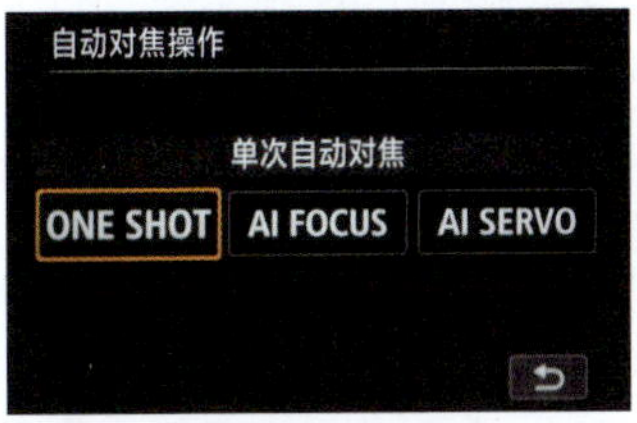

设置单次自动对焦模式

提示：在拍摄时使用侧逆光拍摄，不但可以拍出山体的轮廓线，而且画面会更有明暗层次感。

在侧逆光光线下，层峦叠嶂的山峰表现为半剪影的效果，在少许雾气的影响下，光线呈现出线条感，画面如中国画般唯美大气

利用前景让山景画面活起来

在拍摄各类山川风光时，总是会遇到这样的问题，如果单纯地拍摄山体总感觉有些单调，这时候，如果能在画面中安排前景，配以其他景物如动物、树木等作陪衬，这样不但可以使画面富有立体感和层次感，而且可以营造出不同的画面气氛，大大增强了山川风光作品的表现力。

如果有野生动物的陪衬，山峰会显得更加幽静、安逸，具有活力感，同时也增加了画面的趣味等；如果在山峰的上端适当留出空间，使它在蓝天白云的映衬之下，给人带来更深刻的感受。

○ 利用大片的花海作为前景，衬托远方巍峨的雪山，一方面可以突出山峦的雄伟，另一方面可以使画面层次更丰富

○ 利用枯黄的草地与树林作为雪山的前景，画面直观地表现出了深秋时的美

水景的拍摄技巧

利用前景增强水面的纵深感

在拍摄水景时，如果没有参照物，不太容易体现水面的空间纵深感。因此在取景时，应该注意在画面的近景处安排树木、礁石、桥梁或小舟，这样不仅能够避免画面单调，还能够通过近大远小的透视对比效果表现出水面的开阔感与纵深感。

在拍摄时应该使用镜头的广角端，这样能使前景处的线条被夸张化，以增强画面的透视感、空间感。

○ 在广角镜头的透视下，长长的太阳倒影给画面增强了纵深感

○ 前景中纵向的岩石不仅丰富了单调的海景，还增加了画面的空间感

5 步拍出丝滑的水流效果

使用低速快门拍摄水面，是水景摄影的常用技巧，不同的低速快门能够使水面表现出不同的美景，中等时间长度的快门速度能够使水面呈现丝般的水流效果，如果时间更长一些，就能够使水面产生雾化效果，为水面赋予了特殊的视觉魅力。下面讲解一下详细的拍摄步骤。

1. 使用三脚架和快门线拍摄

拍摄丝滑水面是低速摄影题材，手持相机拍摄非常容易使画面模糊，因此，三脚架是必备的附件器材，并且最好使用快门线以避免直接按下快门按钮时产生震动。

提示：如果在拍摄前忘了携带三脚架和快门线，或者是临时起意拍摄低速水流，则可以在拍摄地点周围寻找可供相机固定的物体，如岩石、平整的地面等，将相机放置在这类物体上，然后将驱动模式设置为“2秒自拍”模式，来减少相机抖动。

2. 拍摄参数的设置

推荐使用快门优先曝光模式，以便设置快门速度。快门速度可以根据拍摄水景和效果来设置，如果是拍摄海面，需要设置到 1/20s 或更慢；如果是拍摄瀑布或溪水，快门速度设置

利用中灰镜减少进光量，使瀑布变成了丝绸般的顺滑效果

到 1/5s 或更慢拍摄的水流会呈现雾化效果。

感光度设置为相机支持的最低感光度值（ISO100 或 ISO50），以降低镜头的进光量。

○ 选择快门优先模式

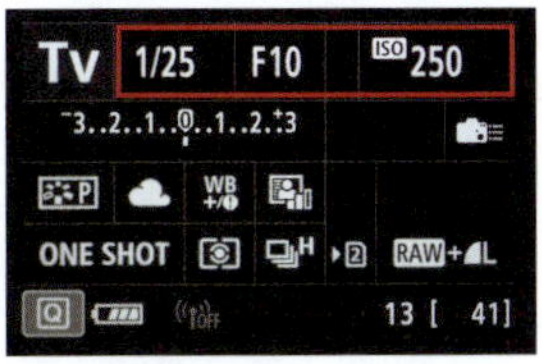

○ 设置快门速度

3. 使用中灰镜减少进光量

如果已经设置了相机的极限参数组合，画面仍然曝光过度，则需要在镜头前加装中灰镜来减少进光量。

先根据测光所得出的快门速度值，计算出和目标快门速度值相差几倍，然后选择相对应倍数的中灰镜安装到镜头上即可。

○ 肯高 ND4 中灰镜 (77mm)

○ 使用小光圈结合较低的快门速度，将流动的海水拍摄成了丝线般的效果

4. 设置对焦和测光模式

将对焦模式设置为单次自动对焦模式，自动对焦区域模式设置为自动选择模式。测光模式设置为评价测光模式。

○ 设置自动对焦模式

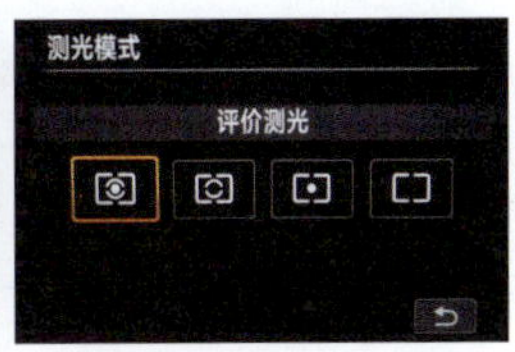

○ 设置测光模式

5. 拍摄

半按快门按钮对画面进行测光和对焦，在确认得出的曝光参数能获得标准曝光后，完全按下快门按钮进行拍摄。

7 步拍出波光粼粼的金色水面

波光粼粼的金色水面是拍摄水景时常拍的画面，被阳光照射到的水面，画面非常地耀眼。拍摄此类场景的技巧很简单：一，日出日落时拍摄；二，逆光；三，使用小光圈；四，恰当的白平衡设置。

1. 拍摄时机

表现波光粼粼的金色水面要求光线位置较低，并且需要采用逆光拍摄，通常在清晨太阳升出地平线后或者傍晚太阳即将下山时拍摄才能达到良好的效果。

2. 构图

既然水面是主体，那么在构图时适合使用高水平线的构图形式，以凸显水面波光粼粼的效果。如果以俯视角度拍摄，可以获得大面积的水面波光画面；如果使用平视角度拍摄，则会获得长长的水面波光条，这样可以增强画面的纵深感。另外，在构图时可以适当纳入前景或水上景物，如船只、水鸟、人物等，并将他们处理为剪影的形式，来增强画面的明暗对比。

3. 拍摄参数设置

将拍摄模式设置为光圈优先模式，并将光圈值设置在 F8~F16 之间，使用小光圈拍摄，能够使水面形成星芒，从而增强波光粼粼的效果。感光度设置在 ISO100~ISO400。

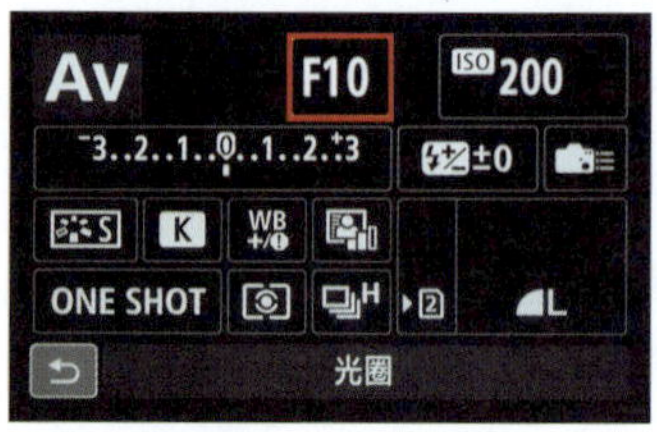

设置光圈值

逆光时，阳光洒在水面上，形成长长的波光条，使得画面非常有纵深感

4. 设置白平衡模式

为了强调画面的金色效果，可以将白平衡模式设置为阴天或阴影模式；也可以手动选择色温值到 6500~8500K 之间。

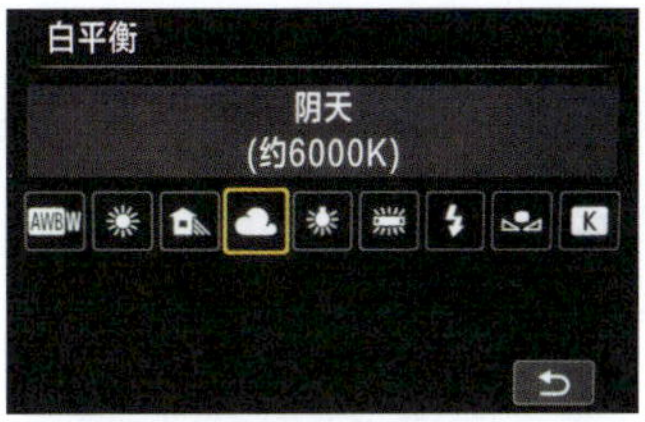

设置白平衡模式

5. 设置曝光补偿

如果波光在画面中的面积较小，要适当减少 0.3~0.7EV 的曝光补偿；如果波光在画面中的面积较大，要适当增加 0.3~0.7EV 的曝光补偿，以弥补反光过高对曝光数值的影响。

6. 设置测光模式

将测光模式设置为点测光模式，以相机的点测光圈对准水面反光的边缘处半按快门进行测光，确定得出的曝光数值无误后，按下曝光锁定按钮来锁定曝光。

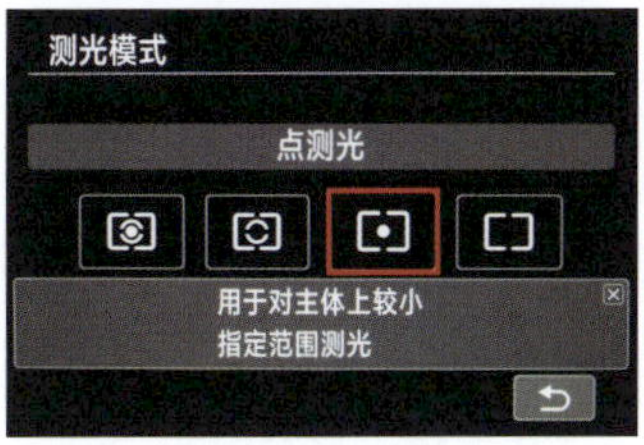

设置测光模式

7. 拍摄

保持按下曝光锁定按钮的状态，半按快门对画面进行对焦，对焦成功后，按下快门进行拍摄。

增加曝光补偿后画面中波纹的效果更加明显，金色的波纹和船只将日落黄昏静谧气氛表现得很好，而降低拍摄角度，纳入天空的飞鸟则打破了这种宁静，为画面增添了生机

雪景的拍摄技巧

3 步拍出洁白的漂亮雪景

雪景是摄影爱好者常拍的风光题材之一，但大部分初学者在拍摄雪景后，发现自己拍的雪景不够白，有灰蒙蒙的感觉，其实只要掌握曝光补偿的技巧即可还原雪景的纯白。

1. 如何设置曝光参数

适合使用光圈优先模式拍摄，如果想拍摄大场景的雪景照片，可以将光圈值设置在 F8~F16 之间；如果是拍摄浅景深的特写雪景照片，可以将光圈值设置在 F2~F5.6 之间。在光线充足的情况下，感光度设置在 ISO100~ISO200 即可。

2. 设置测光模式

将测光模式设置为评价测光，针对画面整体测光。

3. 设置曝光补偿

在保证不会曝光过度的同时，可根据白雪在画面中的占有比例，适度增加 0.7~2EV 曝光补偿，以如实地还原白雪的明度。

通过曝光补偿的方式，在不过曝的情况下如实地还原了白雪的明度，画面给人清新、自然的感觉

选择光圈优先模式

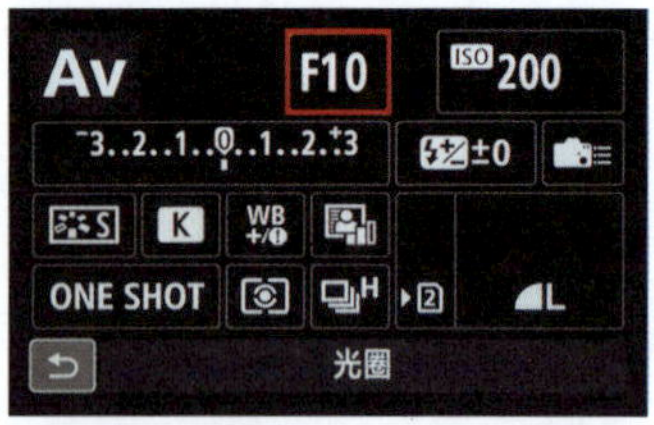

设置光圈值

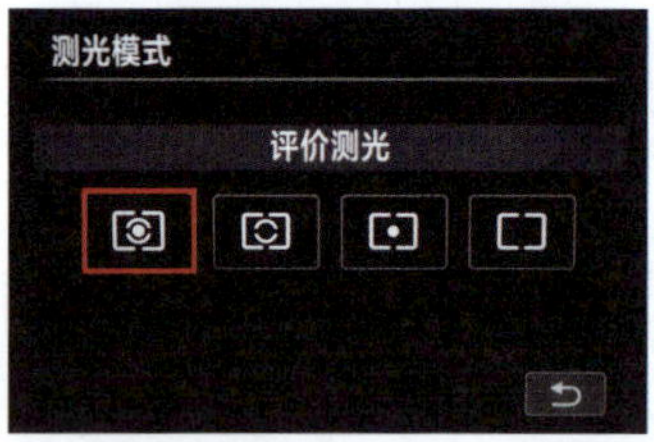

设置测光模式

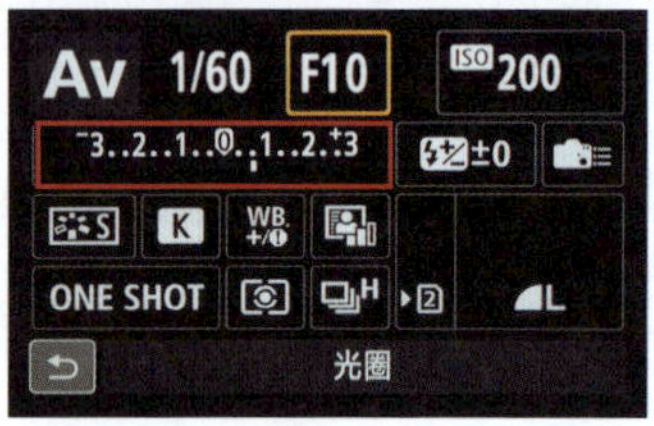

设置曝光补偿

7 步拍出飞舞的雪花渲染意境

在下雪的天气中进行拍摄，无数的雪花纷纷落下，将其纳入画面中可以增加画面的生动感。在拍摄这类雪景照片时，要点是注意快门速度的设置。

1. 拍前注意事项

拍摄下雪时的场景，首要注意的事项就是保护好相机的镜头，不要被雪花打湿而损坏设备。在拍摄时，可以在镜头上安装遮光罩，以挡住雪花不落在镜面上，然后可以用防寒罩将相机和镜头机身保护起来，如果没有防寒罩，最简单的方法就是用塑料袋套上。

2. 设置拍摄参数

设置拍摄模式为快门优先模式，根据想要的拍摄效果来设置快门速度，如果将快门速度设置在 1/15~1/40s，可以使飘落的雪花以线条的形式出现在画面中，以增加画面的生动感；如果将快门速度设置在 1/60~1/250s 之间，则可以将雪花呈现为短线条或凝固在画面中，这样可以体现出大雪纷飞的氛围。感光度根据测光来自由设置，在能获得满意光圈的前提下，数值越低越好，以保证画面质量。

设置拍摄模式

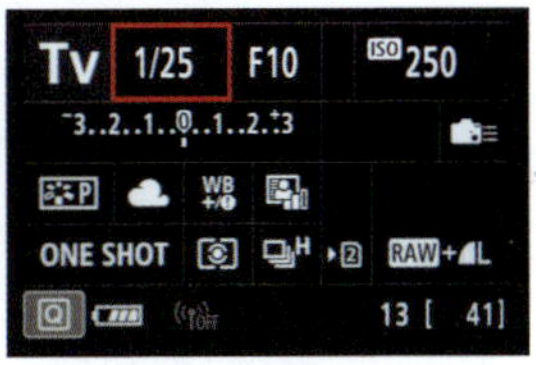

设置快门速度

提示：在快门优先模式下，半按快门对画面测光后，要注意查看光圈值是否理想。如果光圈过大或过小，不符合当前拍摄需求，需要通过改变感光度数值来保持平衡。

白茫茫的飘雪为画面蒙上了一层朦胧缥缈的意境

3. 使用三脚架

在使用低速快门拍摄雪景时，手持拍摄时画面容易模糊，因此需要将相机安装在三脚架上，并配合快门线拍摄，以获得清晰的画面。

4. 设置测光和对焦模式

设置测光模式为评价测光，对画面整体进行测光；对焦模式设置为单次自动对焦模式；自动对焦区域模式设置为单点或自动选择模式。

5. 构图

在取景构图时，注意选择暗色或鲜艳色彩来衬托白雪的景物，如果画面中都是浅色的景物，则雪花效果不够明显。

6. 设置曝光补偿

根据雪景在画面中的占有比例，适当增加 0.5~2EV 的曝光补偿，以还原雪的洁白。

7. 拍摄

使用单点对焦区域模式时，将单个自动对焦点对准主体，半按快门进行对焦；用自动选择区域模式时，半按快门进行对焦，听到对焦提示音后，按下快门按钮完成拍摄。

在较高快门速度下，雪花被定格在空中，摄影师选择以红墙为背景来衬托雪花，给人以惊艳之美

日出日落的拍摄技巧

6 步拍出霞光万丈

日落时，天空中霞光万丈的景象非常美丽，是摄影师常表现的景象。在拍摄这种场景时需要注意以下几个要点。

1. 最佳拍摄时机

雨后天晴或云彩较多的天晴傍晚，容易出现这种霞光万丈的景象，要注意提前观察天气。

2. 设置小光圈拍摄

适合使用光圈优先模式，设置光圈值在 F8~F16 之间。

3. 适当降低曝光补偿

为了更好地记录透过云层穿射而出的光线，可以适当设置 -0.3~-0.7EV 的曝光补偿。

4. 取景构图

在构图时可以适当纳入简洁的地面景物，以衬托天空中的光线，使画面更为丰富。

5. 使用点测光对云彩测光

设置为点测光模式，然后以相机上的点测光圈，对准天空中的云彩测光。测光完成后按下曝光锁定按钮锁定曝光。

6. 微调构图并拍摄

保持按下曝光锁定按钮的状态下，微调构图，半按快门对景物对焦，然后按下快门完成拍摄。

○ 阳光透过云彩形成了霞光万丈的景色，金色云层有一种神奇的魅力

7 步拍好日出日落景色

在逆光条件下拍摄日出、日落景象时，考虑到景象光比较大，而感光元件的宽容度无法兼顾到景象中最亮、最暗部分的还原，在这种情况下，摄影师大多选择将背景中的天空还原，而将前景处的景象处理成剪影状，增加画面美感的同时，还可营造画面气氛。那么该如何拍出漂亮的剪影效果呢？下面讲解一下详细的拍摄步骤。

1. 寻找最佳拍摄地点

拍摄地点最好是开阔一点的场地，如海边、湖边、山顶等。作为目标剪影呈现的景物，不可以过多，而且要轮廓清晰，避免选择大量重叠的景物。

此图就是景物选择不恰当，而导致剪影效果不佳

2. 设置小光圈拍摄

将相机的拍摄模式设置为光圈优先模式，设置光圈值在 F8~F16 之间。

3. 设置低感光度数值

日落时的光线很强，因此设置感光度数值在 ISO100～ISO200 即可。

4. 设置照片风格及白平衡

如果是以 JPEG 格式存储照片，那么需要设置照片风格和白平衡。为了获得最佳的色彩氛围，可以将照片风格设置为“风景”模式，白平衡模式设置为“阴影”模式或手动调整色温数值为 6000～8500K。如果是以 RAW 格式存储照片，则都设置为自动即可。

5. 设置曝光补偿

为了获得更加纯黑的剪影，以及让画面色彩更加浓郁，可以适当设置 -0.3～-0.7EV 的曝光补偿。

以天空较亮的区域为测光拍摄，使得人物呈现为剪影效果，画面简洁明了

6. 使用点测光模式测光

将相机的测光模式设置为点测光模式，然后以相机上的点测光圈，对准夕阳旁边的天空半按快门测光，得出曝光数据后，按下曝光锁定按钮锁住曝光。

需要注意的是，切不可对准太阳测光，否则画面的曝光会太暗，也不可对着剪影的目标景物测光，否则画面的曝光会太亮。

7. 重新构图并拍摄

在保持按下曝光锁定按钮的状态下，通过改变焦距或拍摄距离重新构图，并对景物半按快门对焦，对焦成功后按下快门进行拍摄。

○ 测光时太靠近太阳，导致画面整体过暗

○ 对着建筑测光，导致画面中天空过亮

○ 针对天空中的较亮部进行测光，使船体呈现为剪影，与明亮的太阳形成呼应，画面简洁、有力

7 步拍出太阳的星芒效果

为了表现太阳耀眼的效果，烘托画面的气氛，增加画面的感染力，可以拍出太阳的星芒效果。但有的摄影爱好者在拍摄时，却拍不出太阳的星芒。如何才能拍好呢？接下来详细讲解拍摄操作和要点。

1. 选择拍摄时机

要想把太阳的光芒拍出星芒效果，选择拍摄时机是很重要的。如果是日出时拍摄，应该等太阳跳出地平线一段时间后，而如果是日落时拍摄，则应选择太阳离地平线还有些距离时拍摄，太阳在靠近地平线呈现为圆形状态时，是很难拍出其星芒的。

2. 选择广角镜头拍摄

要想拍出太阳星芒的效果，就需要让太阳在画面中的比例小一些，越接近点状，星芒的效果就越容易出来。所以，适合使用广角或中焦镜头拍摄。

3. 构图

在构图时，可以适当地利用各种景物，如山峰、树枝，它们可以遮挡太阳，使星芒效果呈现得更好。

4. 拍摄方式

由于在拍摄时太阳还处于较亮的状态，为了避免太阳光对眼睛的刺激，推荐使用实时显示拍摄模式进行取景和拍摄。

将实时显示拍摄/短片拍摄开关转至位置，然后按下START/STOP按钮，即可切换至实时显示拍摄模式

星芒状的太阳将海景点缀得很新颖，拍摄时除了需要设置较小的光圈，还应有一个黑色的衬托物，例如画面中的山石

5. 设置曝光参数

将拍摄模式设置为光圈优先模式，设置光圈为 F16~F32，光圈越小，星芒效果越明显。感光度设置在 ISO100~ISO400 之间，以保持画质。虽然太阳在画面中的比例很小，但也要避免曝光过度，因此适当设置 -0.3~-1EV 的曝光补偿。

6. 对画面测光

设置点测光模式，针对太阳周边较亮的区域进行测光。需要注意的是，由于光圈设置得较小，如果测光后得到的快门速度低于安全快门，则要重新调整光圈或感光度值，确认曝光参数合适后按下曝光锁定按钮锁定曝光。

7. 重新构图并拍摄

在保持按下曝光锁定按钮的情况下微调构图，并对景物半按快门对焦，对焦成功后按下快门进行拍摄。

提示：设置光圈时不用考虑镜头的最佳光圈，也不用考虑小光圈下的衍射影响画质，毕竟是以拍出星芒为最终目的。如果摄影爱好者购买有星芒镜，则可在镜头前加装星芒镜以达到星芒的效果。

逆光拍摄时，容易在画面中出现眩光，在镜头前加装遮光罩可以有效地避免眩光。

以小光圈拍摄，并利用植物稍微遮挡太阳，得到了星芒效果很明显的照片

迷离的雾景

留出大面积空白使云雾更有意境

留白是一种独特的构图方式，可以营造唯美的画面效果，使普通的物体在画面中看起来具有艺术气氛，画面中留白占多大面积可根据被摄物本身来决定。

留白是拍摄雾景画面的常用构图方式，即通过构图使画面的大部分为云雾或天空，而画面的主体，如树、石、人、建筑、山等，仅在画面中占据相对较小的面积。

在构图中，注意所选择的画面主体应该是深色或有其他相对亮丽一点色彩的景物，此时雾气中的景物虚实相间，拍摄出来的照片很有水墨画的感觉。

在拍摄云海时，这种拍摄手法基本上可以算是必用技法之一，事实证明，的确有很多摄影师利用这种方法拍摄出漂亮的、有水墨画效果的作品。

画面中云雾将树林遮挡得若隐若现，神秘缥缈，表现出唯美的意境

利用前景的羚羊作为陪体，既可以增加画面的生机，同时也增强了画面明暗对比

6 步拍好虚实对比的雾景

拍摄云雾场景时要记住，虽然拍摄的是云雾，但云雾在大多数情况下只是陪体，画面要有明确、显著的主体，这个主体可以是青松、怪石、大树、建筑，只要这个主体的形体轮廓明显、优美即可。

云雾占画面比例太多，会让人感觉画面不够清晰

1. 构图

前面说过，画面中要有明显的主体，那么在构图时要用心选择和安排这个主体的比例。若整个画面中云雾占比例太多，而实物纳入得少，就会使画面感觉像是对焦不准，若是整个画面中实物纳入得太多，又显示不出雾天的特点来。

只有虚实对比得当，在这种反差的衬托下，画面才显得更为缥缈、灵秀。

画面前景处的栅栏占画面太多，画面没有雾的朦胧美

2. 设置曝光参数

将拍摄模式设置为光圈优先模式，光圈设置在 F4~F11 之间，如果手持相机拍摄的话，感光度可以适当高点，根据曝光需求可以设置在 ISO200~ISO640 之间，因为雾天总体来说，属于光线较弱的场景。

拍摄时将房屋与树木放置在画面右侧，左侧留白用以表现雾气，一明一暗构成了强烈的对比，使画面得到均衡的同时，将雾气的缭绕与朦胧感表现出来

选择光圈优先模式

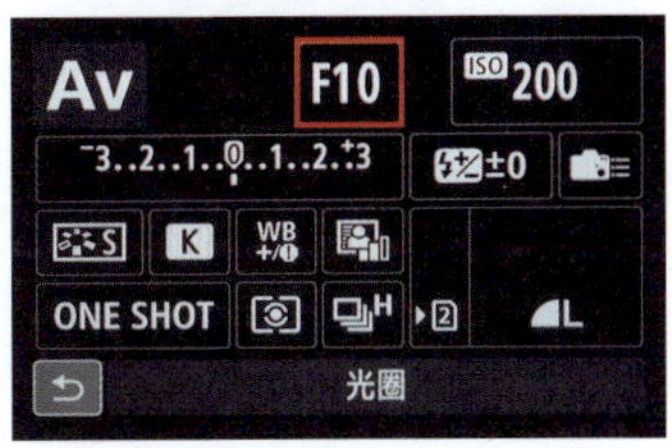

设置光圈值

3. 对焦模式

将对焦模式设置为单次自动对焦模式，自动对焦区域模式设置为单点，在拍摄时使用单个自动对焦点对实物的主体进行对焦（即对准树、怪石、建筑），能够提高对焦成功率。

如果相机实在难以自动对焦成功，则切换为手动对焦模式，边看取景器边拧动对焦环直至景物呈现清晰状态。

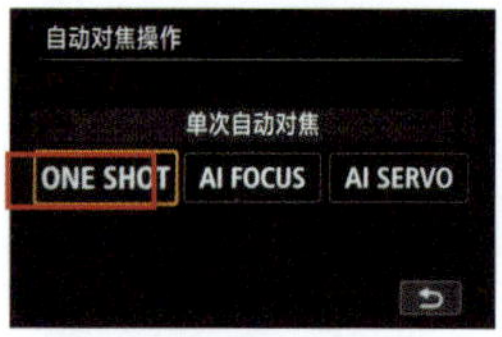

设置单次对焦模式

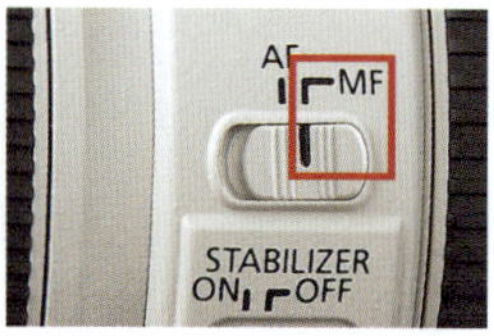

佳能手动对焦模式标志

4. 测光

将测光模式设置为评价测光模式，对画面半按快门进行测光。测光后注意观察取景器中显示的曝光参数，如果快门速度低于安全快门，则要调整光圈或感光度值（如果将相机安装在三脚架上拍摄，则不用更改）。

5. 曝光补偿

根据白加黑减原则，可以根据云雾在画面中占有的比例，适当增加0.3~1EV的曝光补偿，使云雾更显洁白。

6. 拍摄

半按快门对画面进行对焦，对焦成功后完全按下快门按钮完成拍摄。

前景处的人物很清晰，大面积缭绕的雾气将其他景物遮挡住，呈现出若隐若现的状态，烘托出梦幻迷离的画面意境

第10章 其他摄影题材实战技法

花卉的拍摄技巧

6 步拍出逆光花卉的纹理与质感

许多花朵有不同的纹理与质感，在拍摄这些花朵时不妨使用逆光拍摄，使半透明的花瓣在画面中表现出一种朦胧的半透明感，使观赏者通过视觉感受到质感。

1. 选择合适的拍摄对象

拍摄逆光花朵照片应选择那些花瓣较薄且层数不多的花朵，不宜选择花瓣较厚或花瓣层数较多的花卉，否则透光性会比较差。

2. 拍摄角度和拍摄方式

由于大部分花卉植株较矮，在逆光拍摄时，必然要使用平视或仰视的角度拍摄，才能获得最佳拍摄效果，此时就可以使用相机的实时显示拍摄模式来构图并拍摄。

将实时显示拍摄 / 短片拍摄开关转至▢位置，然后按下START/STOP按钮，即可切换至实时显示拍摄模式

3. 设置拍摄参数

将拍摄模式设置为光圈优先模式，光圈值设置为 F2.5~F5.6 之间（如果使用微距镜头拍摄，则可以使用稍微小点的光圈值），以虚化背景凸显主体，感光度设置为 ISO100~ISO200，以保证画面的高质量。

4. 曝光补偿

为了使花朵的色彩更为明亮，可以适当增加 0.3~0.7EV 的曝光补偿。

采用逆光拍摄可以很好地表现花瓣的质感和纹理

5. 设置对焦和测光模式

将对焦模式设置为单次自动对焦模式，自动对焦区域模式设置为单点；测光模式设置为点测光模式，然后用相机的点测光圈对准花朵上的逆光花瓣半按快门进行测光，确定所测得的曝光组合参数合适后，按下曝光锁定按钮锁定曝光。

设置自动对焦模式

6. 对焦及拍摄

保持按下曝光锁定按钮的状态，使相机的对焦点对准花瓣或花蕊，半按快门进行对焦，对焦成功后，完全按下快门按钮进行拍摄。

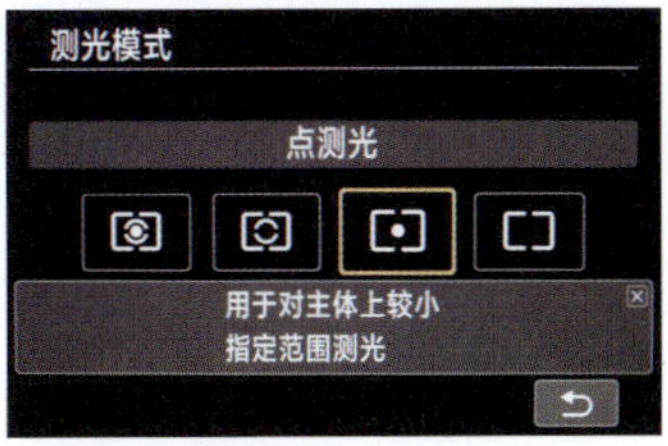

设置点测光模式

采用逆光角度拍摄可以得到半透明效果的花卉在暗背景的衬托下，荷花散发着幽幽的宁静之美

大光圈+正向曝光补偿拍出柔和质感的花朵

柔和的花朵惹人爱，想要拍出柔和质感，最简单的方法是使用大光圈+正向曝光补偿的组合进行拍摄。

在拍摄时要注意光线和镜头的使用技巧，光线要避开顺光，利用逆光或背阴处拍摄，然后适当增加一些曝光补偿，就可以轻松营造出柔和明亮的氛围。

镜头最好使用微距镜头，微距镜头可以获得漂亮的大光圈虚化效果，而且也可以靠近拍摄对象拍摄，能得到细节更为丰富的画面，如果没有微距镜头，则使用长焦镜头也能获得不错的背景虚化效果。

另外，在照片风格菜单中减弱对比度数值，白平衡向蓝色调或绿色调偏移，也是辅助拍出花朵柔和质感的小技巧。

逆光下的花朵透着光，适当增加曝光补偿，使画面变得柔和

背景中的花朵在大光圈的作用下都虚化成一个个粉红的圈圈，使画面变得朦胧又唯美

合理选择白平衡和光线展现樱花的粉色调

提起樱花，大家想到的就是粉红色，但其实肉眼所见的樱花，颜色更接近于白色，如果在拍摄时，直接使用顺光拍摄的话，有可能会变成死白效果。

要想把樱花拍成粉红色色调，首先需要设置白平衡，可以根据画面，在白平衡偏移菜单中，增强 M（洋红色）色调。另外，也推荐使用“荧光灯”白平衡模式，虽然使用此模式，蓝色会有点强，但同样可以增加花朵的红色调。

其次，拍摄时光源也是需要细细斟酌的，在拍摄全景时，利用顺光可以增强画面色彩，但是在靠近拍摄时，却不能很好地表现出花瓣的柔软质感，在表现花瓣的质感时，可以使用逆光和增加曝光补偿来拍摄；想要拍出花朵的立体感，则可以使用侧光。

○ 通过设置白平衡，将樱花表现得粉粉嫩嫩，在蓝天的衬托下，画面清新、自然

还原花卉的自然色彩

顺光照明拍摄出来的花卉照片，由于没有明显的阴影，所以更适合表现出花卉色彩。

但这只是理论上的，因为如果是正午前后比较硬的光线，也许只是花瓣角度的细微变化，即便是顺光，也可能会出现明显的阴影。

因此如果想还原花卉自然色彩，除了利用顺光之外，最好光线还要足够柔和。比如阴天环境下的自然光就非常合适。

○ 在柔和的顺光下拍摄花朵，其色彩非常鲜艳且画面没有阴影

营造花卉的主观色彩

摄影既有客观性，也有主观性。而正是因为摄影有发挥主观性的空间，才被视为一种艺术。

在进行花卉摄影时，如果你拍摄的照片不是为了做记录、搞科研，而是为了拍出花卉的美感与意境，那么营造主观色彩是常用的方式。

在前期拍摄时，可以通过改变相机的白平衡、色温或者利用机内自带的各种滤镜来营造主观色彩。

但更多的，是通过 Photoshop、Lightroom 等后期软件对色彩进行调整。比如右图就是通过后期软件，降低色彩饱和度，并通过色调分离工具将照片调节为复古色调。

○ 后期将花卉照片调修成如油画般的色彩，给人新颖的视觉感受

8 步拍出露珠鲜花的娇艳感

在早晨的花园、森林中能够发现无数出现在花瓣、叶尖、叶面、枝条上的露珠，在阳光下显得晶莹闪烁、玲珑可爱。拍摄带有露珠的花朵，能够表现出花朵的娇艳与清新的自然感。

1. 拍摄时机

最佳拍摄时机是在雨后或清晨，这时会有雨滴或露珠遗留在花朵上，如果没有露珠，也可以用小喷壶，对着鲜花喷几下水，人工制造水珠。

2. 拍摄器材

推荐使用微距镜头拍摄，微距镜头能够有效地虚化背景并展现出花卉的细节之美。除此之外，大光圈定焦镜头和长焦镜头也是拍摄花卉不错的选择。

拍摄露珠花卉画面时，一般景深都比较小，因此拍摄时对相机的稳定性要求较高，所以三脚架和快门线也是必备的器材。

3. 构图

拍摄带露珠的花卉时，应该选择稍暗一点的背景，这样拍出的水滴才显得更加晶莹剔透。

4. 拍摄参数设置

将拍摄模式设置为光圈优先模式，光圈值设置为 F2~F5.6 之间（如果使用微距镜头，可以将光圈设置得再小一点），感光度设置为 ISO100~ISO400，以保证画面的细腻。

5. 对焦模式

将对焦模式设置为单次自动对焦模式，自动对焦区域模式设置为单点模式。

○ 娇艳的花瓣被晶莹的露珠所包裹，增加了曝光补偿后的画面中，水珠看起来更加晶莹剔透

6. 拍摄方式

为了更精确地让摄影师查看对焦、构图等细节情况，推荐使用实时显示模式进行拍摄。

将实时显示拍摄 / 短片拍摄开关转至 位置，然后按下START/STOP按钮，即可切换至实时显示拍摄模式

7. 测光

测光模式设置为点测光模式。将相机的点测光圈对准花朵上的露珠半按快门进行测光，得出曝光参数组合后，按下曝光锁定按钮锁定曝光。

8. 对焦及拍摄

在保持按下曝光锁定按钮的状态，使相机的对焦点对准花朵上的露珠，半按快门进行对焦，对焦成功后，完全按下快门按钮进行拍摄。

大红色的花朵上布满水珠，使用微距镜头将花朵局部展现在画面上，花朵在水珠的衬托下，显得更加艳丽

拍摄昆虫的技巧

利用实时显示拍摄模式微距拍摄昆虫

对于昆虫微距摄影而言，清晰是评判照片成功的标准之一。由于昆虫微距照片的景深都很浅，所以，在进行昆虫微距摄影时，对焦是影响照片成功与否的关键因素。

一个比较好的解决方法是，使用佳能相机的实时显示拍摄模式进行拍摄，在实时显示拍摄状态下，拍摄对象能够通过液晶监视器显示出来，并且按下放大 / 缩小按钮，可放大液晶监视器中的图像，以检查拍摄的照片是否准确合焦。

将实时显示拍摄 / 短片拍摄开关转至位置，然后按下START/STOP按钮，实时显示图像将会出现在液晶监视器上，此时即可进行实时显示拍摄了

使用实时显示模式拍摄时液晶监视器的显示状态

按下放大 / 缩小按钮，以 5 倍的显示倍率显示

再次按下放大 / 缩小按钮后，以 10 倍的显示倍率显示

100mm F13 1/250s ISO500

拍摄小景深的微距画面时，使用即时取景进行对焦可方便查看是否合焦

逆光或侧逆光表现昆虫

如果要获得明快、细腻的画面效果，可以使用顺光拍摄昆虫，但这样的画面略显平淡。

如果拍摄时使用逆光或侧逆光，则能够通过一圈明亮的轮廓光，勾勒出昆虫的形体。

在拍摄蜜蜂、蜻蜓这类有薄薄羽翼的昆虫时，可选择逆光或侧逆光的角度拍摄，还可使其羽翼在深色背景的衬托下显得晶莹剔透，会感觉昆虫更加轻盈，让画面显得更精致。

逆光下，蝴蝶的翅膀呈明亮通透的半透明效果，同时仰视角度可以将蝴蝶展翅时的翅膀及蝴蝶头部都很好地表现在画面中

突出表现昆虫的复眼

许多昆虫的眼睛都是复眼，复眼通常由成千上万只六边形的小眼紧密排列组合而成，如蚂蚁、蜻蜓、蜜蜂均为具有复眼结构的昆虫。在拍摄这种昆虫时，可将拍摄的重点放在眼睛上，以使观者领略到微距世界中昆虫眼睛的神奇美感。

由于昆虫体积非常小，因此，对眼睛进行对焦的难度很大。为了避免跑焦，可以尝试使用手动对焦的方式，并在拍摄时避免使用大光圈，以免由于景深过小，而导致画面中昆虫的眼睛部分变得模糊。

为了更好地表现昆虫的眼睛，可以采用正面角度特写的方法，重点强调突出昆虫的眼睛，使画面具有很强的视觉冲击力

以纯净的背景突出昆虫

在拍摄昆虫时，如果其背景较为杂乱，可以使用大光圈使景深更浅，背景更加虚化，且色彩表现得均匀、淡雅。此时如果使用小光圈拍摄，其背景虽然也能虚化，但会在画面中出现较深的色块。

因此，小光圈一般会在单色背景中运用，因为单色背景没有杂物，可用小光圈使昆虫的主体清晰呈现，此时由于快门速度会下降，因此可以考虑使用三脚架。

背景的色彩越简单越好，最好是与昆虫主体颜色互补。拍摄颜色较浅且半透明的昆虫，最好选择深色背景；拍摄颜色较深的昆虫，最好选择浅色背景，这样能够更好地突出主体。

将背景压暗可以更好地突出颜色较浅的螳螂，在画面下方保留少量的花瓣，可以丰富画面，衬托主体

仰视拍摄在植物上休憩的蜻蜓，使用中小光圈以蓝天为背景，清晰地表现了蜻蜓身体细节，同时简洁的画面使蜻蜓得以更好地展现

使用三分法构图拍摄昆虫

在拍摄微小的昆虫时，为了更好地突出昆虫在画面中的主体位置，建议使用三分法构图。原因很简单，将画面中想要表现的主体或主体的头部置于画面横竖三分之一等分的位置，或者置于其分割线交叉产生的 4 个交点位置，使其处于画面视觉兴趣点上，这样的构图方法可以使原本娇小的昆虫在画面中显得非常突出，更容易引起观者的注意。

将对焦点置于昆虫有特色的眼睛上，并将其安排在画面三分线上，使昆虫的眼睛更有神，画面视觉效果更加强烈

根据昆虫体形使用斜线构图

拍摄昆虫，斜线构图是最常见的构图形式之一，通常是以昆虫本身的线条及利用其触角、翅膀等形成斜线，或通过倾斜相机等形式，让画面具有一定的倾斜度，从而形成斜线的构图形式，增加画面的延伸感与动感。

瘦长体型的昆虫很适合使用斜线构图，在虚化的背景下不仅可以将其形态凸显出来，并增加了画面的动感与张力，打破画面因简洁构图所带来的平面感

展现昆虫身体上美丽的图案

许多昆虫的身体上都有美丽的图案，要在画面中将其展现出来，应该选择最合适的角度，例如对于蝴蝶可以用平视的角度拍摄其侧面，虽然按俯视的角度能够拍摄出两个翅膀上的图案，但这样的角度略显呆板。而对于瓢虫则应该在其上方以向下倾斜 45° 左右的角度进行拍摄，从而在展现其圆润身体的基础上，表现其身体上的图案。

拍摄蝴蝶展开的美丽翅膀，其翅膀的图案极具特色，拍摄时只需完整且直观地记录下来，并配合周围少量的环境即可

拍摄鸟类的技巧

采用散点构图拍摄群鸟

表现群鸟时通常使用散点式构图，既可利用广角表现场面的宏大，也可利用长焦截取部分景色，使鸟群充满画面。

如果拍摄时鸟群正在飞行，则最好将曝光模式设置为快门优先，使高速快门在画面中定格清晰的飞鸟。此外，应该采用高速连拍的方式拍摄多张照片，最后从中选取出飞鸟在画面中分散位置恰当、画面疏密有致的精美照片。

看似随意的散点式构图，却将鸟群疏密适中、错落有致的队形表现出来，略微仰视的角度以蓝天作为背景衬托，可以使画面看起来更为简洁

采用斜线构图表现动感飞鸟

“平行画面静，斜线有动感。”在拍摄鸟类时，应采用斜线构图法，使画面体现出鸟儿飞行的运动感。

采用这种构图方式拍摄的照片，画面中或明或暗的对角线能够引导观众的视线随着线条的指向而移动，从而使画面具有较强的运动感和延伸感。

鸟儿展开的翅膀在画面中形成斜线构图

6 步拍出对称式构图的鸟儿

在拍摄水边的鸟类时，倒影是绝对不可以忽视的构图元素，鸟的身体会由于倒影的出现，而呈现一虚一实的对称形态，使画面有了新奇的变化。水面波纹的晃动，使倒影呈现出油画的纹理，从而使照片更具有观赏性。

1. 拍摄装备

不管是拍摄野生鸟类还是动物园里的鸟类，都必须使用长焦镜头拍摄。拍摄动物园里的鸟类，使用焦距在 200~300mm 的长焦镜头即可；拍摄野生鸟类则要使用如 300mm、400mm、500mm、600mm 等长焦镜头。

除了镜头外，还需要三脚架和快门线，以保证相机在拍摄时的稳定性。

2. 取景

拍摄对称式构图，拍摄对象选择正在休息或动作幅度不大的水鸟为佳。构图时要把鸟儿的倒影完全纳入，最佳方式是实体与倒影各占画面的一半，如果倒影残缺不全，则会影响画面的美感。

除了拍摄单只鸟儿形成的对称式画面，也可以拍摄多只鸟儿的倒影，使画面不仅有对称美，还有韵律美。此外，如果条件允许，还可以在前景处纳入绿植，并将其虚化，使画面更有自然感。

3. 拍摄参数设置

拍摄此类场景，由于主体的动作幅度不大，因此可以使用光圈优先模式，设置光圈在 F2.8~F8 之间，感光度设置在 ISO100~ISO500。

4. 设置对焦和对焦区域模式

将对焦模式设置为单次自动对焦模式，自动对焦区域设置为自动选择模式。如果拍摄下图这样有纯净水面的背景，为了确保主体对焦准确，可以将自动对焦模式设置为单点。

○ 在平静的水面上拍摄，水面上鸟儿的倒影较为清晰，与鸟儿主体形成对称构图，使画面有一种协调、平稳的宁静感

5. 测光模式

在光线比较均匀的情况下拍摄时，可以将测光模式设置为评价测光对画面整体测光。

而在光线明暗对比较大的情况下拍摄时，可以将测光模式设置为点测光模式，根据拍摄意图对鸟儿身体或环境进行测光。

○ 选取鸟儿具有特色的局部进行拍摄，加入水面倒影，形成极富趣味的对称式构图，增强了画面的均衡感与形式感

6. 对焦及拍摄

设定一切参数和调整好构图后，半按快门按钮对主体进行对焦，完全按下快门按钮进行拍摄。

> 提示：半按快门对画面测光后，要查看取景器中显示的曝光参数，注意快门速度是否达到拍摄鸟儿的标准。即使在拍摄此类场景时，鸟儿的动作通常不大，但也最好确保快门速度能够达到1/400s或以上。另外，还要注意是否提示曝光过度或曝光不足。

○ 摄影师以对称式构图来表现正在休憩的水鸭，绿色的水面恰到好处地凸显了麻褐色的鸭子

拍摄建筑的技巧

逆光拍摄建筑物的剪影轮廓

许多建筑物的外观造型非常美，对于这样的建筑物，在傍晚时分进行拍摄时，如果选择逆光角度，可以拍摄出漂亮的建筑物剪影效果。

具体拍摄时，只需针对天空中的亮处进行测光，建筑物就会由于曝光不足，呈现出黑色的剪影效果。

如果按此方法得到的是半剪影效果，还可以通过降低曝光补偿使暗处更暗，建筑物的轮廓外形就更明显。

在使用这种技法拍摄建筑时，建筑的背景应该尽量保持纯净，最好以天空为背景。

如果以平视的角度拍摄，若背景出现杂物，如其他建筑、树枝等，可以考虑采用仰视的角度拍摄。

使用点测光对准天空亮处测光，得到呈剪影效果的建筑

拍出极简风格的几何画面

在拍摄建筑时，有时在画面中展现的元素很少，却会带来令人印象深刻的视觉效果。拍摄建筑，尤其是现代建筑，可以考虑只拍摄建筑的局部，利用建筑自身的线条和形状，使画面呈现强烈的极简风格与几何美感。

需要注意的是，如果画面中只有数量很少的几个元素，在构图方面需要非常精确。另外，在拍摄时要大胆利用色彩搭配技巧，增加画面的视觉冲击力。

使用长焦镜头截取的建筑物上呈规则排列的窗户，其抽象的效果看起来很有装饰美感

利用前侧光突出建筑物分明的层次

利用前侧光拍摄建筑时，由于光线的原因，画面中会产生阴影或者投影，呈现出明显的明暗对比，有利于体现建筑的立体感与空间感。在这种光线条件下，可以使画面产生比较完美的艺术效果，拍摄者可以利用更多的空间来实现各种创作意图。

用侧光拍摄建筑时，为了不丢失亮部细节，常常对亮部进行点测光，这样暗部区域的亮度会进一步降低，此时需要注意光比的控制和细节的记录。

○ 前侧光角度拍摄的建筑不仅画面明亮，还可以很好地表现出其结构特点

通过强光比突出建筑的立体造型

在强光条件下拍摄建筑时，由于有很强的光影照射，对建筑立体感方面的表现效果非常明显，所以拍摄的画面层次虽然谈不上丰富，但优点在于立体感觉强烈，对于表现外形结构简单、线条硬朗的建筑尤为适合。

另外，在这种光线下，对建筑物色彩的还原也很好，可以真实地再现建筑物的原来面貌。

○ 强光照射下拍摄的建筑，不仅画面影调明朗，厚重的阴影也使建筑看起来很有立体感

利用斑驳的光影交错拍摄历史遗迹

斑驳的光影有利于凸显历史的沧桑感与时空感，对于那些具有悠久历史的古迹，如兵马俑、圆明园、长城、故宫、敦煌、莫高窟和少林寺等地，如果在拍摄时能寻找到这样的光线，将会拍出感染力极强的画面。

○ 斑驳的光线照在墙壁上的盘龙雕像上，不仅使其看起来更加立体，还为其增添了岁月的痕迹

降低曝光补偿表现建筑的久远感

久远的建筑物总是承载着很多的风霜和故事，也是摄影师喜欢表现的题材之一。在拍摄比较久远的建筑物时，为了突出历史的沧桑感，可利用侧光来表现，形成的明暗对比易于表现建筑物历经风霜后的粗糙质感，还可呈现出其洗尽铅华后的独特细节，而曝光过度或曝光不足都会使所拍摄的古代建筑失去悠远的质感呈现。

○ 夕阳时分拍摄建筑，应减少曝光补偿压暗画面，可为建筑增添几分岁月的厚重感

在弱光下 7 步将建筑精美的内饰拍清晰

除了拍摄建筑的全貌和外部细节之外，有时还应该进入其内部拍摄，如歌剧院、寺庙、教堂等建筑物内部都有许多值得拍摄的壁画或雕塑。

有防抖标志的佳能镜头

1. 拍摄器材

推荐使用广角镜头或广角端，镜头带有防抖功能为佳。

2. 拍摄参数的设置

选择光圈优先模式

推荐使用光圈优先曝光模式，并设置光圈在 F5.6~F10 之间，以得到大景深效果。

建筑室内的光线通常较暗，感光度一般是根据快门速度值来灵活设置，如果快门速度低于安全快门，则可提高感光度以相应地提高快门速度，防止成像模糊。一般设置在 ISO400~ISO1600。

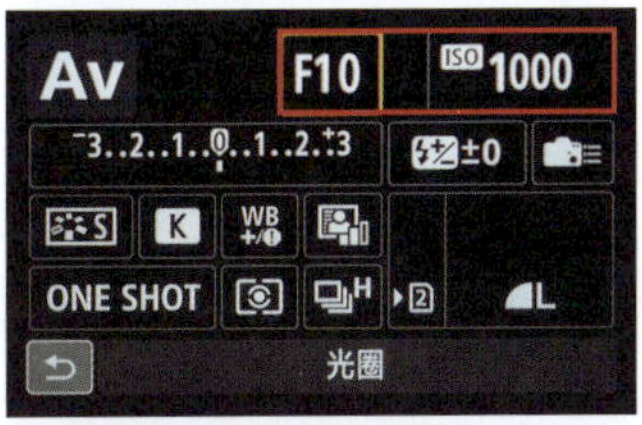

设置光圈值和感光度

3. 开启防抖功能

在手持相机拍摄时，相机容易抖动，而且快门速度一般不会非常高，容易造成画面模糊，因此需要开启镜头上的防抖功能来减少画面模糊的概率。

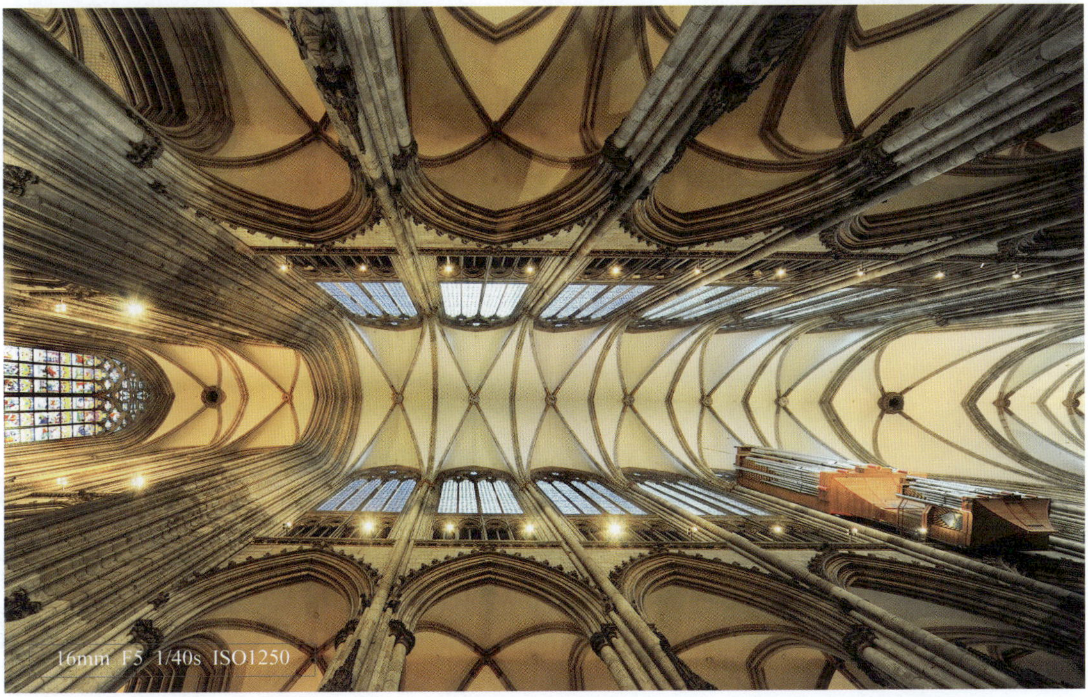

由于室内光线较暗，为了提高快门速度，设置了较高的感光度，使用了高 ISO 降噪后得到了精细的画面效果

4. 开启高 ISO 感光度降噪功能

使用高感光度拍摄时，非常容易在画面中形成噪点，高感效果不好的相机噪点更加明显，因此需要开启相机的“高 ISO 感光度降噪功能”。

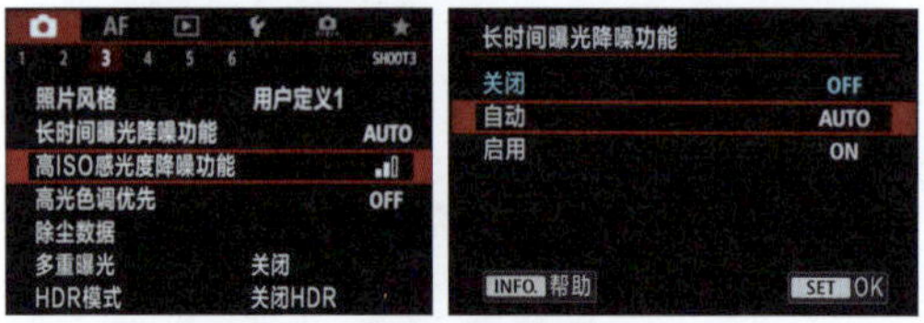

○ 开启相机的高 ISO 感光度降噪功能

5. 设置测光模式

测光模式设置为评价测光，针对画面整体测光。

6. 其他设置

除了前面的设置外，还有一个比较重要的设置是存储格式，将文件格式存储为 RAW 格式，可以很方便地后期进行优化处理。

如果想获得 HDR 效果的照片，可以开启相机的 HDR 模式（仅限于 JPEG 格式）或使用包围曝光功能拍摄不同曝光的素材照片，然后进行后期合成。

7. 拍摄小技巧

室内建筑一般都有桌椅或门柱，在不影响其他人通过或破坏它的情况下，可以通过将相机放置在桌椅上或倚靠门柱的方式来提高手持拍摄的稳定性。

如果仰视拍摄建筑顶面的装饰，可以开启相机的实时显示拍摄模式，来提高拍摄姿势的舒适性；如果所使用的相机有旋转液晶显示屏，则还可以调整屏幕来获得更舒适的观看角度。

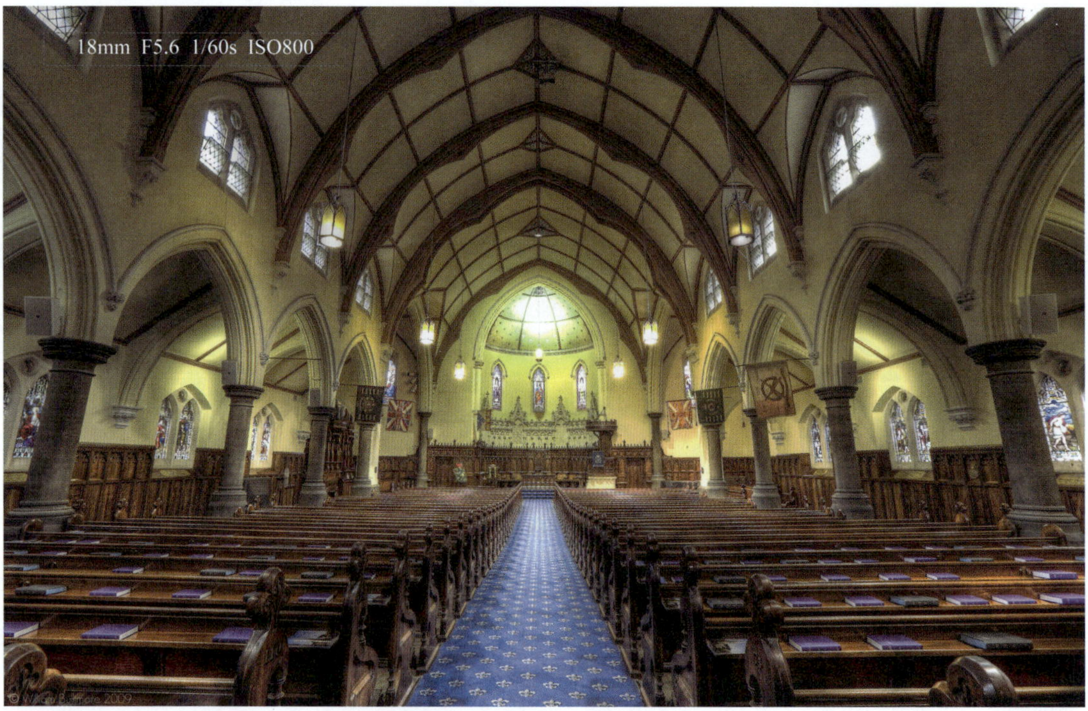

○ 使用广角镜头拍摄，将教堂里的精致细节都展现了出来

拍摄夜景的技巧

9 步拍好城市蓝调夜景

观看夜景摄影佳片就可以发现，大部分城市夜景照片天空都是蓝色调，而摄影初学者却很郁闷，为什么我就拍不出来那种感觉呢？其实就是拍摄时机选择得不好，为了捕捉到这样的夜景气氛，一般都不会等到天空完全黑下来才去拍摄，因为照相机对夜色的辨识能力比不上我们的眼睛。

1. 最佳拍摄时机

要想获得纯净蓝色调的夜景照片，首先要选择天空能见度好、透明度高的天晴夜晚（雨过天晴的夜晚更佳），在天将黑未黑的时候，城市路灯开始点亮了，此时便是拍摄夜景的最佳时机。

2. 拍摄装备

适合使用广角镜头拍摄，以表现城市的繁华。另外，还需使用三脚架固定好相机，并使用快门线拍摄，尽量不要用手直接按下快门按钮。

较晚时候拍摄的夜景，天空已经变成了黑褐色，可以看出，画面不够美感

三脚架与快门线

傍晚城市建筑散发的黄色灯光，在深蓝色调天空的衬托下，显得更加迷人

3. 拍摄参数设置

将拍摄模式设置为 M 挡手动模式，设置光圈值 F8~F16，以获得大景深画面。感光度设置在 ISO100~ISO200，以获得噪点比较少的画面。

4. 设置白平衡模式

为了增强画面的冷暖对比效果，可以将白平衡模式设置为钨丝灯模式。

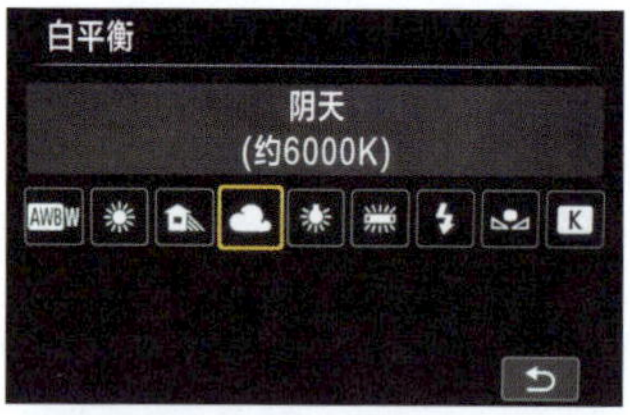

设置白平衡模式

5. 拍摄方式

夜景光线较弱，为了更好地查看相机参数、构图及对焦，推荐使用实时显示模式取景和拍摄。

6. 设置对焦模式

将对焦模式设置为单次自动对焦模式；自动对焦区域模式设置为实时一点自动对焦模式。

如果使用自动对焦模式对焦成功率不高，则可以切换至手动对焦模式，然后按下放大按钮放大画面，旋转对焦环进行精确对焦。

7. 设置测光模式

将测光模式设置为评价测光，对画面整体半按快门测光，此时注意观察液晶显示屏中的曝光指示条，调整曝光数值使曝光游标处于标准或所需曝光的位置处。

8. 曝光补偿

由于在评价测光模式下相机是对画面整体测光的，会出现偏亮的情况，需要减少 0.3~0.7EV 的曝光补偿。在 M 挡模式下，使游标向负值方向偏移到所需数值即可。

将实时显示拍摄 / 短片拍摄开关转至位置，然后按下START/STOP按钮，即可切换至实时显示拍摄模式

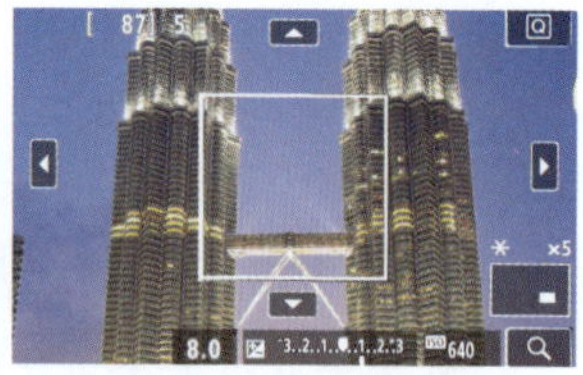

在实时显示拍摄模式下，按下相机的放大按钮，可以将画面放大显示，这一功能可以辅助手动对焦

9. 拍摄

一切参数设置妥当后，使对焦点对准画面较亮的区域，半按快门线上快门按钮进行对焦，然后按下快门按钮拍摄。

以深蓝色的天空来衬托夜幕下的灯笼，使灯笼非常突出，摄影师在拍摄时适当减少了曝光补偿，从而使画面的色彩更加浓郁

9 步拍出体现繁华城市的车流光轨

在城市的夜晚，灯光是主要光源，各式各样的灯光可以顷刻间使城市变得绚烂多彩。疾驰而过的汽车留下的尾灯痕迹，显示出了都市的节奏和活力，是很多人非常喜欢的一种夜景拍摄题材。

1. 最佳拍摄时机

与拍摄蓝调夜景一样，拍摄车流也适合选择在日落后，要选择天空还没完全黑下来的时候开始拍摄。

选择在天完全黑下来的时候拍摄，可以看出，虽然车轨线条很明显，但其他区域都黑乎乎的，整体美感不强

2. 拍摄地点的选择和构图

拍摄地点除了在地面上外，还可找寻如天桥、高楼等地方以高角度进行拍摄。

拍摄的道路有弯道的最佳，如 S 形、C 形，这样拍摄出来的车流线条非常有动感。如果是直线道路，摄影师可以选择斜侧方拍摄，使画面形成斜线构图，或者是选择道路的正中心点，在道路的尽头安排建筑物入镜，使画面形成牵引式构图。

摄影师采用斜线构图拍摄车轨，车轨和边上的建筑物形成了多条斜线，画面非常有延伸感

曲线构图实例，可以看出画面很有动感

斜线构图实例，可以看出车轨线条很突出

3. 拍摄器材

车流光轨是一种长时间曝光的夜景题材，快门速度可达几秒甚至几十秒的曝光时间，因此稳定的三脚架是必备附件之一。为了防止按动快门时发生抖动，还需使用快门线来触发快门。

将背包悬挂在三脚架上，可以提高稳定性

4. 拍摄参数的设置

将拍摄模式选择 M 挡手动模式，并根据需要将快门速度设置为 30s 以内的数值（多试拍几张）。光圈值设置在 F8~F16 之间的小光圈，以使车灯形成的线条更细，不容易出现曝光过度的情况。感光度通常设置为最低感光度 ISO100（少数中高端相机也支持 ISO50 的设置），以保证成像质量。

下方 4 张图是在其他参数不变的情况下，只改变快门速度的效果示例，可以作为曝光参考。

快门速度：1/20s

快门速度：1/5s

快门速度：4s

快门速度：6s

摄影师以俯视角度拍摄立交桥上的车流，消失在各处的车轨线条，展现出了城市的繁华

5. 拍摄方式

夜景光线较弱，为了更好地查看相机参数、构图及对焦，推荐使用实时显示模式取景和拍摄。

6. 设置对焦模式

将对焦模式设置为单次自动对焦模式；自动对焦区域模式设置为实时一点自动对焦模式。

如果使用自动对焦模式对焦成功率不高，则可以切换至手动对焦模式。

7. 设置测光模式

将测光模式设置为评价测光，对画面整体半按快门测光，此时注意观察液晶显示屏中的曝光指示条，微调光圈、快门速度、感光度使曝光游标到达标准或所需曝光的位置处。

8. 曝光补偿

在评价测光模式下会出现偏亮的状态下，需要减少 0.3~0.7EV 的曝光补偿。在 M 挡模式下，调整参数使游标向负值方向偏移到所需数值即可。

9. 拍摄

一切参数设置妥当后，使对焦点对准画面较亮的区域，半按快门线上的快门按钮进行对焦，然后按下快门按钮拍摄。

在傍晚利用钨丝灯白平衡拍出冷暖对比强烈的画面

在日落后的傍晚拍摄街景或有灯光照明的建筑时，由于色温较高，因此画面会呈现出强烈的冷色调效果，此时使用高色温值的阴天白平衡可以在不过分减弱画面冷色调的情况下，强化暖调灯光，从而形成鲜明的冷暖对比，既能够突出清冷的夜色，同时也能利用对比突出街道或城市的繁华。

右图为使用自动白平衡拍摄的效果，左图是使用钨丝灯白平衡拍摄的冷色调照片，强烈的冷暖对比使画面更有视觉冲击力

利用低色温值表现蓝调夜景

要拍出蓝调夜空，应选择太阳刚刚落入地平线的时候拍摄，这时天空的色彩饱和度较高，光线能勾勒出建筑物的轮廓，比起深夜来，这段时间的天空具有更丰富的色彩。拍摄时需要把握时间，并提前做好拍摄准备。如果错过了最佳拍摄时间，可以利用手调色温的方式，通过将色温设置为一个较低数值，如 2900K，从而人为地在画面中添加蓝色的影调，使画面成为纯粹的蓝调夜景。

通过一个较低的手选色温值可以使蓝调效果更加明显，高饱和度的蓝色夜空、水面为画面营造出了朦胧、宁静、幽深的意境